Jakob Ruckes

Analytische Angebotskalkulation im Stahl- und Apparatebau mit empirischen Werten

Mit 144 Tabellen
und 109 Abbildungen

Springer-Verlag Berlin Heidelberg GmbH 1970

Ing. Jakob Ruckes, Bonn-Röttgen

ISBN 978-3-662-11139-0   ISBN 978-3-662-11138-3 (eBook)
DOI 10.1007/978-3-662-11138-3

Vorwort

Bei der Ermittlung der Herstellungskosten im Stahl- und Apparatebau ist die Errechnung der reinen Fertigungskosten von besonderer Wichtigkeit. Das Problem dabei ist neben der Berücksichtigung der Art der Werkstoffe und der damit im Zusammenhang stehenden Fertigungstechnik, z. B. bei bestimmten legierten Bau- und Sonderstählen, vor allem die fast immer individuelle und einmalige konstruktive Ausführung der Anlage.

Stetige Entwicklung und technischer Fortschritt in Verbindung mit der Notwendigkeit zur Rationalisierung und Kostensenkung zwingen dazu, immer wieder neue konstruktive Vorstellungen zu entwickeln, optimale Lösungen zu suchen und verbesserte Ausführungen der industriellen Anlagen zu erstellen.

Das führt notgedrungen zu täglich wechselnden, u. U. aufwendigen und damit kostspieligen Überlegungen bei der Ermittlung der Fertigungskosten. Zeit- und Kosteneinsparung bei der Projektierung und Vorkalkulation sind heute jedoch vordringliche Forderungen und lebenswichtig für jedes Unternehmen.

Der Einsatz von Computern bei der Kostenermittlung für die diffizile, überwiegend manuelle Sonderfertigung im Stahl- und Apparatebau ist hier jedoch mehr als problematisch und umstritten. Abgesehen von den sehr hohen Kosten – sei es bei Auftragsvergabe an ein Rechenzentrum, sei es durch Miete oder Kauf einer Anlage – kann der Computer immer nur das wiedergeben, was ihm mit mehr oder weniger kostspieligem Aufwand und ebensolcher Präzision an richtigen (oder auch falschen) Werten eingegeben wird; darüberhinaus denken, überlegen und improvisieren kann eine solche Anlage jedoch nicht. Individuelle Einzelheiten eines Kostenermittlungsvorganges kann sie nur berücksichtigen, wenn sie dafür gespeicherte Werte besitzt und diese ausdrücklich abgefordert werden.

Das Resultat und damit der Wert einer jeden Computerbefragung kann nur das Produkt der ihm zuvor eingegebenen Fakten sein. Ein nicht zu übersehender Nachteil bei der Einschaltung eines Rechenzentrums ist die zeitlich begrenzte Möglichkeit der Befragung, aber auch bei den auf einer eigenen Anlage gespeicherten Daten ist die Aktualität eingeengt. Bestimmte Werte unterliegen immer der Notwendigkeit, daß sie überprüft und berichtigt werden, wodurch laufend Kosten entstehen.

Die klassische Kalkulation, die individuelle Überlegung, d. h. die unmittelbare Zeit- und Kostenfeststellung für ein bestimmtes Projekt durch den Menschen, ergibt immer noch das beste Resultat.

Vordringlich ist dabei stets die Forderung nach einem möglichst geringen Aufwand, doch ist eine Mindestgröße unerläßlich. Sie hängt ab vom Ausmaß und vom Schwierigkeitsgrad des Projektes, von der geforderten Präzision der Kostenfeststellung sowie von den Kenntnissen und dem Können des kalkulierenden und berechnenden Sachbearbeiters.

Der Vorteil dieser fast konservativen Kalkulationsform liegt eindeutig in der unmittelbaren, persönlichen Einstellung des Sachbearbeiters zum Projekt und der Möglichkeit zur direkten Beurteilung und Bewertung fertigungstechnischer Besonderheiten. Sie berücksichtigt ferner immer eigene Ideen und Vorstellungen, die auf eine Verbesserung und Vereinfachung zielen. Auch die mathematisch nicht erfaßbaren Schwierigkeitsgrade und Größen, die gerade bei der manuellen Einzel- und Sonderfertigung größerer Anlagen mit meist einmaligem Charakter eine besondere Rolle spielen, lassen sich auf diese Weise mit einbeziehen.

Die Aufgabe dieses Buches ist es, hier zu beraten und präzise, ins Detail der einzelnen Fertigungsbereiche gehende Auskunft über bestimmte zeitliche Größenordnungen in der Fertigung des Stahl- und Apparatebaus zu geben.

Jede Fertigung steht immer in einer bestimmten Relation zur benötigten Zeit. Berücksichtigt man dies, wird man durch einen Vergleich mit den gegebenen Werten für die geplante Konstruktion immer kalkulatorische Lösungen finden. Der Phantasie des Kalkulators sind hier keine Grenzen gesetzt.

Das Buch erhebt keinen Anspruch auf Vollständigkeit; dafür sind im Zuge der Entwicklung sowie der ständigen konstruktiven Verbesserungen und Neuerungen die fertigungstechnischen Anforderungen und Realitäten zu flexibel. Einzelne behandelte Anlagen und Konstruktionen können sich ändern, neue werden hinzukommen. Das ändert summarisch nichts an der Bedeutung der Werte. Es ist der Wunsch des Verfassers, daß diese richtig verstanden und nützlich angewendet werden mögen.

Bonn-Röttgen, im Frühjahr 1970

Jakob Ruckes

Inhaltsverzeichnis

Tabellen und Text-Erläuterungen

1. Apparate und Behälter für die chemische und artverwandte Industrie . . . 13

Tabellen

Tabellen

Tabellen

2. Behälter für die Lagerung und Speicherung von festen, flüssigen und gasförmigen Medien 92

Tabellen

3. Behälter für den Transport von festen, flüssigen und gasförmigen Medien . 120

Tabellen

Tabellen

108 bis 122: Fertigungsbereiche

6. Stahl- und Hüttenwerkseinrichtungen

Tabellen

124 bis 128: Konverteranlagen

130 bis 132: Pfannen und Zubehör

Tabellen

133 bis 142: Wagen

Tabelle

Einleitung

Am Anfang eines jeden Geschäftsvorgangs im Stahl- und Apparatebau steht die Anfrage des Kunden, bedingt eben durch die ausgeprägt kundenwunschabhängige Art der Fertigung.

Die Anfrage ist in der Regel mit der Auflage verbunden, innerhalb einer bestimmten, meist relativ kurzen Zeit ein aufgeschlüsseltes, in allen Positionen exakt erstelltes und ausgewiesenes Angebot einzureichen. Je nach Art und Umfang der Anfrage erwachsen hier von vornherein ernsthafte Schwierigkeiten.

Angebote in der Einzelfertigung des Stahl- und Apparatebaus sind selten ohne außergewöhnlichen Zeit- und Kostenaufwand zu erstellen. Das liegt einmal in der meist speziellen, strukturbedingten Anfrage, die kaum Vergleichsmöglichkeiten bietet, zum anderen in seiner alle Beteiligte permanent belastenden und sich steigernden Zeitnot, die einen verstärkten, jedoch nicht unbedingt wirkungsvolleren, dafür aber kostensteigernden Aufwand bedingt.

Die Faktoren Zeit und Kosten hier in maßvollen betriebsbezogenen Grenzen zu halten, ist Sache einer sinnvollen Koordination der an der Ausarbeitung oder Bearbeitung der Anfrage Beteiligten. Projektierung, Angebotsbearbeitung und Abgabe stellen erhebliche Kostenfaktoren im Etat einer Stahl- und Apparatebauanstalt dar, sind aber unumgänglich.

Nicht jede Anfrage führt bekanntlich zu einem Auftrag und es bedarf oft erheblicher Anstrengungen, die Quote der Auftragseingänge bei etwa 10 bis 15% der abgegebenen Angebote zu halten. Diese Zahlen können natürlich erheblich variieren. Man muß z. B. berücksichtigen, daß bestimmte Anfragen zu gleicher Zeit bei vielleicht sechs Konkurrenten liegen, die Chancen eines Auftrages hier also von vornherein nur 1 : 6 stehen. Eine Vielzahl solcher oder auch anderer, ebenso wenig aussichtsreicher Anfragen, stellen somit schon eine erhebliche Belastung dar.

Es gibt große, international bekannte Unternehmen, die zwar projektieren und verkaufen, aber nicht fertigen, die Anlagen also nicht selber bauen. Auf Grund dieser Struktur beschäftigen sie jedoch zeitweilig ganze Offertabteilungen der mit ihnen in Geschäftsverbindung stehenden Hersteller und Zuliefererwerke mit ihren Projekten und Anfragen völlig kostenlos für sich selbst.

Die dabei für die Stahl- und Apparatebauer in Aussicht stehenden Aufträge stehen jedoch nicht immer in einer gesunden Relation zum Antrageaufwand und jedes der hier in mehrfacher Duplizität angesprochenen Unternehmen sollte zumindest für sich die Konsequenz der nüchternen Sichtung betreiben und nur die dem eigenen Betrieb klar zusagenden und Erfolg versprechenden Anfragen bearbeiten, jedoch keine offensichtlichen Vergleichs- oder Gefälligkeitsangebote abgeben, die nur zu negativen Preismanipulationen führen.

Die Entscheidung hierüber erfordert ein gewisses Fingerspitzengefühl und einen klaren nüchternen Blick für die Realitäten des Geschäftes. Der Unkostenapparat bleibt bei dieser sinnvollen Auslese in maßvollen Grenzen, den wirklich interessierenden Anfragen kann mehr Zeit gewidmet und damit exakter gearbeitet werden. Darauf bauen sich letztlich die Erfolge eines Unternehmens mit auf.

Projektierung, Angebotsbearbeitung und -abgabe stellen in der Regel Gemeinschaftsarbeit dar. Nicht die Federführung ist hier wichtig, sondern die reibungslose Zusammenarbeit zwischen Projektingenieur, Sachbearbeiter und/oder Kalkulator. Die Arbeitsteilung ist von Werk zu Werk verschieden und im gewissen Sinne organisationsbedingt. Der Projektingenieur legt im allgemeinen neben konstruktiven Merkmalen und der zeichnerischen Gestaltung Werkstoffe und Materialien mengen- und kostenmäßig fest, kann letzteres aber auch einem spezialisierten Sachbearbeiter überlassen. Da die Kosten für Werkstoffe und Materialien fast immer den weitaus höheren Anteil der Herstellkosten darstellen, ist hier verantwortungsbewußte und enge Zusammenarbeit mit Einkauf und Zulieferer nötig, um wirklich echte Einkaufs- und Tagespreise in der Kalkulation zu berücksichtigen, damit der Grundstein für ein echtes Angebot gelegt werden kann. Grobe, unkontrollierte Schätzungen sollten hier keinesfalls genügen.

Eine weitere entscheidende Größe bei jedem Angebot sind die Fertigungskosten. Sie setzen sich zusammen aus dem Lohn für die zu erwartenden und eingesetzten Fertigungszeiten, also den reinen Lohnkosten, und den zugehörigen Lohngemeinkosten. Hinzu kommen gegebenenfalls noch Sonderkosten wie etwa Röntgen-, Glüh- und Abnahmekosten, aber auch andere. Alle diese Kosten, u. U. auch die Löhne, variieren mehr oder weniger betriebsbedingt, die Lohngemeinkosten oft sogar sehr erheblich. Dadurch kommt es dann zu den bekannten, manchmal unerklärlich unterschiedlichen Angeboten, und führt bei einzelnen, immer über dem Durchschnitt liegenden Anbietern zu wiederholten Absagen und auf die Dauer zu weiteren Konsequenzen wie etwa der Nichtberücksichtigung bei neuerlichen Ausschreibungen oder Anfragen.

Jede verantwortungsbewußte Betriebsführung müßte darum immer wieder prüfen, ob hier mit tatsächlich effektiven Kosten und Zuschlägen und nicht mit imaginären Zahlen operiert wird. Der Komplex der Fertigungskosten sollte in jedem Fall nur von einem Fachkalkulator verantwortlich festgelegt werden.

Nur der geschulte Offertkalkulator, also ein erfahrener und betriebsnaher Praktiker mit abgerundetem Fachwissen und der Befähigung, meist mangelhafte zeichnerische Unterlagen, Skizzen und Maßblätter zu beurteilen und die Projektierung fertigungstechnisch zu beraten, und ein Mann mit einem guten Vorstellungsvermögen, der sich aus wenigen Daten ein reales Bild machen und daraus Schlüsse ziehen kann, ist in der Lage, den später notwendigen Fertigungsaufwand der geplanten Apparate und Anlagen in etwa echt zu beurteilen und auszuweisen.

Hier wirkungsvoll zu helfen und zu unterstützen, offene Fragen zeitsparend zu beantworten, ist der Sinn der den weiteren Erklärungen nachgeordneten Tabellensammlung, einer analysierten Dokumentation der zeitbezogenen Fertigungspraxis im Stahl- und Apparatebau. In ihrer Fülle und Konzentration bietet sie ein Maximum von Lösungen für ein überdurchschnittliches Fertigungsprogramm zur Information oder zum Vergleich an. Sie vermittelt dazu Anregungen und bietet alle Möglichkeiten, gerade durch die Analyse schwierige, nicht alltägliche Fertigungs- und damit Zeit- und Kostenprobleme für die Offertkalkulation methodisch anzugehen und zu lösen.

Einführung in die Tabellen

Zusammenstellung der verwendeten Bezeichnungen und Symbole bzw. Mathematischen Zeichen nach DIN 1302

Zeichen	Bedeutung und Erklärung	Zeichen	Bedeutung und Erklärung
1. 1)	erstens	$\varnothing$	Durchmesser
( )	Klammer, auch Benummerung von Formeln	r	Radius
,	Komma bei Dezimalzahlen	h	Stunde, Zeitgebriff, Vorgabezeit für die Fertigung
...	bis, Grenzen gelten als eingeschlossen	t	Tonne, Gewicht, 1000 kg, auch Tragfähigkeit
$=$	gleich	t/St.	Baugewicht in Tonnen je Stück
$\approx$	angenähert gleich, etwa, ungefähr	h/t	Stunden je Tonne Baugewicht, Vorgabezeit für die Fertigung von Apparate, Behälter, Maschinen, Konstruktionen
$\sim$	ähnlich		
$<$	kleiner als		
$>$	größer als		
$\leqq$	kleiner oder gleich, höchstens gleich	h/Rohr	Stunden je Rohr — Vorgabezeit für die Fertigung von Abhitzekessel, Wärmeaustauscher, Kondensatoren
$\geqq$	größer oder gleich, mindestens gleich		
$+$	plus, und	h/m²	Stunden je Quadratmeter — Vorgabezeit — Anstriche — Oberflächenbehandlung
$-$	minus, weniger		
$\cdot$ oder $\times$	mal		
: / —	geteilt durch	tol	Toleranz, Abweichung, Differenz
$^0/_0$	Prozent, vom Hundert	F	Faktor, Umrechnungszahl für Fertigung und Gewichte
$^0/_{00}$	Promille, vom Tausend		
Σ	Summe	A + E	An- und Einbauteile an Chem. Apparate und Behälter
l	Länge		
mm	Millimeter	Ma	Mantel
cm	Zentimeter	Bo	Boden
m	Meter	DoMa	Doppelmantel
m²	Quadratmeter	Km	Kugelmantel
V	Volumen, Rauminhalt	Lo	lose
m³	Kubikmeter	Fe	fest, an Apparate und Behälter

Zusammenstellung der verwendeten Kurzbezeichnungen für die einzelnen Fertigungsbereiche mit Erklärung ihrer Fertigungsmerkmale

1. VA = Vorzeichnen — Anreißen: von Apparaten — Behälter — Konstruktionen außer Bauteilen zur mechanischen Vor- oder Fertigbearbeitung (in Nr. 7)

2. VB = Vorbereitung Blech: Biegen — Bohren — Brennschneiden — Entgraten — Hobeln (Blechkanten) — Kanten — Knabbern — Lochen — Pressen — Richten — Sägen — Scheren (Tafel- und Rollschere) — Stanzen — Trennschleifen — Walzen usw.

3. VS = Vorbereitung Schmiede: Biegen und Schmieden von Stab- und Formstahl — Biegen von Rohren (Maschinell und von Hand) — Aushalsen — Bördeln (Stutzenanschlüsse, zylindrische und konische Anschlüsse) — Freiform-Schmiedestücke usw.

4. ZK = Zusammenbau — Kesselschmiede: Apparate, Behälter und Konstruktionen — Druckproben — Hilfe bei amtlichen Abnahmen — Probemontagen — Demontagen zum Versand — Egalisieren — gegebenenfalls Nieten und Stemmen — Verputzen — Versandfertig machen usw.

5. SS = Schmelzschweißen: Elektrische Schmelzschweißung von Hand, Halb-, und Vollmaschinell — Elektrische Widerstandsschweißung — Auftragschweißen — Gasschmelzschweißen — Löten — Fugen von Schweißnahtwurzeln usw.

6. MB = Mechanische Vor- und Fertigbearbeitung: Bohren — Drehen — Fräsen — Hobeln — Hohnen — Reiben — Schleifen — Stoßen — Verzahnen usw.

7. ZM = Zusammenbau Maschinen und maschinelle Anlagen: Anzeichnen und Anreißen zur mechanischen Vor- und Fertigbearbeitung (Nr. 6)
Zusammenbau — Teil- und Ganzmontagen — Probeläufe — Hilfe bei Abnahmen — gegebenenfalls Demontagen usw.

8. OS = Oberflächenschutz: Anstreichen — Beizen — Entrosten — Strahlen (Stahlkies-Sand) Flammstrahlen — Ölen — Schutzüberzüge usw.

9. SK = Sonderkosten: Abnahmebedingte mechanische und zerstörungsfreie Werkstoffprüfungen — Auftragsgebundene spezielle Hilfsvorrichtungen, Lehren und Werkzeuge usw.

Erklärung der Tabellen
Möglichkeiten der Nutzung durch die Analyse

I. Anlagen und Merkmale

Alle Tabellen zeigen in ihrer Anlage und in ihren Merkmalen das Charakteristikum der Gleichheit. Das ist wichtig für den Benutzer, der nach einiger Übung in die Lage versetzt ist, nach gleicher Methodik unmittelbar und sicher die gewünschten Werte zu ermitteln und nicht gezwungen wird, immer wieder umzuschalten, umzudenken, sich neu zu orientieren, wobei die Gefahr, Fehler zu begehen sich automatisch einstellt und mit jedem Gedankenwechsel wächst.

Im Kopf einer jeden Tabelle sind die Merkmale der mit den Tabellenwerten erfaßten Anlagen und Konstruktionen in Stichworten aufgezeigt und, wenn erforderlich, einige markante Beispiele angeführt. Das gilt nicht für Tabellenserien wie die der Chemischen Apparate, Rührwerksbehälter und Wärmeaustauscher.

Bei gleichen technischen Voraussetzungen innerhalb einer Serie und damit gegebenenfalls gleichen wiederkehrenden Texten und Erklärungen sind die Kriterien dieser Anlagen je einmalig im allgemeinen Text und den Erläuterungen zum jeweiligen Fachgebiet festgelegt.

Durch die Herausstellung der Konstruktionsmerkmale und jeweils einiger Beispiele in den Tabellen bieten sich für den Benutzer bei der Beurteilung und Kalkulation hier schon die ersten Alternativen, d. h. weitere Möglichkeiten zur exakten und richtigen Kostenermittlung an. So sind sowohl positive als auch negative Korrekturen der Tabellenwerte bei abweichenden Merkmalen durchaus möglich und angebracht.

II. Bezugsgrößen — Baugewichte — Stückbezogene Anlagen — Maße und Richtwerte

Eigentliches Primat der Fertigungskosten ist der Aufwand an Zeit für die Fertigung. Diese Zeit steht immer in einem bestimmten Verhältnis zum Objekt und ist, selbst bei Berücksichtigung all seiner spezifischen Merkmale, bis auf einige Ausnahmen, eindeutig gewichtsbezogen.

Das Baugewicht ist nicht entscheidend für den Fertigungsaufwand bei Anlagen, in denen das Rohr bestimmendes und tragendes Bauelement ist, also bei Abhitzekesseln, Kondensatoren und Wärmeaustauschern. Hier entscheidet unter Berücksichtigung der Rohrmaße nur die Anzahl der im Apparat eingebauten Rohre. Berohrte Anlagen und Apparate sind somit nicht gewichtsbezogen, sondern stückbezogen.

In logischer Folgerung entstanden so in Verbindung mit dem Zeitwert Stunde (h), die beiden Standard-Bezugsgrößen:

a) h/t (Stunde je Tonne Baugewicht)

für Apparate, Behälter und Anlagen ohne eigentliche Berohrung, d. h. erkennbar gewichtsbezogene Konstruktionen,

b) h/Rohr (Stunden je Siede- oder Ankerrohr)

für markant berohrte Apparate und Anlagen wie Abhitzekessel, Kondensatoren und Wärmeaustauscher.

Diese beiden Standard-Bezugsgrößen sind, bis auf die **Tab. 90, 117, 118** und **121**, S. 145, 172, 173, und 177, bestimmende Faktoren bei allen Tabellen. Sie weisen die für die Fertigung notwendige Vorgabe für die Gesamt- bzw. Teil-Vorfertigung, bezogen auf die Einheiten Tonne und Stück, aus, und die Multiplikation der diesen Bezugsgrößen beigeordneten Tabellenwerte mit exaktem Baugewicht bzw. genauer Rohr-Stückzahl ergibt den definitiven Fertigungsaufwand in Stunden für das zu kalkulierende Objekt.

Dieser definitive Fertigungsaufwand beinhaltet als Zeitvorgabe für die Fertigungswerkstätten neben der Effektivzeit einen etwa dreißigprozentigen Verdienstzuschlag.

Abweichend von den beiden obigen Standard-Bezugsgrößen wurde für die beiden Schaubilder, **Tab. 117** und **118,** S. 172 und 173, „Mechanische Fertigbearbeitung von Einzelbauteilen", die Bezugsgröße h/Stück zugrunde gelegt. Eine Umrechnung bzw. Multiplikation entfällt hier, der abgelesene Wert ist definitiv.

Unter Berücksichtigung von Baugewicht, Fertigungsumfang und bestimmten Fertigungsmerkmalen in den Kurvenbereichen I—IV kann so der etwa notwendige Stundenbedarf für die mechanische Fertigbearbeitung von Maschinenkonstruktionen und Maschinenbauteilen im Fertigungsbereich MB unmittelbar taxiert werden.

Die Tabellen erheben naturgemäß keinen Anspruch auf außergewöhnliche Genauigkeit, genügen aber bei einiger Sachkenntnis für Überschlagsrechnungen unter Zeitdruck zur Orientierung anstelle weiterer Berechnungen oder einfach beim Fehlen genauer Unterlagen, die eine Kalkulation ermöglichen, wenn also nur das Baugewicht der Konstruktion bekannt ist.

Die natürliche Fehlerquote wird um so geringer, je mehr Bau- oder Maschinenteile einer Anlage summarisch nach diesen Tabellen erfaßt werden.

Einem Teil der Tabellen sind dem für die Feststellung des Fertigungsaufwands primären Baugewicht bei gewichtsbezogenen Anlagen bzw. der Rohr-Stückzahl bei stückbezogenen Anlagen weitere, entscheidende Maß- und Richtwerte vorangestellt oder beigegeben. Es ist dies z. B. das Volumen bei bestimmten Apparaten, Behältern und Hüttenwerkseinrichtungen, die Blechdicke bei Apparaten, Behälter, Anlagen und Konstruktionen, Maßangaben bezüglich Durchmesser und Länge oder Höhe bei Apparaten und Behältern, der prozentuale Anteil der An- und Einbauteile bei Apparaten, die Anzahl der Umlenkbleche bei Wärmeaustauschern, die Hubzahl bei ND-Gasbehältern, Achszahl, Kapazität u. a. mehr bei Hüttenwerksfahrzeugen. Die Logik setzt hier die Akzente für die Bewertung dieser Angaben.

Bei Behältern bestimmt man zuerst das Volumen, dann erst die Blechdicke die zum Baugewicht führt. Aus dem geometrischen Volumen eines Hochdruck-Kugelbehälters und seiner Auslegung ergeben sich Mantel-Blechdicke und Baugewicht, aus dem Fassungsvermögen eines ND-Gasbehälters seine Hubzahl und aus der Kapazität eines Torpedo-Pfannen-Mischerwagens sein Baugewicht und die Achszahl.

Die Tabellen werden damit oft zuerst vom Primat des Begriffs bestimmt, dann erst, allerdings entscheidend für die Kalkulation, vom Baugewicht.

Durch vergleichende Betrachtung mit den den Tabellen vorangestellten oder beigefügten Maß- und Richtwerten ergeben sich gegebenenfalls durch sinnvolle Korrekturen weitere kalkulatorische Alternativen.

III. Fertigungsbereiche — Analyse — Möglichkeiten — Auswirkungen

Die Analyse der Tabellenwerte „Gesamtfertigung" bzw. „Teil-Vorfertigung" als Zentralwerte in neun Fertigungsbereiche (s. S. 4), wobei die Quersumme dieser neun Bereichswerte immer dem Zentralwert entspricht, schafft kalkulatorische Alternativen, die von der Korrektur bis zur Synthese reichen.

In ihrer Aufgliederung und Staffelung entsprechen die neun angezogenen Fertigungsbereiche dem klassischen Ablauf einer jeden Fertigung im Stahl- und Apparatebau, gleich ob im Klein-, Mittel- oder Großbetrieb. Das schließt natürlich nicht aus, daß in einzelnen Betrieben bestimmte Bereiche zusammenliegen bzw. sich überschneiden, oder auch, vor allem in kleineren Unternehmen, unbekannt sind. Das berührt letztlich Fragen der Betriebsorganisation, schließt ihre tatsächliche Existenz, frei oder gekoppelt, jedoch nicht aus. Wichtig ist, den logischen Aufbau der Bereiche und ihre Interpretation zu verstehen, die Zusammenhänge des betrieblichen Arbeitsablaufs der Fertigung zu kennen und die durch die Tabellen sich bietenden Möglichkeiten zur detaillierten Einzelbeurteilung mit ihren sich daraus ergebenden Konsequenzen zu nutzen.

Mitentscheidend für die Zerlegung und Abgrenzung der neun Fertigungsbereiche sind die diesen Bereichen mehr oder weniger eigenen Lohn- und Lohngemeinkostensätze, auf die später noch eingegangen wird. Diese sehr differenzierten Sätze spiegeln die breite Skala der Fach- und Hilfsarbeiter eines Betriebes wieder und sind ebenfalls ausschlaggebend für die weitere Kostenfeststellung.

Das Programm einer Fertigung, Gestaltungs- und Werkstofffragen, Organisation und Fertigungstechnik bestimmen und prägen die Größenanteile der einzelnen Fertigungsbereiche, und so ist es zu verstehen, daß in den Tabellen bestimmte Bereiche stärker, geradezu exponiert, andere dagegen weniger stark in Erscheinung treten. In Einzelfällen entfällt der Bereichseinsatz aus fertigungstechnischen Gründen ganz oder wird wegen zu geringer Frequentierung nicht berücksichtigt.

In einigen Tabellen sind wegen des relativ geringen Anteils eines bestimmten Bereichs dessen Werte mit denen eines artverwandten Bereichs zusammengefaßt. Durch die Kopplung der den Werten übergeordneten Bereichskurzzeichen ist dieser Umstand sofort zu erkennen, und in den Bemerkungen im Fuß der betreffenden Tabelle ist diese Tatsache nochmals vermerkt und sind die prozentualen Anteile der beiden zusammengefaßten Werte angegeben. So ist gegebenenfalls auch die Disposition mit diesen nicht unmittelbar erkennbaren Größen gewährleistet.

Bei Anwendung der Tabellen ist für den Benutzer wichtig zu wissen, ob und wie die in diesen Tabellen angezogenen neun Fertigungsbereiche generell oder in irgendeiner Form der eigenen betrieblichen Organisation und Fertigung entsprechen.

Überschneidungen bzw. der Zusammenschluß einzelner Bereiche müssen nicht unbedingt kostenändernd wirken, dagegen sollte der Wegfall eines ganzen Bereichs unbedingt zur Korrektur der vorab über den Zentralwert ermittelten Gesamtvorgabe führen.

So gibt es Betriebe, denen z. B. der Fertigungsbereich VA nicht bekannt ist. Die Vorzeichner arbeiten als Angestellte über ein sogenanntes Skizzenbüro und der hier getroffene Arbeitsaufwand, exakt Fertigungsstunden, geht für den einzelnen Auftrag meist unverbucht und selten kontrolliert in irgendwelchen Gemeinkostenzuschlägen unter. Der Wert dieser mehr organisatorischen Maßnahme darf zumindest als umstritten bezeichnet werden.

Das Beispiel zeigt schon die Notwendigkeit der Analyse der Zentralwerte in die einzelnen Fertigungsbereiche auf. Die Bereichsteilung eröffnet im Bedarfsfall dem Betrachter die Möglichkeit, mittels der Bereichswerte in jedem Sinne korrigierend auf die Gesamtvorgabe Einfluß zu nehmen.

Die Wichtigkeit der möglichen Ausklammerung bestimmter Fertigungsbereiche und ihre differenzierte Einzelbeurteilung und Anwendung zeigen einige weitere Beispiele.

Wegen betrieblicher Überlastung soll das gesamte Material einer Anlage gegebenenfalls fertig angearbeitet bestellt und angeliefert werden. Die eigene Fertigung beginnt damit erst im Fertigungsbereich ZK.

Für die Kalkulation und Planung entfallen die Fertigungsbereiche VA und VB ganz, der Fertigungsbereich VS u. U. nur teilweise.

Aus terminlichen Gründen wird das bereits in eigener Werkstatt angearbeitete Material einer Anlage zum Zusammenbau und Schweißen zu einer Fremdfirma verlagert.

Fertigbearbeitung und Anstrich erfolgen wieder in eigener Regie.

Aus der Gesamtplanung und Kalkulation werden für die Verlagerung die Fertigungsbereiche ZK und SS ausgeklammert.

Eine Schweißkonstruktion wird nach dem Schweißen und Glühen aus fertigungstechnischen Gründen zur mechanischen Fertigbearbeitung mit abschließendem Anstrich nach auswärts verlagert.

Für die eigene Gesamtplanung und Kalkulation entfallen die Fertigungsbereiche MB, ZM und OS.

Den in allen Tabellen, außer **Tab. 83,** S. 136, ausgelegten Anlagen und Konstruktionen liegen die Werkstoffe „Allgemeine Baustähle" sowie unlegierte und niedriglegierte Kesselbleche und Stähle zugrunde (s. Abschnitt Werkstoffe, S. 10).

Entgegen dieser Auslegung soll eine Anlage in säurebeständigem Edelstahl, einem hochlegierten Stahl, gebaut werden.

Die Detaillierung der Zentralwerte in die neun Fertigungsbereiche gestattet hier die systematische Überlegung zur exakten Zeit- und Aufwandsbestimmung.

Individuell muß in jedem der neun Fertigungsbereiche die Änderung der im allgemeinen höhere, fertigungstechnisch bedingte Aufwand für Edelstahl berücksichtigt werden. Der zusätzliche Aufwand ändert sich aber von Bereich zu Bereich.

Zu beachten sind:

Andere, oft erheblich kleinere Blechaufteilung bei Edelstahlkonstruktionen. Höherer, sehr unterschiedlicher und sich steigernder Aufwand in der Materialvorbereitung, beim Zusammenbau und vor allem beim Schweißen. Wesentliche Steigerung der mechanischen Bearbeitungskosten durch die in der Regel höheren und sehr unterschiedlichen Festigkeitswerte des Edelstahls. Zwar fällt der Schutzanstrich im Bereich Oberflächenschutz fort, dafür ergibt sich aber erheblich höherer Zeitaufwand für das Innen- und Außenbeizen und Konservieren. Im Bereich Sonderkosten wird sich im allgemeinen nichts Wesentliches ändern.

Die Werte der einzelnen Fertigungsbereiche werden nach diesen Überlegungen kontinuierlich und unter Berücksichtigung der Sonderheiten des Werkstoffes und der eigenen betrieblichen Fertigungsmöglichkeiten individuell korrigiert.

Hier wird die Wichtigkeit der Analyse aller Zentralwerte in die einzelnen Fertigungsbereiche nochmals deutlich. Es gibt kaum eine denkbare kalkulatorische Frage- und Aufgabenstellung in bezug auf Terminplanung, Fertigung und Fertigungsaufwand und damit Kosten, die nicht mittels dieser dezentralisierten Werte unmittelbar oder vergleichend gelöst werden kann.

Das Fehlen des einen oder anderen Fertigungsbereichs in einigen Tabellen darf den Betrachter dabei nicht stören.

Wegen ihrer unbedeutenden Größenordnung wurden die Werte dieser Bereiche vernachlässigt, können aber u. U. im Zuge einer Korrektur mit entsprechenden Anteilen berücksichtigt werden.

IV. Lohn — Lohngemeinkosten

Bei der Ermittlung der kalkulatorischen Fertigungskosten einer Anlage genügt das Wissen um die Summe der betrieblichen Stundenvorgabe für die Gesamt- bzw. Teil-Vorfertigung allein nicht mehr. Die Unterteilung der Gesamtvorgabe in bestimmte Fertigungs- und damit Kostenbereiche läßt, in Verbindung mit echten Zuschlägen für Lohn und Lohngemeinkosten, eine exakte, offertdienliche Kostenfindung zu.

Lohnschnitte, erforderlich bei Beanspruchung der Werkstätten in unterschiedlichen Lohngruppen, sowie der Schnitt der zugehörigen Fertigungsgemeinkosten, sind immer variabel und selbst betriebsintern von Fertigung zu Fertigung verschieden. Sie liegen z. B. bei einer Maschinenbau-Schweißkonstruktion mit hohem und schwierigem mechanischem Bearbeitungsanteil wesentlich höher als bei einer einfachen Profilstahl-Schweißkonstruktion ohne Bearbeitung.

Den Schnitt von Lohn und Zuschlägen für bestimmte Fertigungen festzustellen, um damit bei gleichen oder ähnlichen Anlagen in Verbindung mit der Stundenvorgabe zu operieren, ist möglich und wird praktiziert. Es ist aber schwierig und entspricht nicht der Realität, auf diese Weise exakte Kosten zu ermitteln für aus dem Rahmen fallende Anlagen oder Konstruktionen mit sehr wechselvollem Fertigungsaufwand.

Die Offertkalkulation hat, abgesehen von der Beistellung ihrer unter bestimmten Voraussetzungen erstellten Stunden-Kalkulationen, die bei Auftragserteilung später der Betriebskalkulation für ihre jetzt mögliche echte Kalkulation vergleichend dienen muß, kaum direkten Einfluß auf die spätere Fertigung, nie Einfluß auf die Struktur der Belegschaft, die z. B. sehr entscheidend ist für das betriebliche Lohnniveau. Sie kann selten vorzeitig ermitteln, welche Lohngruppenbereiche tatsächlich und in welcher Frequenz später mit ihrer Stundenvorgabe angesprochen werden und ist daher meist auch nicht in der Lage, selbst bei richtiger Stundenbedarfsvorhersage, die später bei Auftragsabrechnung sich herausstellenden echten Fertigungskosten unmittelbar und richtig vorauszubestimmen.

Diese Schwierigkeiten ergeben in ihrer Summe einen für die Offertkalkulation unerträglich instabilen Unsicherheitsfaktor, den es gilt, soweit wie möglich abzubauen, zumindest auf eine erträgliche Größe zu stabilisieren.

Die Möglichkeiten der Differenzierung der für die Fertigung einer Anlage vorgesehenen Summe der Stunden in neun Fertigungsbereiche, analog der prozentualen Aufgliederung der Vorgabe in den Tabellen und damit der detaillierten Kostenermittlung in Verbindung mit den Lohn- und Gemeinkosten-Schnittwerten der neun Fertigungsbereiche, die zu ermitteln wichtig erscheint, ermöglicht auch hier und zusätzlich eine wesentlich genauere Kostenbestimmung, wobei der Unsicherheitsfaktor auf ein erträgliches, vertretbares Maß reduziert wird und in seiner nunmehr gewissen Konstantheit besser kontrolliert und gegebenenfalls berücksichtigt werden kann.

V. Fertigungstoleranzen

Die kalkulatorischen Werte aller Tabellen entsprechen in bezug auf die Merkmale der ihnen zugeordneten Anlagen und Konstruktionen in ihrer Größenordnung im Mittel der reinen Einzelfertigung einer gut und zweckmäßig eingerichteten und operierenden Stahl- und Apparatebauanstalt. Merkmale und Größen bewegen sich fraglos in gewissen, jedoch klar erkennbaren Grenzen. Das ist nicht nur konstruktiv, sondern auch fertigungstechnisch bedingt. Der fertigungstechnische Aufwand einer Anlage liegt neben der individuellen Gestaltung derselben vor allem in der qualitativen Ausführung.

Zeitvorgaben dürfen aber die Qualität einer Arbeit nicht negativ beeinflussen, sie steht gerade im Stahl- und Apparatebau über allen anderen Erwägungen und hat Vorrang vor der gewiß notwendigen Zeitvorgabe.

Unter Berücksichtigung dieser Merkmale und Forderungen, sind die allen Tabellenwerten beigeordneten Fertigungstoleranzen zu betrachten. Sie schließen den Spielraum der üblichen konstruktiven Abweichungen und die örtlich anders gelagerte Fertigung in etwa ein und eröffnen damit, unter Beachtung der vorerwähnten Fakten, die Möglichkeit zur letzten Korrektur der zeitlichen Gesamtvorgabe.

VI. Elektrodenbedarf

Eine äußerst wichtige kalkulatorische Bezugsgröße bei der Ermittlung der Herstellkosten einer Anlage bzw. einer Schweißkonstruktion ist, bezogen auf das vorgesehene Baugewicht, der Brutto-Elektrodenbedarf.

Elektroden gehören ebenso wie z. B. die Verbindungselemente Schrauben oder Nieten eindeutig zum Fertigungsmaterial und nicht wie vereinzelt gehandhabt, in sogenannte Schweißer-Lohnstunden.

Selbst die dabei geübte Praxis der gestaffelten Werte dieser Kopplung Lohn und Material kann der Realität des echten Kostenvolumens nie entsprechen. Die Streuung der Kosten für die Vielzahl der in der Praxis verwendeten Elektroden, von der einfachen unlegierten bis zur hochlegierten Hochleistungs- und Sonderelektrode, ist zu groß und vielschichtig.

In der reinen Einzel- und Sonderfertigung des Stahl- und Apparatebaus lassen sich Elektroden in Verbindung mit dem Lohn, der Zeit und in wenige Gruppen gestaffelt, auftragsgerecht nicht erfassen. Erst die exakte Gewichtsfeststellung der auf den Werkstoff einer Anlage oder Konstruktion abgestimmten Elektrode, läßt, in Verbindung mit dem Tagespreis derselben, eine echte Kostendefinition und richtige Einplanung in die Offerte zu.

Die allen Tabellen beigegebene Spalte „Brutto Elektrodenbedarf in % vom Baugewicht" gewährleistet vorab über das Baugewicht die so wichtige Bedarfsfeststellung an Elektroden für die diesen Tabellen übergeordneten Anlagen und Konstruktionen. Die Werte erlauben ferner, in Verbindung mit eigener praktischer Anschauung und Erfahrung, den konstruktiven kalkulatorischen Vergleich für weitere Elektrodenbedarfs- und Kostenbestimmungen hier nicht tabellierter Anlagen und Konstruktionen.

Mit Ausnahme von **Tab. 83,** S. 136, liegen allen tabellarischen Kalkulationsgrößen summarisch die Elektrodensorten Es/Ti/Kb zugrunde. Sie entsprechen in sinnvoller Anwendung, auch in bezug auf die Zuordnung der Werkstoffe, den in diesen Tabellen behandelten Anlagen und Konstruktionen.

Bei mittlerer bis dicker Umhüllung dieser Elektrodentypen beträgt das Einschmelzgewicht m Mittel etwa 57% des Brutto-Elektrodengewichts.

Werkstoffe für die in den Tabellen behandelten Konstruktionen

Die Vielseitigkeit der Fertigung im Stahl- und Apparatebau zwingt auch zum Einsatz vielfältigster Werkstoffe.

Neben der Problematik des wirtschaftlichsten und preisgünstigsten Materialeinsatzes bei den überwiegend materialbetonten Apparaten, Behältern, Anlagen und Konstruktionen beeinflussen vor allem konstruktive und verfahrenstechnische Vorschriften und Auflagen, gelegentlich aber auch rein zweckmäßige Überlegungen, die Wahl des einen oder anderen Werkstoffes.

Das trifft weniger zu auf Konstruktionen und Anlagen, für die fast ausschließlich die Allgemeinen Baustähle St 37-2 bzw. St 52-3 Verwendung finden, als vielmehr auf z. B. alle chemischen Apparate und Behälter mit hohen bis höchsten Drücken und Temperaturen, für die neben diesen vorgenannten Stählen in erster Linie die ganze Skala der bekannten Kesselbleche und Feinkornbaustähle mit erhöhter Streckgrenze in Frage kommt. Dabei sind Kombinationen dieser Werkstoffe durchaus üblich und alltäglich. So genügen für Standzargen, Tragringe und Pratzen, Kesselstühle und Schleißbleche, Bühnen, Treppen und Leitern im allgemeinen, abweichend von der Auslegung des zugehörigen Apparates, Behälters oder Gefäßes, allgemeine Baustähle mit Eignung zum Schmelzschweißen.

Diese Überlegungen waren Anlaß, im gesamten nachfolgenden Tabellenwerk, ausgenommen **Tab. 83,** S. 136, neben den Merkmalen der Anlage keine weitere spezielle Festlegung in bezug auf Werkstoffe zu treffen. Die zahllosen und zum Teil bereits angezeigten Möglichkeiten bei Werkstoffwahl und Einsatz für die einzelne Anlage hätte bei Festlegung auf einen einzigen und bestimmten Werkstoff nur zu Unsicherheiten in der Beurteilung und Anwendung der Tabellen geführt.

Der Bereich, der unter Berücksichtigung dieser und aller interessierenden technologischen Aspekte in Frage kommenden Werkstoffe, die durch ähnliche fertigungstechnische Bedingungen und damit auch ebensolche kalkulatorischen Überlegungen in Beziehung zueinander stehen, wurde für die Apparate, Behälter, Anlagen und Konstruktionen aller nachfolgenden Tabellen, ausgenommen **Tab. 83,** S. 136, wie folgt begrenzt und festgelegt:

> allgemeine Baustähle nach DIN 17100,
> unlegierte und niedriglegierte Kesselbleche nach DIN 17155,
> unlegierte Qualitätsstähle nach DIN 17006,
> Feinkornbaustähle mit erhöhter Streckgrenze,
> dazu und sinngemäß die ähnlichen Bedingungen entsprechenden Sonder- und Gußstähle und als Äquivalent die gleichgelagerten ausländischen Stähle.

Merkbare abweichende fertigungstechnische Bedingungen im Katalog dieser Werkstoffe ergeben sich eigentlich hier nur für einige Stähle höherer Festigkeit im Fertigungsbereich SS. Besondere schweißtechnische Vorschriften und Auflagen, in der Regel Warmschweißen, können hier leicht kostensteigernd wirken und sind gegebenenfalls gesondert oder auch pauschal über die Anwendung der jeweiligen Plustoleranz zu berücksichtigen. Andere kleinere fertigungsbedingte Aufwendungen sind summarisch gesehen meist weniger bedeutend und können vernachlässigt werden. Das soll ihre Prüfung und gelegentliche Berücksichtigung jedoch nicht ganz ausschließen.

Die Tabellenwerte, ausgenommen **Tab. 83,** S. 136, gelten in ihrer Fassung nicht bei Einsatz hochlegierter und Sonder-Stähle, insbesondere aller nichtrostender Stähle, hitzebeständiger Stähle, Stähle für tiefe Temperaturen und alle Leichtmetalle.

Über die Analyse der neun Fertigungsbereiche besteht für Apparate und Anlagen aus diesen Werkstoffen, wie schon S. 6—8 darlegt, die Möglichkeit der Regulierung der Werte im Sinne des anstehenden Mehraufwands bei der Fertigung und damit der Definierung echter Kosten.

Schweißverfahren zu den Tabellenwerten
Änderungsmöglichkeiten — Auswirkungen

In jeder Stahl- und Apparatebauanstalt gilt der Fertigungsbereich SS (Schmelzschweißen) neben dem Fertigungsbereich ZK (Zusammenbau — Kesselschmiede) als am stärksten frequentiert. Der hier notwendige Studennaufwand beträgt im Mittel etwa 25···30% vom Gesamtvolumen der Fertigung, steigert sich aber konstruktionsbedingt in Einzelfällen u. U. sehr erheblich.

Diese Zahlen sowie das Wissen um die stetige und steigende Wachstumsrate in der gesamten Schweißtechnik kennzeichnen die Notwendigkeit, im Fertigungsbereich SS zweckmäßig und rationell die verschiedenen Möglichkeiten der Schweißguteinbringung zu nutzen.

Abgesehen von den metallurgischen Vorgängen und chemischen Veränderungen bei der Schmelzschweißung unterscheidet man nach dem Mechanisierungsgrad der Verfahren im einzelnen:

> die Handschweißung
> die halbmaschinelle Schweißung
> die maschinelle Schweißung.

Dabei gilt die Handschweißung mit umhüllten Stabelektroden nach wie vor als das am meisten verbreitete Verfahren der metallurgischen Verbindung. Halbmaschinelle und maschinelle Schweißung erbringen natürlich wesentlich höhere und steigende spezifische Leistungen, sind aber nicht überall anwendbar und in ihrem Einsatz begrenzt.

Mit Rücksicht auf den sehr unterschiedlichen Grad der Mechanisierung der einzelnen Schweißereien in der gesamten Industrie des Stahl- und Apparatebaus sowie der hier ausgesprochen individuellen Einzelfertigung mit ihren oft einschränkenden Auflagen bezüglich der anzuwendenden Schweißverfahren im Zusammenhang mit bestimmten Werkstoffen wurden für den Fertigungsbereich SS bei allen Tabellen nur die beiden Verfahren:

> Handschweißung und
> maschinelle Schweißung (UP Schweißung)

berücksichtigt. Dabei gelten alle Rund- und Längsnähte an zylindrischen Apparaten und Behältern, die zum Schweißen drehbar gelagert werden können, als maschinell geschweißt. Alle übrigen Positionen an Apparaten und Behältern sowie sämtliche Konstruktionen und Anlagen dieser Tabellensammlung gelten generell als handgeschweißt.

In den Tabellenwerten berücksichtigt und eingerechnet sind ferner:

Die Schließung der letzten Rundnaht in einem geschlossenen Apparat oder Behälter von Hand, alle Schwierigkeitsgrade der Handschweißung, insbesondere bei dem relativ hohen Anteil von Stutzen und Einbauten an chemischen Apparaten und Behältern, der Einsatz unterschiedlicher Elektrodensorten in Angleichung an die üblichen Werkstoffe, das Heften zum Schweißen sowie das Fugen der Schweißnahtwurzeln mit Ausbesserung fehlerhafter Schweißungen.

Abnahmepflichtigen Apparaten und Behältern liegt allgemein der Schweißfaktor 0,9···1,0 zugrunde.

Im Vergleich zu den Fertigungsmöglichkeiten und Praktiken des eigenen Betriebs, steht somit auch hier die Möglichkeit offen, die unter vorgenannten Aspekten entstandenen Tabellenwerte im gesamten Fertigungsbereich SS gegebenenfalls zu korrigieren. Anlaß zur Korrektur können dabei sein:

Einsatz weiterer Schweißverfahren, z. B. Halbmaschinelle Schweißung, d. h. Schutzgasschweißung anstelle der kalkulierten Handschweißung.
Änderung des Schweißverfahren für Rund- und Längsnähte an zylindrischen Apparaten und Behältern, d. h. Handschweißung anstelle der kalkulierten maschinellen Schweißung (UP-Schweißung).
Schweißen von Sonder- oder hochlegierten Stählen entgegen den den Tabellen zugrunde liegenden Werkstoffen (s. Abschnitt Werkstoffe, S. 10) bei Vorwärmtemperaturen ab etwa 200 Grad.
Schweißen von Edelstählen, plattierten Stählen, Gußstählen und Leichtmetallen entgegen den den Tabellen zugrunde liegenden Werkstoffen (s. Abschnitt Werkstoffe, S. 10).

Bei Änderung der den Tabellen zugrunde liegenden Schweißverfahren mit ihren bekannten Begleit- und Folgeerscheinungen sind die Faktoren zur Korrektur der Tabellenwerte zweckmäßig in Abstimmung zwischen der Praxis im eigenen Betrieb und persönlicher Erfahrung festzustellen.

Als Richtwerte können etwa gelten:

bei halbmaschineller Schutzgasschweißung anstelle Handschweißung (unter Berücksichtigung der Blechdicken bzw. a)	Faktor 0,7—0,5
bei Handschweißung anstelle maschineller Schweißung	Faktor 1,65
beim Schweißen mit höheren Vorwärmtemperaturen	Faktor 1,25
beim Schweißen von Edelstahl, Gußstahl u. a.	Faktor 1,4
beim Schweißen plattierter Stähle	Faktor 1,25

Bei vergleichender Betrachtung, Abwägung und Beurteilung zur Kalkulation vorliegender Unterlagen ist gegebenenfalls die eigene betriebliche Situation, die damit in Zusammenhang stehende Ausrüstung und damit das Leistungsvermögen der Schweißerei in Rechnung zu stellen gegen die hier auf Grund bestimmter und bekannter Bedingungen fixierten Tabellenwerte. Nach objektiven Vergleichen sind dann notwendig erscheinende Korrekturen, ähnlich den besprochenen, möglich und angezeigt.

Tabellen und Text-Erläuterungen

1. Apparate und Behälter für die chemische und artverwandte Industrie

Die steigende Ausweitung der chemischen und artverwandten Industrie setzt täglich neue Maßstäbe bei stetig neuen Aufgabenstellungen.

Vorhandene Produktionsstätten werden immer wieder vergrößert. Andere, oft erst wenige Jahre alte Anlagen, technisch aber schon wieder veraltet und unwirtschaftlich arbeitend, werden nach zwischenzeitlich gewonnenen Erkenntnissen verbessert neu erstellt.

Bestimmte Apparate, besonderer Aggressivität ausgesetzt, müssen öfter ausgewechselt werden.

Völlig neue chemische Produkte erfordern neue Anlagen.

Neben Entwicklung und Forschung stehen damit tätige Apparatebauer, gleich ob Ingenieur, Techniker oder Facharbeiter, vor immer wieder neuen, wechselvollen Aufgaben.

Chemische Apparate und Anlagen, je nach Standort oder Lage nach anerkannten nationalen oder auch ausländischen Regeln und Vorschriften ausgelegt und berechnet, sind noch wesentlich vielgestaltiger, als sie Funktionen zu erfüllen haben. Das liegt neben der Auslegung vor allem am Fehlen jeglicher Normen für das gesamte Zubehör, also für alle An- und Einbauteile.

Nicht nur die Werke der chemischen Industrie, vor allem Groß- und Konzernbetriebe, sondern auch größere Ingenieurbüros im In- und Ausland, die sich mit der Planung und Erstellung von Chemieanlagen beschäftigen, haben sogenannte Werk- oder Eigennormen entwickelt, die bei Angeboten zu beachten sind und bei Auftragserteilung zur Auflage gemacht werden.

Neben einer Vielzahl einseitiger und einschränkender Festlegungen für fast alle Details wie Mannlöcher mit und ohne Verstärkungen, sowie mit und ohne Schwenkvorrichtungen, Stutzen mit und ohne Verstärkungen, Rost-, Sieb-, Tüllen-, Glocken- und Überlaufböden nebst den dazugehörenden Tragkonstruktionen, Aufhänge- und Schwenkvorrichtungen, Standzargen, Tragpratzen und Rohrfüße, Bühnen, Podeste, Treppen und Leitern, aber auch Schrauben und anderes mehr, gibt es noch werkgebundene Schweißvorschriften, Anweisungen für Behandlung und Schutz von Oberflächen, zulässige Herstellungstoleranzen sowie Abnahmerichtlinien und Bedingungen.

Die damit vom Kunden dem Hersteller auferlegte Beachtung und Anerkennung einseitiger Auslegungen bleibt natürlich nicht ohne Einwirkungen auf die Fertigungs- und Herstellkosten des Apparates oder der Anlage. Konstruktive Sonderauflagen für in ihrer Funktion gleiche Elemente erschweren jede Planung und Fertigung und wirken sich letztlich nur kostensteigernd aus. Bei der Beurteilung und Anwendung der **Tab. 3 bis 15** „Chemische Apparate", S. 19—48, sind diese vorerwähnten Fakten zu bedenken.

Nicht ausgeschlossen ist natürlich, bei Möglichkeiten der Verwendung von Normteilen wie z. B. bestimmte Flansche und die damit u. U. verbundene Einsparung von Bearbeitungskosten, die Anwendung der Minustoleranz bis zur vollen Höhe, bzw. die entsprechende Kürzung der Vorgaben in dem einen oder anderen Fertigungsbereich. Entscheidend ist hier neben der tatsächlichen konstruktiven Vereinfachung und Ausstattung die Übersicht und die Befähigung zur Beurteilung fertigungstechnischer Vorgänge.

Die zur Ermittlung der Fertigungskosten notwendige Beurteilung des Apparates oder der Anlage auf Grund zeichnerischer Unterlagen oder mathematischer Angaben setzt neben der Kenntnis des Baugewichts und der mittleren Behälter-Blechdicke die Feststellung des prozentualen Anteils der An- und Einbauteile am Baugewicht voraus.

Nur die summarische Berücksichtigung dieser drei Faktoren: Baugewicht, mittlere Behälter-Blechdicke und prozentualer Anteil der An- und Einbauteile am Baugewicht lassen eine schnelle und dabei exakte Feststellung der Fertigungskosten zu. Dabei sind zu verstehen
unter dem Baugewicht das Gewicht des gesamten Apparates ohne eventuelle Ausmauerungen, Isolierstoffe oder Füllungen wie keramische Körper oder ähnliches;
unter der mittleren Behälter-Blechdicke das effektive Mittel der oft unterschiedlichen Blechdicken von Behältermantel und Endböden, ermittelt aus reinem Behältergewicht (nur Mantel und Endböden) und Behälteroberfläche (Durchmesser und Höhe) in Verbindung mit dem spezifischen Gewicht des Baustahls;
unter dem prozentualen Anteil der An- und Einbauteile die Differenz aus Baugewicht — reines Behältergewicht, dividiert durch das Baugewicht.

Beispiel:

Hochdruckkolonne — Baugewicht 52,5 t
Behälterdurchmesser 3 m
Behälterhöhe über Böden 25 m
Blechdicken Mantel 16 — 20 mm
Blechdicken Endböden 16 + 20 mm
reines Behältergewicht — Mantel und Endböden — 37,5 t
mittlere Blechdicke für den Behälter bei 37,5 t *und etwa* 255 m² *Oberfläche* = 18 mm.
Der Anteil der An- und Einbauteile beträgt 52,5 t — 37,5 t = 15 t *oder* 30%.
Ohne Berücksichtigung besonderer Merkmale sind für die Gesamtfertigung dieser Kolonne, entsprechend der nächst annähernden **Tab. 8,** S. 30, *mit der mittleren Blechdicke* 20 mm, *unter* 50 t *Baugewicht, bei* 30% *Anteil der An- und Einbauteile,* 72,5 h/t *Baugewicht anzusetzen. Das ergibt bei* 52,5 t *Baugewicht für die Kolonne eine Gesamtvorgabe für die Fertigung von* 3800 h.

Die Vorgabezeit kann auch aus den beiden zu 18 mm Blechdicke benachbarten Tabellen, also aus Werten der Tabellen für 16 mm und 20 mm Blechdicke, interpoliert werden.

Richtig ist, bei Anwendung der Tabellen mit der nächstgelegenen Blechdicke neben dem unmittelbaren oder nächsthöheren Baugewicht den hier zutreffenden prozentualen Anteil der An- und Einbauteile zu berücksichtigen und gegebenenfalls hier zu interpolieren.

Für die **Tab. 3 bis 15** „Chemische Apparate" auf den Seiten 19 bis 48 gelten neben den bekannten Bezeichnungen wie:

Abscheider, Absorber, Adsorber, Ausgasekolonne,
Berieselungsturm, Brennkammer,
Converter,
Dampfabscheider, Destillierkolonne, Dosierungsbehälter,
Entgaser, Entsalzer, Entspannungsbehälter, Entwässerungskolonne,
Filterkolonne, Fraktionierturm,
Gastrockner, Gaswäscher,
Hochdruckkolonne,
Katalysator, Kocher, Kondensator, Kontaktofen, Kühler,
Laugenwäscher, Lösungsbehälter,
Mehrkammerbehälter,
Nachverbrenner,
Oxidationsturm,
Pufferbehälter,
Regenerator, Reinkolonne, Rohgastrockner, Rücklaufbehälter,
Sättiger, Separator, Spalter, Speicher, Stufenwascher,
Trennkolonne, Trockenturm,
Umlaufkühler,
Verbrennungsofen, Verdampfer, Vorwärmer,
Waschturm, Wasservorlage,
Zellstoffkocher und Zwischenkühler
folgende Merkmale:

Stehende Apparate unterschiedlicher Ausmaße, Blechdicken und Gewichte — zylindrischer einteiliger oder mehrteilig geflanschter Hochdruckbehälter — Mehrkammerbehälter mit zusätzlichen Innenböden oder Verbindung zwei oder mehr Behälter durch eine oder mehrere Zargen — bei unterschiedlichem Behälter-Durchmesser, konische oder kugelförmige Übergänge — Mannlöcher mit Verstärkungsringen und Schwenkvorrichtungen — Meß- und Regelstutzen mit Verstärkungsringen oder Absteifungen — innenliegende Rost-, Sieb-, Tüllen-, Glocken- oder Überlaufböden mit Tragringen, Tragringsegmenten oder Konsolen — Inneneinbauten wie Rohrleitungen, Brausen, Verteiler, Abweiser, Prallbleche u. a. — Standzarge mit Verankerung, Tragringkonstruktion oder Tragpratzen — Außenanbauten wie Isolierringe, Konsolen, Clipse, Aufhänger und Schwenkvorrichtungen — Bühnen, Podeste, Treppen und Leitern.
Einmaliger äußerer Schutzanstrich.
Siehe Abb. 4 bis 9, S. 21.

Massenartikel wie z. B. Tüllen oder Glocken, genormte kleinere Flansche und Blinddeckel, gängige Verbindungselemente wie alle Schrauben, gelten als Fertigteile und sind im Aufwand für die Gesamtfertigung nicht berücksichtigt.

Nochmals hingewiesen sei auf die Möglichkeit der Korrektur der Gesamtvorgabe durch die nochmalige überprüfende Einzelbeurteilung der neun Fertigungsbereiche, insbesondere der Bereiche MB/ZM.

Gerade in diesen beiden letztgenannten Bereichen sind durch fast restlosen Einsatz von Fertigteilen, bzw. keinen besonderen Bearbeitungsvorschriften und Auflagen, gewisse Stundeneinsparungen möglich.

Für Rührwerksbehälter, **Tab. 19** bis **26**, S. 57—64 gelten summarisch die Merkmale:
Einwandiges geschlossenes Standgefäß mit 3 bis 5 Rohrfüßen —
diversen Mannlöcher, Funktions- und Regelstutzen — Laternen- bzw. Rührwerksitz —
Ohne Rührwerkslaterne und Rührer
Einmaliger äußerer Schutzanstrich
Siehe Abb. 13 S. 58.

Tabellen 27 bis **34,** S. 65 bis 72.
Geschlossenes Standgefäß mit Doppelmantel im zylindrischen Teil und doppelten unteren Boden.
Weitere Ausrüstung und Anordnung wie **Tab. 19** bis **26.**
Siehe Abb. 14, S. 58.

Tabellen 35 bis **42,** S. 73 bis 79.
Geschlossenes Standgefäß mit Halbrohrbeheizung im zylindrischen Teil und unteren Boden.
Weitere Ausrüstung und Anordnung wie **Tab. 19** bis **26.**
Siehe Abb. 15, S. 58.

Fertigungs-, Auf- und Einbaukosten von Rührwerkslaternen und Rührwerken sind den **Tab. 43** und **44** S. 80 und 81 zu entnehmen.

Bei Wärmeaustauschern, Wärmeaustausch gasförmiger und flüssiger Medien sind folgende Merkmale vorausgesetzt:
Tabellen 45 bis **48,** S. 82 bis 85.
Wärmeaustauscher, Einfach- und Normalausführung.
Geschlossenes ummanteltes Röhrenbündel endet in festen Rohrböden — Rohre eingewalzt, wahlweise geschweißt — ohne und mit Dehnungsausgleicher (Kompensator) — ohne und mit inneren Umlenkblechen — kopfseitig Vor- bzw. Umlenkkammer — diverse Stutzen.
Einmaliger äußerer Schutzanstrich.
Siehe Abb. 19, S. 82.

Tabelle 49, S. 86.

Wärmeaustauscher mit U-Rohrbündel.

In Rohrboden eingespanntes U-Rohrbündel oder Haarnadel-Rohrbündel — Rohre eingewalzt, wahlweise geschweißt — Rohrbündel mit Boden und inneren Umlenkblechen im Mantel einseitig ausziehbar — kopfseitig Vor- oder Umlenkkammer — diverse Stutzen.
Einmaliger äußerer Schutzanstrich.
Siehe Abb. 20, S. 86.

Tabellen 50 bis 52, S. 87 bis 89.

Wärmeaustauscher — Schwimmkopfapparate.

Geschlossenes Rohrbündel endet in Rohrböden — Rohre eingewalzt, wahlweise geschweißt — Rohrbündel mit Böden und inneren Umlenkblechen im Mantel einseitig ausziehbar — kopfseitige Vor- bzw. Umlenkkammer, Schwimmkopfdeckel — diverse Stutzen.
Einmaliger äußerer Schutzanstrich.
Siehe Abb. 21, S. 87.

Bemerkung:

Alle Wärmeaustauscher sind ausgelegt für Rohre 22 bis 30 mm $\varnothing$, 5000 mm lang. Bei Rohr-Maßänderungen gegenüber dieser Standardausführung ist die **Faktoren-Tabelle 53,** S. 90 zu beachten. Beim Einschweißen der Rohre gegenüber dem vorgesehenen Einwalzen ist lediglich die Korrektur und der zusätzliche Elektrodenbedarf nach derselben Tabelle zu berücksichtigen.

Tabelle 1. Abhitzekessel — Wärmeaustausch Gas — Wasser, 25—500 Rohre

Merkmal:

Liegender zylindrischer Druckkessel ($\sim$ 15 bis 20 atü) mit zentralem Umgangsrohr, diametrisch angeordneten Rauch- und Ankerrohren 88,9 × 4—7,1, Mannloch, Meß- und Regelstutzen mit Armaturen. Abgaskammer mit Funktionsklappe, zwei bis drei Kesselstühlen, einmaligen äußeren Schutzanstrich, ohne Gas-Eintrittskammer und ohne Isolierung. Siehe Abb. 1.

Stückzahl Rohre	Richtwerte		≈ Baugewicht t	Gesamtfertigung h/Rohr	Mittelwerte der anteiligen Fertigung in h/Rohr in den einzelnen Fertigungsbereichen									% tol. in der Fertigung +│−	Brutto Elektrodenbedarf % v. Baugew.
	≈ Heizfläche m²	Rohre 88,9 × 4—7,1 × Länge mm			VA	VB	VS	ZK	SS	MB	ZM	OS	SK		
25	13	2000	4,5	32,0	4,0	2,6	2,25	7,5	8,0	5,75	0,5	0,6	0,8	10	│
30	17		5,25	30,0	3,45	2,45	2,15	7,15	7,65	5,45	0,45	0,55	0,7		3,15
40	24		6,75	27,5	2,85	2,35	2,0	6,65	7,2	5,0	0,35	0,5	0,6		
50	32		8,0	25,5	2,45	2,25	1,85	6,2	6,8	4,65	0,3	0,45	0,55		│
60	40		9,25	23,5	2,1	2,15	1,7	5,75	6,35	4,3	0,25	0,4	0,5		3,1
70	50		10,5	22,0	1,9	2,05	1,55	5,35	6,0	4,05	0,25	0,38	0,47		3,05
80	60		11,75	20,5	1,7	1,95	1,45	5,0	5,6	3,8	0,22	0,34	0,44		3,0
90	70	3000	13,0	19,0	1,55	1,85	1,35	4,55	5,25	3,5	0,21	0,32	0,42		2,9
100	80		14,25	18,0	1,45	1,8	1,25	4,25	5,0	3,35	0,2	0,3	0,4		2,8
120	100	4000…3000	16,25	16,0	1,3	1,65	1,1	3,75	4,45	2,95	0,18	0,27	0,35		2,7
140	130		18,5	14,5	1,2	1,55	0,95	3,35	4,05	2,65	0,18	0,25	0,32		2,6
160	160		21,0	13,0	1,1	1,45	0,85	2,95	3,6	2,35	0,17	0,24	0,29		2,5
180	190	5000…4000	23,0	12,0	1,05	1,4	0,75	2,75	3,3	2,1	0,16	0,22	0,27		2,4
200	225		25,5	11,0	1,0	1,35	0,65	2,5	3,0	1,9	0,15	0,2	0,25		2,3
250	300		31,0	9,75	0,95	1,25	0,6	2,1	2,6	1,7	0,14	0,19	0,22		2,2
300	400	6000…5000	36,0	8,75	0,85	1,15	0,55	1,85	2,35	1,5	0,13	0,18	0,19		│
350	500		41,0	8,0	0,8	1,1	0,5	1,65	2,15	1,35	0,11	0,17	0,17		2,1
400	600		46,0	7,5	0,75	1,05	0,5	1,5	2,0	1,25	0,11	0,17	0,17		
500	825		55,0	7,0	0,7	1,0	0,45	1,45	1,85	1,15	0,10	0,15	0,15	6	│

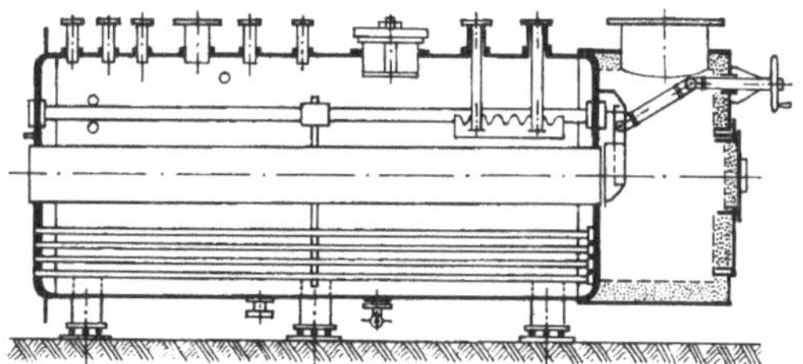
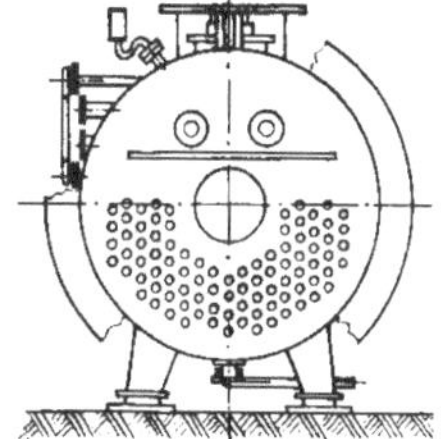

Abb. 1. Abhitzekessel — Wärmeaustausch Gas — Wasser.

Tabelle 2. Chemische Apparate. Kleinvolumen, < 1 t Baugewicht, Blechdicke 6 mm

Merkmal:
Apparate mit kleinem bis mittelgroßem Volumen, sowie üblichen Ein- und Anbauten und
bis 1 t Baugewicht, z. B. Abscheidern, Bunkern, Filtern, Kondensatoren, Massefängern,
Reinigern, Sammlern, Vorlagen, Zersetzern, Zyklone.
Einmaliger äußerer Schutzanstrich.
Siehe Abb. 2 und 3.

Baugewicht t	mittl. Behälter Blechdicke mm	Gesamtfertigung h/t	Mittelwerte der anteiligen Fertigung in h/t in den einzelnen Fertigungsbereichen								% tol. in der Fertigung + | −	Brutto Elektrodenbedarf % v. Baugew.
			VA	VB	VS	ZK	SS	MB	ZM	OS		
0,02	3	900	135	155	30	175	200	160	20	25	20	10,0
0,03		805	116	136	28	164	185	135	18	23		9,4
0,04		740	104	120	26	155	172	124	17	22		9,0
0,05		680	90	107	25	145	162	115	16	20		8,6
0,06		625	80	96	23,5	135	152	104,5	15	19		8,2
0,07		580	75	85	22	127	144	95	14	18		7,9
0,08		540	68	78	21	120	136	87	13	17		7,6
0,100		475	59	66	19	110	123	72	11,5	14,5		7,0
0,125		415	49	55	17	101	111	59	10	13		6,4
0,150		365	42,5	47	16	90	100	49	8,5	12		5,8
0,175		325	37	41	15	81	90,5	42	7,5	11		5,4
0,200		295	33	36,5	14	74	83,5	37	7	10		5,0
0,250		260	29	32	13	67	73	30,5	6,5	9		4,6
0,300		240	26	29,5	12	63	69	26,5	6	8		4,3
0,400		220	23,5	26,5	11,5	59	64	22,5	5,5	7,5		4,1
0,600		200	21	24	11	54	59	19	5	7		3,9
0,800		185	18,5	21,5	10,5	52	57	15	4,5	6		3,8
1,0	8	175	17	20	10	51	56	12	4	5	15	3,7

Bemerkung:

Einfache Kondenstöpfe	Fertigungsfaktor 0,70
Ausführung in Edelstahl	Fertigungsfaktor 1,50
Ausführung in Verbundmaterial	Fertigungsfaktor 1,35

Aufwendungen im Fertigungsbereich SK fallen in der Regel hier nur von Fall zu Fall an.
Gegebenenfalls sind bei der Gesamtvorgabe hierfür bis zu etwa 10 h vorzusehen.

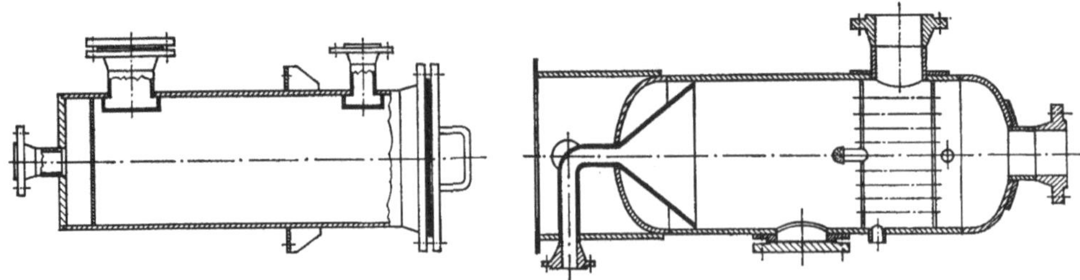

Abb. 2 und 3. Chemische Apparate — Kleine bis mittelgroße Volumen.

Tabelle 3. Chemische Apparate. Baugewicht 1 bis 25 t, Blechdicke 6 mm

Merkmal:
Siehe Text-Erläuterungen S. 13 und Abb. 4 bis 9, S. 21.

Baugewicht t	mittl. Behälter Blechdicke mm	Anteil der An- und Einbauteile %	Gesamtfertigung h/t	Mittelwerte der anteiligen Fertigung in h/t in den einzelnen Fertigungsbereichen									% tol. in der Fertigung + | −	Brutto Elektrodenbedarf % v. Baugew.
				VA	VB	VS	ZK	SS	MB	ZM	OS	SK		
1	< 6	10	200	17,0	20,0	12,0	55,0	60,0	13,0	5,0	6,0	12,0	15	4,3
		20	235	21,0	23,0	13,6	66,0	71,0	16,4	5,5	6,0	12,5		5,15
		30	275	24,0	26,8	15,5	78,0	84,0	22,45	5,75	5,5	13,0		6,0
		40	325	28,0	31,0	17,7	92,0	99,0	32,8	6,0	5,0	13,5		7,1
		50	390	32,0	36,5	20,5	110,0	117,0	49,0	6,5	4,5	14,0	20	8,6
2	< 6	10	186	15,5	19,4	11,7	52,0	57,5	12,3	4,6	5,5	7,5	15	4,1
		20	217,5	19,0	22,2	13,2	61,5	67,7	15,5	5,1	5,5	7,8		4,9
		30	255	22,4	25,4	15,0	73,0	80,2	20,5	5,35	5,1	8,05		5,75
		40	300	26,4	29,3	17,1	86,0	94,5	28,0	5,55	4,65	8,5		6,75
		50	365	30,4	34,0	19,7	102,5	112,5	47,0	5,75	4,15	9,0	20	8,2
3	< 6	10	175,5	14,5	19,0	11,35	49,0	55,0	11,35	4,3	5,0	6,0	15	3,9
		20	205	17,8	21,6	12,9	57,7	64,7	14,35	4,75	5,0	6,2		4,7
		30	240	21,0	24,75	14,6	68,3	76,7	18,7	5,0	4,6	6,35		5,45
		40	283,5	25,0	28,5	16,6	80,7	90,4	26,2	5,2	4,2	6,7		6,45
		50	346	29,0	33,0	19,1	96,0	107,5	45,2	5,4	3,8	7,0	20	7,8
4	< 6	10	167,0	13,6	18,7	11,05	46,2	52,5	10,5	4,0	4,2	5,25	15	3,75
		20	193,0	16,8	21,1	12,5	53,8	61,7	13,1	4,4	4,2	5,4		4,5
		30	227,0	20,0	24,1	14,2	63,9	73,3	17,5	4,6	3,9	5,5		5,25
		40	267,0	23,8	27,7	16,1	75,0	86,2	24,2	4,8	3,55	5,75		6,2
		50	325,5	27,4	32,0	18,45	89,0	102,5	42,0	5,0	3,15	6,0	20	7,5
6	< 6	10	154,5	12,3	18,2	10,45	42,7	50,2	9,75	3,5	3,4	4,0	14	3,6
		20	180,0	15,0	20,6	11,8	50,1	58,9	12,25	3,85	3,4	4,1		4,3
		30	211,0	17,8	23,5	13,4	59,2	69,6	16,1	4,05	3,15	4,2		5,05
		40	249,0	21,3	26,75	15,2	69,8	82,0	22,5	4,25	2,85	4,35		6,0
		50	304,5	25,0	31,0	17,4	83,1	97,5	39,0	4,45	2,55	4,5	19	7,2
8	< 6	10	144,7	11,2	17,4	9,8	39,5	48,0	9,1	3,2	3,1	3,4	14	3,45
		20	168,1	13,5	19,7	11,0	46,0	56,4	11,4	3,55	3,1	3,45		4,15
		30	196,8	16,0	22,45	12,4	54,1	66,8	15,0	3,7	2,85	3,5		4,85
		40	232,2	19,4	25,5	14,1	63,4	78,7	21,0	3,85	2,6	3,65		5,7
		50	283,7	22,8	29,5	16,2	75,0	93,6	36,5	4,0	2,35	3,75	19	6,9
10	< 6	10	137,7	10,2	17,0	9,4	37,0	46,5	8,6	3,0	3,0	3,0	14	3,3
		20	159,6	12,3	19,2	10,5	42,9	54,6	10,75	3,3	3,0	3,05		3,95
		30	187,0	14,7	21,9	11,9	50,2	64,7	14,25	3,45	2,8	3,1		4,6
		40	220,3	17,7	25,0	13,6	58,6	76,3	19,75	3,6	2,55	3,2		5,45
		50	268,7	20,8	28,8	15,5	69,0	90,75	34,5	3,75	2,3	3,3	19	6,6
12	< 6	10	131,0	9,5	16,4	9,1	34,5	45,0	8,0	2,8	2,95	2,75	14	3,2
		20	151,7	11,3	18,5	10,2	39,9	52,9	10,05	3,1	2,95	2,8		3,85
		30	177,6	13,5	21,2	11,5	46,7	62,7	13,2	3,25	2,7	2,85		4,45
		40	208,9	16,2	24,3	13,0	54,35	73,8	18,4	3,4	2,5	2,95		5,3
		50	254,6	19,25	28,0	14,8	64,0	87,8	32,0	3,5	2,25	3,0	19	6,4

(Fortsetzung nächste Seite)

2*

Tabelle 3   (Fortsetzung)

Baugewicht t	mittl. Behälter Blechdicke mm	Anteil der An- und Einbauteile %	Gesamtfertigung h/t	Mittelwerte der anteiligen Fertigung in h/t in den einzelnen Fertigungsbereichen									% tol. in der Fertigung +/−	Brutto Elektrodenbedarf % v. Baugew.
				VA	VB	VS	ZK	SS	MB	ZM	OS	SK		
15	$<$ 6	10	123,2	8,7	15,7	8,5	32,0	43,0	7,5	2,5	2,9	2,4	13	3,1
		20	142,4	10,1	17,8	9,6	36,9	50,5	9,4	2,75	2,9	2,45		3,75
		30	166,8	12,25	20,5	10,8	42,9	59,9	12,4	2,9	2,65	2,5		4,35
		40	195,7	14,5	23,4	12,2	49,8	70,5	17,3	3,0	2,45	2,55		5,1
		50	238,2	17,0	27,0	13,9	58,5	83,9	30,0	3,1	2,2	2,6	18	6,2
20	$<$ 6	10	112,6	7,7	14,7	7,7	27,5	41,0	6,95	2,25	2,85	1,95	13	3,0
		20	130,1	8,8	16,7	8,6	31,7	48,2	8,75	2,5	2,85	2,0		3,6
		30	152,0	10,6	19,0	9,7	37,0	57,0	11,5	2,6	2,6	2,0		4,2
		40	178,7	12,65	21,7	10,9	43,0	67,3	16,0	2,7	2,4	2.05		5,0
		50	217,6	14,65	25,2	12,4	50,5	80,0	27,8	2,8	2,15	2,1	18	6,0
25	$<$ 6	10	105.3	7,0	14,0	7,3	24,0	40,0	6,5	2,0	2,8	1,7	13	2,95
		20	121.7	8,1	15,9	8,1	27,7	47,0	8,2	2,2	2,8	1,7		3,5
		30	142.4	9,7	18,2	9,1	32,3	55,7	10,8	2,3	2,6	1,7		4,1
		40	167.1	11,5	20,8	10,2	37,5	65,6	15,0	2,4	2,35	1,75		4,9
		50	203.2	13,5	24,0	11,6	44,0	78,0	25,7	2,5	2,1	1,8	18	5,9

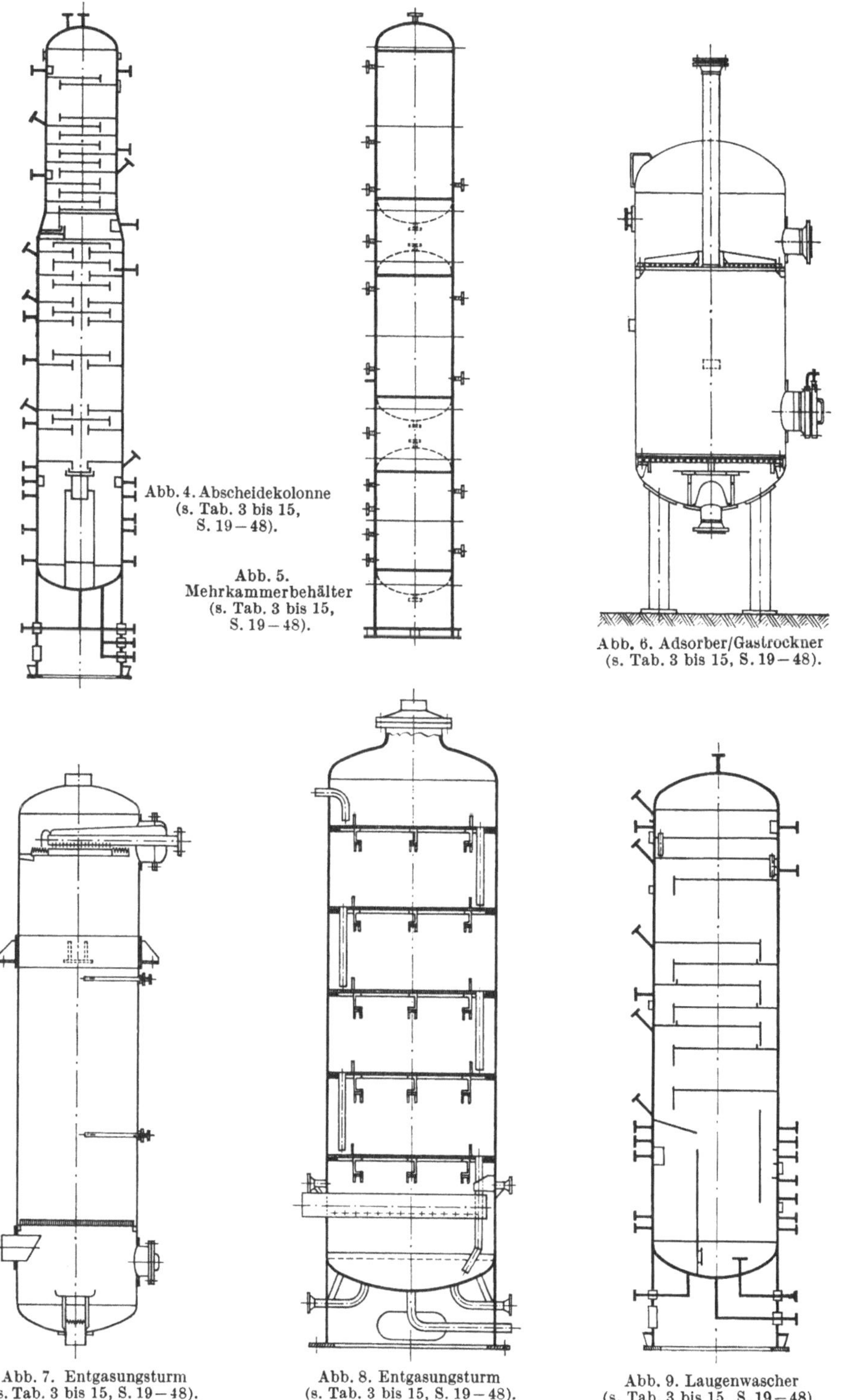

Abb. 4. Abscheidekolonne
(s. Tab. 3 bis 15,
S. 19—48).

Abb. 5.
Mehrkammerbehälter
(s. Tab. 3 bis 15,
S. 19—48).

Abb. 6. Adsorber/Gastrockner
(s. Tab. 3 bis 15, S. 19—48).

Abb. 7. Entgasungsturm
(s. Tab. 3 bis 15, S. 19—48).

Abb. 8. Entgasungsturm
(s. Tab. 3 bis 15, S. 19—48).

Abb. 9. Laugenwascher
(s. Tab. 3 bis 15, S. 19—48).

Tabelle 4. Chemische Apparate. Baugewicht 1 bis 50 t, Blechdicke 8 mm

Merkmal:
Siehe Text-Erläuterungen S. 13 und Abb. 4 bis 9, S. 21.

Baugewicht t	mittl. Behälter Blechdicke mm	Anteil der An- und Einbauteile %	Gesamtfertigung h/t	Mittelwerte der anteiligen Fertigung in h/t in den einzelnen Fertigungsbereichen									% tol. in der Fertigung + −	Brutto Elektrodenbedarf % v. Baugew.
				VA	VB	VS	ZK	SS	MB	ZM	OS	SK		
1	8	10	175,0	15,0	19,5	10,3	41,5	54,0	13,0	4,2	5,5	12,0	13	4,0
		20	200,5	18,0	21,6	11,6	47,0	63,4	16,25	4,65	5,5	12,5		4,8
		30	234,4	21,5	24,3	13,2	55,7	75,3	21,45	4,85	5,1	13,0		5,6
		40	274,6	25,0	27,3	15,0	65,6	88,7	29,85	5,05	4,6	13,5		6,6
		50	336,1	29,0	31,0	17,2	78,0	105,5	52,0	5,25	4,15	14,0	18	8,0
2	8	10	161,5	13,8	18,5	10,0	39,0	52,0	12,15	3,75	4,8	7,5	13	3,8
		20	187,2	16,9	20,6	11,3	45,3	61,1	15,3	4,15	4,8	7,75		4,55
		30	218,7	20,2	23,3	12,8	53,0	72,5	20,1	4,35	4,45	8,0		5,35
		40	256,6	23,5	26,3	14,5	61,9	85,3	28,0	4,55	4,05	8,5		6,25
		50	314,9	27,75	30,0	16,7	73,0	101,5	48,6	4,75	3,6	9,0	18	7,6
3	8	10	152,5	12,85	17,95	9,75	37,0	50,0	11,2	3,55	4,2	6,0	13	3,7
		20	176,6	15,8	20,0	10,9	42,8	58,8	14,0	3,9	4,2	6,2		4,45
		30	206,1	19,0	22,35	12,3	50,0	69,6	18,5	4,1	3,9	6,35		5,2
		40	241,6	22,1	25,0	14,0	58,2	82,0	25,75	4,3	3,55	6,7		6,1
		50	296,3	26,3	28,5	16,1	68,5	97,5	44,8	4,45	3,15	7,0	18	7,4
4	8	10	144,5	12,1	17,5	9,5	35,0	48,0	10,15	3,4	3,6	5,25	13	3,6
		20	167,4	15,0	19,4	10,6	40,5	56,4	12,75	3,75	3,6	5,4		4,35
		30	195,4	18,0	21,7	12,0	47,4	66,8	16,75	3,95	3,3	5,5		5,05
		40	229,2	21,0	24,3	13,7	55.2	78,75	23,4	4,1	3,0	5,75		5,95
		50	280,3	25,0	27,55	15,6	65,0	93,6	40,6	4,25	2,7	6,0	18	7,2
6	8	10	135,4	11,0	16,8	9,1	33,0	46,0	9,2	3,1	3,2	4,0	13	3,45
		20	156,9	13,5	18,7	10,2	38,2	54,0	11,55	3,45	3,2	4,1		4,15
		30	183,2	16,2	21,0	11,5	44.6	64,0	15,15	3,6	2,95	4,2		4,85
		40	215,0	19,0	23,6	13,0	51,9	75,5	21,2	3,75	2,7	4,35		5,7
		50	262,6	22,7	26,8	14,8	61,0	89,7	36,8	3,9	2,4	4,5	18	6,9
8	8	10	127,2	9,9	16,0	8,65	31,0	44,0	8,55	2,9	2,8	3,4	13	3,3
		20	147,5	12,2	17,9	9,7	35,8	51,7	10,75	3,2	2,8	3,45		3,95
		30	172,2	14,7	20,1	10,9	41,7	61,2	14,15	3,35	2,6	3,5		4,65
		40	202,1	17,3	22,6	12,3	48,5	72,2	19,7	3,5	2,35	3,65		5,45
		50	247,1	20,8	25,8	14,0	57,0	85,8	34,2	3,65	2,1	3,75	18	6,6
10	8	10	121,2	9,1	15,4	8,25	29,5	42,5	8,05	2,7	2,7	3,0	13	3,2
		20	139,4	10,2	17,2	9,25	34,0	49,9	10,1	3,0	2,7	3,05		3,85
		30	164,0	13,4	19,4	10,4	39,6	59,1	13,35	3,15	2,5	3,1		4,5
		40	192,5	15,9	21,9	11,7	46,0	69,7	18,55	3,3	2,25	3,2		5,3
		50	235,2	19,0	25,0	13,35	54,0	82,9	32,2	3,4	2,05	3,3	18	6,4
12	8	10	115,9	8,5	15,0	8,0	27,5	41,5	7,6	2,55	2,5	2,75	13	3,1
		20	134,0	10,2	16,8	8,9	31,7	48,8	9,5	2,8	2,5	2,8		3,75
		30	156,4	12,3	18,8	10,0	36,8	57,8	12,6	2,95	2,3	2,85		4,35
		40	183,8	14,7	21,3	11,3	42,75	68,1	17,5	3,1	2,1	2,95		5,15
		50	224,2	17,6	24,3	12,8	50,0	81,0	30,4	3,2	1,9	3,0	17	6,2

Tabelle 4 (Fortsetzung)

Baugewicht t	mittl. Behälter Blechdicke mm	Anteil der An- und Einbauteile %	Gesamtfertigung h/t	Mittelwerte der anteiligen Fertigung in h/t in den einzelnen Fertigungsbereichen									% tol. in der Fertigung +/−	Brutto Elektrodenbedarf % v. Baugew.
				VA	VB	VS	ZK	SS	MB	ZM	OS	SK		
15	8	10	109,3	7,7	14,2	7,55	25,5	40,0	7,2	2,35	2,4	2,4	13	3,0
		20	125,9	9,0	15,8	8,4	29,2	47,0	9,05	2,6	2,4	2,45		3,6
		30	147,2	11,2	17,8	9,4	33,8	55,7	11,85	2,75	2,2	2,5		4,2
		40	172,6	13,4	20,1	10,6	39,0	65,6	16,5	2,85	2,0	2,55		4,95
		50	210,7	16,0	23,0	12,0	45,55	78,0	28,8	2,95	1,8	2,6	17	6,0
20	8	10	100,9	6,7	13,3	6,9	22,5	38,5	6,7	2,1	2,25	1,95	13	2,9
		20	116,4	8,0	14,8	7,7	25,7	45,2	8,4	2,35	2,25	2,0		3,5
		30	136,1	10,0	16,5	8,6	29,7	53,6	11,15	2,45	2,1	2,0		4,1
		40	159,6	12,0	18,5	9,7	34,3	63,1	15,5	2,55	1,9	2,05		4,8
		50	194,5	14,25	21,0	10,9	40,0	75,1	26,8	2,65	1,7	2,1	17	5,8
25	8	10	94,9	6,2	12,6	6,55	20,4	37,2	6,2	1,85	2,2	1,7	13	2,85
		20	109,2	7,3	13,9	7,3	23,3	43,7	7,75	2,05	2,2	1,7		3,4
		30	127,5	9,1	15,5	8,2	26,8	51,8	10,25	2,15	2,0	1,7		4,0
		40	149,6	11,0	17,3	9,2	30,9	61,1	14,25	2,25	1,85	1,75		4,7
		50	181,6	12,9	19,5	10,3	36,0	72,6	24,5	2,35	1,65	1,8	17	5,7
30	8	10	89,7	5,7	12,0	6,2	18,4	36,3	5,8	1,65	2,15	1,5	13	2,75
		20	103,2	6,8	13,2	6,9	21,0	42,6	7,25	1,8	2,15	1,5		3,3
		30	120,2	8,2	14,7	7,7	24,2	50,5	9,5	1,9	2,0	1,5		3,85
		40	141,2	10,1	16,4	8,6	27,9	59,5	13,35	2,0	1,8	1,55		4,55
		50	171,7	12,0	18,5	9,7	32,5	70,8	22,9	2,1	1,6	1,6	17	5,5
35	8	10	85,8	5,2	11,5	5,95	17,25	35,5	5,5	1,5	2,1	1,4	12	2,7
		20	98,8	6,2	12,6	6,6	19,6	41,7	6,95	1,65	2,1	1,4		3,25
		30	115,1	7,65	14,0	7,35	22,5	49,4	9,1	1,75	1,95	1,4		3,8
		40	135,1	9,3	15,7	8,2	25,8	58,3	12,75	1,85	1,75	1,45		4,45
		50	164,0	11,25	17,6	9,2	30,0	69,3	21,7	1,9	1,6	1,45	16	5,4
40	8	10	82,3	4,7	11,0	5,7	16,3	34,7	5,15	1,4	2,05	1,3	12	2,6
		20	94,9	5,7	12,1	6,3	18,6	40,8	6,5	1,55	2,05	1,3		3,15
		30	110,5	7,0	13,5	7,0	21,3	48,3	8,55	1,65	1,9	1,3		3,65
		40	129,7	8,7	15,1	7,85	24,5	56,9	11,9	1,75	1,7	1,3		4,3
		50	157,3	10,6	1,7	8,8	28,5	67,7	20,0	1,8	1,55	1,35	16	5,2
50	8	10	78,0	4,0	10,4	5,4	15,6	33,7	4,6	1,2	2,0	1,1	12	2,5
		20	89,8	4,7	11,5	6,0	17,8	39,6	5,75	1,35	2,0	1,1		3,0
		30	104,8	5,9	12,8	6,7	20,5	46,9	7,65	1,4	1,85	1,1		3,5
		40	122,9	7,6	14,2	7,5	23,7	55,3	10,35	1,45	1,7	1,1		4,15
		50	149,4	9,5	16,0	8,45	27,5	65,8	18,0	1,5	1,5	1,15	16	5,0

Tabelle 5. Chemische Apparate. Baugewicht 1 bis 60 t, Blechdicke 10 mm

Merkmal:
Siehe Text-Erläuterungen S. 13 und Abb. 4 bis 9, S. 21.

Baugewicht t	mittl. Behälter Blechdicke mm	Anteil der An- und Einbauteile %	Gesamtfertigung h/t	Mittelwerte der anteiligen Fertigung in h/t in den einzelnen Fertigungsbereichen									% tol. in der Fertigung + −	Brutto Elektrodenbedarf % v. Baugew.
				VA	VB	VS	ZK	SS	MB	ZM	OS	SK		
1	10	10	150,0	12,7	16,5	8,9	30,5	48,5	12,5	3,4	5,0	12,0	13	3,8
		20	172,0	15,5	18,3	9,9	35,0	56,4	15,65	3,75	5,0	12,5		4,55
		30	200,9	19,0	20,7	11,2	41,0	66,8	20,65	3,95	4,6	13,0		5,35
		40	236,5	22,7	23,5	12,8	48,2	78,7	28,8	4,1	4,2	13,5		6,3
		50	296,3	27,0	27,0	14,7	57,0	93,6	50,0	4,25	3,75	14,0	18	7,6
2	10	10	136,3	11,7	15,9	8,7	28,4	46,0	11,0	3,1	4,0	7,5	13	3,65
		20	157,9	14,5	17,8	9,8	33,0	54,1	13,75	3,45	4,0	7,5		4,4
		30	185,3	18,0	20,1	11,1	38,6	64,0	18,2	3,6	3,7	8,0		5,1
		40	218,2	21,5	22,7	12,6	45,1	75,4	25,3	3,75	3,35	8,5		6,0
		50	268,8	25,6	26,0	14,4	53,2	89,7	44,0	3,9	3,0	9,0	18	7,3
3	10	10	130,3	11,2	15,3	8,45	28,0	44,5	10,15	3,0	3,7	6,0	13	3,55
		20	150,7	13,7	17,1	9,5	32,2	52,3	12,7	3,3	3,7	6,2		4,25
		30	176,3	17,0	19,3	10,7	37,5	61,9	16,7	3,45	3,4	6,35		4,95
		40	207,5	20,4	21,8	12,1	43,5	73,0	23,3	3,6	3,1	6,7		5,85
		50	255,2	24,35	25,0	13,9	51,0	86,8	40,6	3,75	2,8	7,0	18	7,1
4	10	10	124,8	10,5	15,0	8,25	27,0	43,0	9,5	2,9	3,4	5,25	13	3,4
		20	144,4	12,8	16,8	9,2	31,2	50,5	11,9	3,2	3,4	5,4		4,1
		30	169,3	16,1	18,9	10,4	36,3	59,9	15,7	3,35	3,15	5,5		4,8
		40	199,1	19,3	21,4	11,8	42,2	70,5	21,8	3,5	2,85	5,75		5,65
		50	244,6	23,1	24,5	13,4	49,5	83,9	38,0	3,65	2,55	6,0	18	6,8
6	10	10	117,4	9,6	14,6	7,95	25,8	41,0	8,75	2,75	2,95	4,0	13	3,3
		20	135,6	11,6	16,2	8,9	29,6	48,2	11,0	3,05	2,95	4,1		3,95
		30	158,5	14,5	18,2	10,0	34,2	57,0	14,5	3,2	2,7	4,2		4,65
		40	186,3	17,4	20,5	11,3	39,4	67,3	20,2	3,35	2,5	4,35		5,45
		50	228,6	21,0	23,45	12,9	46,0	80,0	35,0	3,5	2,25	4,5	18	6,6
8	10	10	111,0	8,8	13,8	7,55	24,5	39,7	8,05	2,55	2,65	3,4	13	3,2
		20	128,5	10,7	15,4	8,45	28,2	46,7	10,15	2,8	2,65	3,45		3,85
		30	150,4	13,2	17,4	9,5	32,7	55,3	13,4	2,95	2,45	3,5		4,5
		40	176,9	16,0	19,6	10,7	37,9	65,1	18,65	3,1	2,2	3,65		5,25
		50	216,5	19,0	22,4	12,2	44,25	77,5	32,2	3,2	2,0	3,75	18	6,4
10	10	10	106,7	8,1	13,5	7,25	23,5	38,8	7,6	2,4	2,55	3,0	13	3,1
		20	123,3	9,8	15,0	8,1	27,0	45,6	9,55	2,65	2,55	3,05		3,75
		30	143,8	12,0	16,8	9,1	31,25	53,8	12,6	2,8	2,35	3,1		4,35
		40	169,0	14,5	18,9	10,25	36,0	63,6	17,5	2,9	2,15	3,2		5,1
		50	207,0	17,55	21,5	11,6	42,0	75,7	30,4	3,0	1,95	3,3	18	6,2
12	10	10	102,6	7,6	13,1	7,0	22,2	38,0	7,25	2,3	2,4	2,75	13	3,0
		20	118,5	9,2	14,5	7,8	25,5	44,6	9,15	2,55	2,4	2,8		3,6
		30	138,3	11,2	16,2	8,75	29,5	52,9	12,0	2,7	2,2	2,85		4,2
		40	162,4	13,5	18,1	9,85	34,2	62,3	16,7	2,8	2,0	2,95		4,95
		50	198,6	16,15	20,5	11,15	40,0	74,1	29,0	2,9	1,8	3,0	17	6,0

Tabelle 5 (Fortsetzung)

Baugewicht t	mittl. Behälter Blechdicke mm	Anteil der An- und Einbauteile %	Gesamtfertigung h/t	Mittelwerte der anteiligen Fertigung in h/t in den einzelnen Fertigungs-bereichen									% tol. in der Fertigung + −	Brutto Elektroden-bedarf % v. Baugew.
				VA	VB	VS	ZK	SS	MB	ZM	OS	SK		
15	10	10	97,5	7,0	12,5	6,7	20,9	36,8	6,85	2,15	2,2	2,4	13	2,9
		20	112,3	8,3	13,8	7,45	23,8	43,3	8,6	2,4	2,2	2,45		3,5
		30	131,2	10,3	15,4	8,35	27,5	51,3	11,35	2,5	2,0	2,5	−	4,1
		40	154,1	12,5	17,3	9,4	31,8	60,3	15,8	2,6	1,85	2,55		4,8
		50	187,9	14,65	19,5	10,6	37,0	71,8	27,4	2,7	1,65	2,6	17	5,8
20	10	10	90,5	6,3	11,7	6,2	18,7	35,5	6,25	1,9	2,0	1,95	13	2,8
		20	104,1	7,3	12,9	6,9	21,3	41,7	7,9	2,1	2,0	2,0		3,4
		30	121,7	9,3	14,3	7,7	24,6	49,4	10,35	2,2	1,85	2,0	−	3,95
		40	142,9	11,2	16,0	8,65	28,3	58,3	14,4	2,3	1,7	2,05		4,65
		50	173,7	12,95	18,0	9,75	33,0	69,3	24,7	2,4	1,5	2,1	17	5,6
25	10	10	85,4	5,7	11,1	5,85	17,2	34,5	5,8	1,7	1,85	1,7	13	2,75
		20	98,3	6,7	12,2	6,55	19,6	40,5	7,3	1,9	1,85	1,7		3,3
		30	114,5	8,3	13,5	7,25	22,5	48,0	9,55	2,0	1,7	1,7	−	3,85
		40	134,4	10,1	15,0	8,15	25,8	56,6	13,35	2,1	1,55	1,75		4,55
		50	163,5	11,85	16,8	9,15	30,0	67,3	23,0	2,2	1,4	1,8	17	5,5
30	10	10	81,3	5,2	10,5	5,6	16,2	33,5	5,45	1,55	1,8	1,5	13	2,7
		20	93,6	6,1	11,6	6,2	18,4	39,4	6,9	1,7	1,8	1,5		3,25
		30	109,0	7,6	12,8	6,9	21,1	46,6	9,0	1,85	1,65	1,5	−	3,8
		40	128,0	9,3	14,2	7,75	24,2	55,0	12,6	1,9	1,5	1,55		4,45
		50	155,4	10,9	16,0	8,7	28,0	65,4	21,5	1,95	1,35	1,6	17	5,4
35	10	10	77,9	4,7	10,1	5,35	15,5	32,8	5,0	1,35	1,7	1,4	12	2,65
		20	89,7	5,7	11,1	5,95	17,5	38,5	6,35	1,5	1,7	1,4		3,2
		30	104,4	7,0	12,3	6,55	20,0	45,7	8,25	1,6	1,6	1,4	−	3,7
		40	122,4	8,6	13,7	7,35	22,9	53,8	11,55	1,65	1,4	1,45		4,35
		50	148,4	10,1	15,3	8,25	26,5	64,0	19,8	1,7	1,3	1,45	16	5,3
40	10	10	75,3	4,3	9,65	5,2	15,0	32,2	4,7	1,3	1,65	1,3	12	2,55
		20	86,9	5,3	10,7	5,75	17,0	37,8	5,95	1,45	1,65	1,3		3,1
		30	100,8	6,5	11,8	6,4	19,3	44,8	7,75	1,55	1,5	1,3	−	3,6
		40	118,3	8,1	13,1	7,1	22,1	52,8	10,85	1,6	1,35	1,3		4,2
		50	143,3	9,7	14,7	7,95	25,6	62,8	18,3	1,65	1,25	1,35	16	5,1
50	10	10	71,6	3,8	9,1	4,95	14,5	31,2	4,2	1,15	1,6	1,1	12	2,45
		20	82,4	4,5	10,0	5,45	16,5	36,7	5,25	1,3	1,6	1,1		2,95
		30	95,8	5,6	11,1	6,05	18,8	43,4	6,95	1,35	1,45	1,1	−	3,45
		40	112,2	7,1	12,4	6,75	21,5	51,2	9,45	1,4	1,3	1,1		4,05
		50	136,1	8,7	13,9	7,55	24,9	60,9	16,35	1,45	1,2	1,15	16	4,9
60	10	10	69,0	3,3	8,8	4,7	14,4	30,5	3,75	1,05	1,55	0,95	11	2,35
		20	79,6	4,0	9,7	5,2	16,4	35,9	4,7	1,2	1,55	0,95		2,8
		30	92,5	5,0	10,7	5,75	18,7	42,5	6,2	1,25	1,45	0,95	−	3,3
		40	108,3	6,4	11,9	6,4	21,5	50,0	8,5	1,3	1,3	1,0		3,9
		50	130,8	8,0	13,3	7,1	24,8	59,5	14,6	1,35	1,15	1,0	15	4,7

Tabelle 6. Chemische Apparate. Baugewicht 1 bis 70 t, Blechdicke 12 mm

Merkmal:
Siehe Text-Erläuterungen S. 13 und Abb. 4 bis 9, S. 21.

Baugewicht t	mittl. Behälter Blechdicke mm	Anteil der An- und Einbauteile %	Gesamtfertigung h/t	Mittelwerte der anteiligen Fertigung in h/t in den einzelnen Fertigungsbereichen									% tol. in der Fertigung + —	Brutto Elektrodenbedarf % v. Baugew.
				VA	VB	VS	ZK	SS	MB	ZM	OS	SK		
1	12	10	130,0	10,2	14,0	7,55	24,5	42,5	12,0	2,75	4,5	12,0	12	3,6
		20	149,8	13,2	15,7	8,5	27,9	49,4	15,05	3,05	4,5	12,5		4,35
		30	175,2	16,5	17,7	9,6	32,7	58,5	19,8	3,2	4,2	13,0		5,05
		40	206,8	20,5	20,1	10,9	38,1	69,0	27,55	3,35	3,8	13,5		5,95
		50	256,3	25,0	23,0	12,4	45,0	82,0	48,0	3,5	3,4	14,0	17	7,2
2	12	10	118,6	9,5	13,5	7,4	23,4	40,5	10,4	2,6	3,8	7,5	12	3,5
		20	137,8	12,4	15,0	8,3	27,0	47,6	13,1	2,85	3,8	7,75		4,2
		30	160,8	15,1	16,8	9,4	31,5	56,3	17,2	3,0	3,5	8,0		4,9
		40	191,0	19,5	18,9	10,6	36,7	66,5	23,95	3,15	3,2	8,5		5,8
		50	235,9	23,6	21,5	12,1	43,0	79,0	41,6	3,25	2,85	9,0	17	7,0
3	12	10	113,8	9,2	13,2	7,25	23,0	39,5	9,65	2,5	3,5	6,0	12	3,4
		20	132,2	11,8	14,7	8,15	26,5	46,4	12,2	2,75	3,5	6,2		4,1
		30	153,7	14,6	16,4	9,15	30,75	55,0	15,9	2,9	3,25	6,35		4,8
		40	182,1	18,0	18,5	10,35	35,5	64,8	22,3	3,0	2,95	6,7		5,65
		50	225,3	22,5	21,0	11,75	41,6	77,1	38,6	3,1	2,65	7,0	17	6,8
4	12	10	109,8	9,0	12,95	7,1	22,4	38,5	9,0	2,4	3,2	5,25	12	3,3
		20	127,5	11,5	14,4	7,95	25,8	45,2	11,4	2,65	3,2	5,4		3,95
		30	148,8	14,0	16,1	8,95	30,0	53,6	14,9	2,8	2,95	5,5		4,65
		40	175,2	17,0	18,1	10,05	34,8	63,1	20,8	2,9	2,7	5,75		5,45
		50	216,8	21,5	20,5	11,45	40,85	75,1	36,0	3,0	2,4	6,0	17	6,6
6	12	10	103,8	8,4	12,6	6,85	21,5	37,2	8,2	2,25	2,8	4,0	12	3,2
		20	120,3	10,5	13,9	7,7	24,7	43,7	10,4	2,5	2,8	4,1		3,85
		30	140,4	13,0	15,5	8,6	28,5	51,8	13,6	2,6	2,6	4,2		4,5
		40	165,4	16,0	17,3	9,7	33,0	61,1	18,9	2,7	2,35	4,35		5,25
		50	203,2	19,5	19,4	11,0	38,5	72,6	32,8	2,8	2,1	4,5	17	6,4
8	12	10	98,7	7,9	12,2	6,55	20,5	36,0	7,5	2,15	2,5	3,4	12	3,15
		20	114,2	10,0	13,4	7,3	23,4	42,3	9,45	2,4	2,5	3,45		3,8
		30	132,9	12,0	14,9	8,2	27,0	50,1	12,4	2,5	2,3	3,5		4,45
		40	156,4	14,6	16,6	9,25	31,2	59,0	17,4	2,6	2,1	3,65		5,2
		50	191,9	18,0	18,6	10,45	36,3	70,2	30,0	2,7	1,9	3,75	17	6,3
10	12	10	95,2	7,5	12,0	6,35	19,7	35,0	7,2	2,05	2,4	3,0	12	3,0
		20	110,0	9,5	13,1	7,1	22,4	41,1	9,05	2,3	2,4	3,05		3,6
		30	128,1	11,5	14,5	7,95	25,8	48,7	11,95	2,4	2,2	3,1		4,2
		40	150,1	13,5	16,1	8,95	29,7	57,5	16,65	2,5	2,0	3,2		4,95
		50	183,9	16,5	18,0	10,1	34,5	68,3	28,8	2,6	1,8	3,3	17	6,0
12	12	10	92,0	7,2	11,7	6,15	19,0	34,2	6,75	2,0	2,25	2,75	12	2,9
		20	106,3	9,0	12,8	6,9	21,6	40,2	8,55	2,2	2,25	2,8		3,5
		30	123,5	10,8	14,2	7,7	24,8	47,6	11,15	2,3	2,1	2,85		4,1
		40	144,5	12,7	15,8	8,6	28,5	56,1	15,55	2,4	1,9	2,95		4,8
		50	176,6	15,4	17,6	9,7	33,0	66,7	27,0	2,5	1,7	3,0	17	5,8

Tabelle 6 (Fortsetzung)

Baugewicht t	mttl. Behälter Blechdicke mm	Anteil der An- und Einbauteile %	Gesamtfertigung h/t	\ Mittelwerte der anteiligen Fertigung in h/t in den einzelnen Fertigungsbereichen\									% tol. in der Fertigung + —	Brutto Elektrodenbedarf % v. Baugew.
				VA	VB	VS	ZK	SS	MB	ZM	OS	SK		
15	12	10	87,0	6,7	11,1	5,85	17,3	33,4	6,25	1,9	2,1	2,4	12	2,8
		20	100,5	8,2	12,2	6,55	19,7	39,3	7,9	2,1	2,1	2,45		3,4
		30	116,9	10,0	13,5	7,3	22,6	46,5	10,35	2,2	1,95	2,5		3,95
		40	136,7	11,8	14,9	8,2	26,0	54,8	14,4	2,3	1,75	2,55		4,65
		50	167,0	14,1	16,7	9,2	30,2	65,2	25,0	2,4	1,6	2,6	16	5,6
20	12	10	81,6	6,0	10,3	5,45	16,2	32,4	5,7	1,7	1,9	1,95	12	2,7
		20	94,2	7,4	11,3	6,05	18,4	38,1	7,15	1,9	1,9	2,0		3,25
		30	109,6	9,0	12,5	6,75	21,1	45,1	9,4	2,0	1,75	2,0		3,8
		40	128,4	10,6	13,9	7,6	24,25	53,2	13,1	2,1	1,6	2,05		4,45
		50	156,0	12,5	15,5	8,55	28,0	63,2	22,5	2,2	1,45	2,1	16	5,4
25	12	10	77,6	5,5	9,8	5,2	15,3	31,5	5,3	1,55	1,75	1,7	12	2,65
		20	89,3	6,6	10,8	5,8	17,3	37,0	6,65	1,7	1,75	1,7		3,2
		30	103,9	8,0	11,9	6,4	19,8	43,9	8,75	1,85	1,6	1,7		3,7
		40	121,8	9,7	13,2	7,2	22,7	51,7	12,2	1,9	1,45	1,75		4,35
		50	148,2	11,5	14,8	8,1	26,25	61,5	21,0	1,95	1,3	1,8	16	5,3
30	12	10	74,1	5,0	9,3	5,0	14,7	30,7	4,9	1,4	1,6	1,5	12	2,6
		20	85,4	6,0	10,2	5,55	16,7	36,1	6,2	1,55	1,6	1,5		3,15
		30	99,3	7,3	11,3	6,2	19,0	42,7	8,2	1,65	1,45	1,5		3,65
		40	116,4	8,9	12,6	6,9	21,7	50,4	11,3	1,75	1,3	1,55		4,3
		50	141,4	10,5	14,1	7,75	25,15	59,9	19,4	1,8	1,2	1,6	16	5,2
35	12	10	71,4	4,6	8,9	4,8	14,3	30,0	4,6	1,3	1,5	1,4	11	2,55
		20	82,3	5,6	9,8	5,3	16,2	35,3	5,75	1,45	1,5	1,4		3,1
		30	95,7	6,7	10,9	5,9	18,4	41,8	7,65	1,55	1,4	1,4		3,6
		40	112,0	8,25	12,1	6,6	21,0	49,2	10,55	1,6	1,25	1,45		4,2
		50	135,9	9,8	13,6	7,4	24,2	58,5	18,15	1,65	1,15	1,45	15	5,1
40	12	10	69,2	4,25	8,6	4,65	14,0	29,5	4,25	1,2	1,45	1,3	11	2,5
		20	79,8	5,2	9,5	5,1	15,85	34,7	5,35	1,35	1,45	1,3		3,0
		30	92,7	6,25	10,5	5,7	18,05	41,1	7,05	1,4	1,35	1,3		3,5
		40	108,5	7,75	11,7	6,4	20,55	48,5	9,65	1,45	1,2	1,3		4,1
		50	131,5	9,25	13,2	7,2	23,7	57,6	16,6	1,5	1,1	1,35	15	5,0
50	12	10	65,9	3,7	8,2	4,45	13,6	28,6	3,75	1,1	1,4	1,1	11	2,4
		20	76,0	4,5	9,0	4,95	15,4	33,6	4,8	1,25	1,4	1,1		2,9
		30	88,1	5,4	10,0	5,5	17,5	39,8	6,2	1,3	1,3	1,1		3,4
		40	103,2	6,8	11,1	6,15	20,0	47,0	8,5	1,35	1,2	1,1		3,95
		50	124,8	8,3	12,5	6,85	23,1	55,8	14,65	1,4	1,05	1,15	15	4,8
60	12	10	63,4	3,25	7,8	4,25	13,6	27,9	3,35	0,95	1,35	0,95	10	2,35
		20	73,1	4,0	8,6	4,7	15,4	32,8	4,25	1,05	1,35	0,95		2,85
		30	84,7	4,8	9,6	5,2	17,4	38,8	5,6	1,1	1,25	0,95		3,3
		40	99,3	6,2	10,7	5,8	19,9	45,8	7,6	1,15	1,15	1,0		3,9
		50	120,0	7,65	12,05	6,5	22,9	54,5	13,1	1,2	1,1	1,0	14	4,7
70	12	10	61,8	2,9	7,5	4,1	13,8	27,4	3,05	0,9	1,3	0,85	10	2,3
		20	71,1	3,6	8,3	4,5	15,5	32,2	3,85	1,0	1,3	0,85		2,75
		30	82,5	4,4	9,2	5,0	17,5	38,2	5,1	1,05	1,2	0,85		3,2
		40	96,6	5,7	10,3	5,6	20,0	45,0	6,9	1,1	1,1	0,9		3,8
		50	116,4	7,15	11,6	6,3	23,0	53,5	11,8	1,15	1,0	0,9	14	4,6

Tabelle 7.   Chemische Apparate. Baugewicht 1 bis 80 t, Blechdicke 16 mm

Merkmal:
Siehe Text-Erläuterungen S. 13 und Abb. 4 bis 9, S. 21.

Baugewicht t	mittl. Behälter Blechdicke mm	Anteil der An- und Einbauteile %	Gesamtfertigung h/t	Mittelwerte der anteiligen Fertigung in h/t in den einzelnen Fertigungsbereichen									% tol. in der Fertigung +/−	Brutto Elektrodenbedarf % v. Baugew.
				VA	VB	VS	ZK	SS	MB	ZM	OS	SK		
1	16	10	112,5	9,6	12,2	6,5	20,0	36,0	10,0	2,2	4,0	12,0	12	3,75
		20	130,1	12,8	13,1	7,2	23,2	42,3	12,55	2,45	4,0	12,5		4,5
		30	151,5	16,0	14,5	8,1	27,0	50,1	16,55	2,55	3,7	13,0		5,25
		40	178,3	20,0	16,1	9,2	31,5	59,0	23,0	2,65	3,35	13,5		6,2
		50	219,4	24,0	18,0	10,4	37,0	70,25	40,0	2,75	3,0	14,0	17	7,5
2	16	10	103,5	9,0	11,75	6,25	19,4	35,0	9,0	2,1	3,5	7,5	12	3,6
		20	120,2	12,0	12,8	7,0	22,3	41,1	11,4	2,35	3,5	7,75		4,35
		30	139,9	14,6	14,1	7,85	26,0	48,7	14,95	2,45	3,25	8,0		5,05
		40	165,7	19,0	15,6	8,85	30,35	57,5	20,8	2,55	2,95	8,5		5,95
		50	204,6	23,0	17,4	10,1	35,5	68,3	36,0	2,65	2,65	9,0	17	7,2
3	16	10	99,0	8,6	11,5	6,15	18,9	34,1	8,4	2,05	3,3	6,0	12	3,5
		20	114,7	11,0	12,6	6,85	21,8	40,1	10,55	2,3	3,3	6,2		4,2
		30	133,8	13,6	13,9	7,7	25,35	47,5	14,0	2,4	3,0	6,35		4,9
		40	158,3	17,5	15,4	8,7	29,45	55,9	19,4	2,5	2,75	6,7		5,8
		50	195,3	21,5	17,25	9,85	34,5	66,5	33,6	2,6	2,5	7,0	17	7,0
4	16	10	96,0	8,3	11,3	6,05	18,7	33,5	7,9	2,0	3,0	5,25	12	3,4
		20	111,2	10,5	12,4	6,75	21,5	39,4	10,05	2,2	3,0	5,4		4,1
		30	128,8	12,5	13,7	7,55	24,7	46,6	13,15	2,3	2,8	5,5		4,8
		40	152,0	15,8	15,2	8,5	28,6	55,0	18,25	2,4	2,5	5,75		5,65
		50	188,3	20,5	17,0	9,6	33,45	65,4	31,6	2,5	2,25	6,0	17	6,8
6	16	10	91,4	8,0	11,0	5,85	18,0	32,6	7,45	1,9	2,6	4,0	12	3,35
		20	105,2	9,6	12,1	6,55	20,5	38,3	9,35	2,1	2,6	4,1		4,05
		30	122,5	11,7	13,3	7,35	23,6	45,4	12,35	2,2	2,4	4,2		4,7
		40	144,4	14,7	14,7	8,25	27,2	53,5	17,2	2,3	2,2	4,35		5,55
		50	178,3	18,5	16,5	9,3	31,75	63,6	29,8	2,4	1,95	4,5	17	6,7
8	16	10	87,2	7,5	10,6	5,6	17,3	31,8	6,9	1,8	2,3	3,4	12	3,3
		20	100,6	9,0	11,7	6,3	19,75	37,4	8,7	2,0	2,3	3,45		3,95
		30	117,2	11,1	12,9	7,0	22,7	44,3	11,45	2,1	2,15	3,5		4,65
		40	139,0	13,5	14,3	7,85	26,35	52,2	17,0	2,2	1,95	3,65		5,45
		50	169,9	17,0	16,0	8,85	30,55	62,1	27,6	2,3	1,75	3,75	17	6,6
10	16	10	84,0	7,1	10,3	5,45	16,8	31,0	6,4	1,75	2,2	3,0	12	3,2
		20	96,6	8,5	11,3	6,05	19,05	36,4	8,1	1,95	2,2	3,05		3,85
		30	112,5	10,5	12,5	6,75	21,8	43,2	10,6	2,05	2,0	3,1		4,5
		40	131,8	12,6	13,9	7,6	25,0	50,8	14,7	2,15	1,85	3,2		5,25
		50	162,0	15,5	15,6	8,6	29,0	60,5	25,6	2,25	1,65	3,3	17	6,4
12	16	10	81,6	6,8	10,1	5,25	16,2	30,6	6,15	1,7	2,05	2,75	12	3,1
		20	94,0	8,1	11,1	5,85	18,4	36,0	7,8	1,9	2,05	2,8		3,75
		30	109,9	9,8	12,3	6,55	21,1	42,6	10,8	2,0	1,9	2,85		4,35
		40	128,4	12,0	13,7	7,35	24,2	50,2	14,2	2,1	1,7	2,95		5,1
		50	157,2	14,6	15,3	8,25	28,0	59,7	24,6	2,2	1,55	3,0	17	6,2
15	16	10	78,4	6,4	9,7	5,1	15,5	30,0	5,8	1,6	1,9	2,4	12	3,0
		20	90,1	7,5	10,7	5,7	17,5	35,3	7,3	1,75	1,9	2,45		3,6
		30	104,9	9,25	11,8	6,35	20,0	41,8	9,6	1,85	1,75	2,5		4,2
		40	123,0	11,2	13,1	7,1	22,9	49,2	13,4	1,95	1,6	2,55		4,95
		50	150,4	13,5	14,7	7,95	26,5	58,5	23,2	2,0	1,45	2,6	16	6,0

Tabelle 7 (Fortsetzung)

Baugewicht t	mittl. Behälter Blechdicke mm	Anteil der An- und Einbauteile %	Gesamtfertigung h/t	Mittelwerte der anteiligen Fertigung in h/t in den einzelnen Fertigungsbereichen									% tol. in der Fertigung + −	Brutto Elektroden-bedarf % v. Baugew.
				VA	VB	VS	ZK	SS	MB	ZM	OS	SK		
20	16	10	73,6	5,75	9,1	4,75	14,7	29,0	5,2	1,45	1,7	1,95	12	2,85
		20	84,7	6,8	10,1	5,25	16,6	34,1	6,55	1,6	1,7	2,0		3,45
		30	98,7	8,35	11,2	5,9	18,9	40,4	8,6	1,75	1,6	2,0		4,0
		40	115,7	10,0	12,5	6,6	21,75	47,6	12,0	1,8	1,4	2,05		4,7
		50	140,9	12,0	14,0	7,45	25,0	56,6	20,6	1,85	1,3	2,1	16	5,7
25	16	10	70,1	5,2	8,7	4,55	14,1	28,2	4,75	1,35	1,55	1,7	12	2,75
		20	80,8	6,25	9,6	5,05	16,0	33,1	6,05	1,5	1,55	1,7		3,3
		30	93,8	7,65	10,7	5,6	18,2	39,1	7,8	1,6	1,45	1,7		3,85
		40	109,8	9,0	11,9	6,25	20,75	46,2	11,0	1,65	1,3	1,75		4,55
		50	133,9	11,0	13,4	7,1	23,9	55,0	18,85	1,7	1,15	1,8	16	5,5
30	16	10	67,3	4,8	8,3	4,4	13,7	27,5	4,45	1,25	1,4	1,5	12	2,7
		20	77,6	5,75	9,2	4,9	15,5	32,3	5,65	1,4	1,4	1,5		3,25
		30	90,1	7,0	10,2	5,45	17,55	38,3	7,35	1,45	1,3	1,5		3,8
		40	105,7	8,4	11,4	6,1	20,05	45,2	10,3	1,5	1,2	1,55		4,45
		50	128,3	10,0	12,9	6,8	23,1	53,7	17,6	1,55	1,05	1,6	16	5,4
35	16	10	64,8	4,4	7,9	4,25	13,3	27,0	4,05	1,15	1,35	1,4	11	2,65
		20	74,7	5,3	8,8	4,7	15,0	31,8	5,05	1,3	1,35	1,4		3,2
		30	86,9	6,5	9,8	5,2	17,0	37,7	6,7	1,35	1,25	1,4		3,7
		40	101,8	7,75	11,0	5,8	19,5	44,4	9,35	1,4	1,15	1,45		4,35
		50	123,5	9,35	12,5	6,55	22,5	52,7	16,0	1,45	1,0	1,45	15	5,3
40	16	10	62,8	4,05	7,6	4,15	13,1	26,5	3,75	1,1	1,25	1,3	11	2,6
		20	72,2	4,0	8,4	4,6	14,7	31,1	4,7	1,25	1,25	1,3		3,15
		30	84,0	5,95	9,4	5,1	16,7	36,9	6,2	1,3	1,15	1,3		3,05
		40	98,3	7,2	10,6	5,7	19,1	43,5	8,5	1,35	1,05	1,3		4,3
		50	119,1	8,65	12,0	6,4	22,0	51,7	14,65	1,4	0,95	1,35	15	5,2
50	16	10	59,8	3,5	7,25	4,0	12,8	25,7	3,35	1,0	1,2	1,1	11	2,5
		20	69,0	4,3	8,0	4,4	14,4	30,2	4,3	1,1	1,2	1,1		3,0
		30	80,2	5,2	9,0	4,9	16,4	35,8	5,55	1,15	1,1	1,1		3,5
		40	93,6	6,35	10,1	5,5	18,6	42,2	7,55	1,2	1,0	1,1		4,1
		50	113,3	7,7	11,4	6,15	21,45	50,2	13,1	1,25	0,9	1,15	15	5,0
60	16	10	57,6	3,1	6,9	3,8	12,7	25,1	3,0	0,9	1,15	0,95	10	2,4
		20	66,4	3,8	7,7	4,2	14,3	29,5	3,8	1,0	1,15	0,95		2,9
		30	77,1	4,6	8,6	4,65	16,2	35,0	5,0	1,05	1,05	0,95		3,4
		40	90,0	5,75	9,7	5,15	18,4	41,2	6,75	1,1	0,95	1,0		3,95
		50	108,6	7,0	10,9	5,8	21,2	49,0	11,7	1,15	0,85	1,0	14	4,8
70	16	10	56,6	2,8	6,7	3,65	12,9	24,8	2,75	0,85	1,1	0,85	10	2,35
		20	65,1	3,45	7,5	4,1	14,5	29,2	3,45	0,95	1,1	0,85		2,85
		30	75,4	4,2	8,3	4,55	16,4	34,5	4,6	1,0	1,0	0,85		3,3
		40	88,0	5,3	9,3	5,05	18,6	40,7	6,2	1,05	0,9	0,9		3,9
		50	106,0	6,55	10,5	5,65	21,4	48,4	10,65	1,1	0,85	0,9	14	4,7
80	16	10	55,6	2,6	6,5	3,55	13,25	24,5	2,55	0,8	1,05	0,8	10	2,3
		20	64,1	3,2	7,3	3,95	14,9	28,8	3,2	0,9	1,05	0,8		2,75
		30	74,3	3,9	8,1	4,35	16,9	34,1	4,25	0,95	0,95	0,8		3,2
		40	86,7	5,0	9,1	4,85	19,1	40,2	5,75	1,0	0,9	0,8		3,8
		50	104,2	6,25	10,3	5,4	21,9	47,8	9,85	1,05	0,8	0,85	14	4,6

Tabelle 8. Chemische Apparate. Baugewicht 2 bis 200 t, Blechdicke 20 mm

Merkmal:
Siehe Text-Erläuterungen S. 13 und Abb. 4 bis 9, S. 21.

Baugewicht t	mittl. Behälter Blechdicke mm	Anteil der An- und Einbauteile %	Gesamtfertigung h/t	Mittelwerte der anteiligen Fertigung in h/t in den einzelnen Fertigungsbereichen									% tol. in der Fertigung + −	Brutto Elektrodenbedarf % v. Baugew.
				VA	VB	VS	ZK	SS	MB	ZM	OS	SK		
2	20	10	91,0	8,3	9,8	5,4	16,7	30,3	8,0	1,7	3,3	7,5	11	4,0
		20	104,2	9,7	10,7	6,1	19,1	35,6	10,05	1,9	3,3	7,75		4,8
		30	121,8	12,8	11,7	6,8	22,1	42,2	13,2	2,0	3,0	8,0		5,6
		40	143,8	16,0	12,9	7,7	25,7	49,7	18,4	2,1	2,8	8,5		6,6
		50	177,8	20,0	14,3	8,7	30,0	59,1	32,0	2,2	2,5	9,0	16	8,0
3	20	10	87,0	7,8	9,6	5,3	16,5	30,0	7,3	1,65	2,85	6,0	11	3,9
		20	99,9	9,3	10,4	5,95	18,9	35,3	9,2	1,8	2,85	6,2		4,7
		30	117,1	12,5	11,4	6,65	21,8	41,8	12,1	1,9	2,6	6,35		5,45
		40	137,7	15,5	12,5	7,5	25,1	49,2	16,8	2,0	2,4	6,7		6,45
		50	169,6	19,0	13,85	8,5	29,3	58,5	29,2	2,1	2,15	7,0	16	7,8
4	20	10	84,3	7,5	9,4	5,2	16,2	29,7	6,85	1,6	2,6	5,25	11	3,8
		20	96,8	9,0	10,2	5,8	18,5	34,9	8,65	1,75	2,6	5,4		4,6
		30	113,5	12,0	11,2	6,5	21,3	41,4	11,35	1,85	2,4	5,5		5,35
		40	133,6	15,0	12,3	7,35	24,5	48,7	15,85	1,95	2,2	5,75		6,3
		50	163,8	18,0	13,6	8,35	28,5	58,0	27,4	2,0	1,95	6,0	16	7,6
6	20	10	80,5	7,2	9,0	5,05	15,8	29,2	6,3	1,55	2,4	4,0	11	3,7
		20	92,3	8,5	9,8	5,65	17,95	34,3	7,9	1,7	2,4	4,1		4,45
		30	108,7	11,5	10,8	6,35	20,65	40,7	10,45	1,85	2,2	4,2		5,2
		40	126,8	14,0	11,9	7,15	23,75	47,95	14,5	1,9	2,0	4,35		6,1
		50	156,3	17,0	13,2	8,1	27,55	57,0	25,2	1,95	1,8	4,5	16	7,4
8	20	10	77,2	6,8	8,5	4,85	15,3	28,7	6,0	1,5	2,15	3,4	11	3,6
		20	88,6	7,9	9,3	5,45	17,3	33,8	7,6	1,65	2,15	3,45		4,35
		30	103,7	10,4	10,2	6,1	19,8	40,1	9,85	1,75	2,0	3,5		5,05
		40	121,8	12,5	11,3	6,85	22,7	47,3	13,85	1,85	1,8	3,65		5,95
		50	149,7	15,5	12,5	7,7	26,35	56,4	24,0	1,9	1,6	3,75	16	7,2
10	20	10	74,7	6,5	8,2	4,7	14,9	28,3	5,65	1,45	2,0	3,0	11	3,5
		20	85,7	7,5	9,0	5,25	16,9	33,3	7,1	1,6	2,0	3,05		4,2
		30	100,3	9,8	9,9	5,9	19,3	39,3	9,4	1,75	1,85	3,1		4,9
		40	117,5	11,7	11,0	6,6	22,1	46,4	13,0	1,8	1,7	3,2		5,8
		50	144,1	14,5	12,2	7,45	25,5	55,2	22,6	1,85	1,5	3,3	16	7,0
12	20	10	72,5	6,2	7,8	4,6	14,7	27,8	5,35	1,4	1,9	2,75	11	3,35
		20	83,2	7,2	8,6	5,1	16,6	32,7	6,75	1,55	1,9	2,8		4,05
		30	97,2	9,25	9,5	5,7	18,9	38,7	8,9	1,65	1,75	2,85		4,7
		40	114,0	11,1	10,6	6,4	21,7	45,6	12,3	1,75	1,6	2,95		5,55
		50	140,0	14,0	11,8	7,25	25,0	54,3	21,4	1,8	1,45	3,0	16	6,7
15	20	10	69,6	5,8	7,3	4,4	14,25	27,3	5,05	1,35	1,75	2,4	11	3,2
		20	80,1	6,8	8,1	4,9	16,1	32,1	6,4	1,5	1,75	2,45		3,85
		30	93,3	8,5	9,0	5,45	18,3	38,0	8,4	1,6	1,6	2,5		4,5
		40	109,4	10,3	10,1	6,1	20,8	44,8	11,65	1,65	1,45	2,55		5,25
		50	134,1	12,7	11,3	6,95	24,05	53,3	20,2	1,7	1,3	2,6	16	6,4

Tabelle 8   (Fortsetzung)

Baugewicht t	mittl. Behälter Blechdicke mm	Anteil der An- und Einbauteile %	Gesamtfertigung h/t	Mittelwerte der anteiligen Fertigung in h/t in den einzelnen Fertigungsbereichen									% tol. in der Fertigung +/−	Brutto Elektrodenbedarf % v. Baugew.
				VA	VB	VS	ZK	SS	MB	ZM	OS	SK		
20	20	10	65,2	5,25	6,7	4,15	13,7	26,5	4,65	1,25	1,55	1,95	11	3,05
		20	75,7	6,15	7,5	4,65	15,5	31,1	5,85	1,4	1,55	2,0		3,65
		30	88,2	7,6	8,4	5,2	17,5	36,9	7,7	1,45	1,45	2,0		4,3
		40	103,6	9,3	9,4	5,85	20,0	43,5	10,7	1,5	1,3	2,05		5,05
		50	126,4	11,3	10,6	6,55	23,0	51,7	18,45	1,55	1,15	2,1	16	6,1
25	20	10	62,7	4,8	6,4	4,0	13,2	25,8	4,25	1,15	1,4	1,7	11	2,9
		20	72,2	5,55	7,2	4,45	14,9	30,3	5,4	1,3	1,4	1,7		3,5
		30	84,1	6,9	8,1	4,95	16,9	35,9	7,0	1,35	1,3	1,7		4,1
		40	98,8	8,4	9,0	5,55	19,3	42,2	9,8	1,4	1,2	1,75		4,8
		50	120,2	10,2	10,0	6,25	22,2	50,4	16,85	1,45	1,05	1,8	16	5,8
30	20	10	60,2	4,4	6,2	3,85	12,85	25,1	3,9	1,1	1,3	1,5	10	2,8
		20	69,3	5,1	7,0	4,25	14,5	29,5	4,9	1,25	1,3	1,5		3,4
		30	80,8	6,25	7,9	4,7	16,5	35,0	6,45	1,3	1,2	1,5		3,95
		40	94,7	7,75	8,8	5,3	18,7	41,2	8,95	1,35	1,1	1,55		4,65
		50	115,1	9,4	9,8	6,0	21,5	49,0	15,4	1,4	1,0	1,6	15	5,6
35	20	10	58,2	4,1	6,0	3,75	12,45	24,6	3,65	1,05	1,2	1,4	10	2,7
		20	67,2	4,75	6,8	4,2	14,1	28,9	4,65	1,2	1,2	1,4		3,25
		30	78,3	5,8	7,7	4,7	16,0	34,3	6,05	1,25	1,1	1,4		3,8
		40	91,7	7,1	8,6	5,25	18,2	40,4	8,4	1,3	1,0	1,45		4,45
		50	111,3	8,7	9,6	5,85	21,0	48,0	14,45	1,35	0,9	1,45	15	5,4
40	20	10	56,5	3,75	5,9	3,65	12,25	24,2	3,4	0,95	1,1	1,3	10	2,6
		20	65,1	4,4	6,7	4,05	13,8	28,4	4,3	1,05	1,1	1,3		3,15
		30	75,9	5,35	7,6	4,5	15,7	33,7	5,65	1,1	1,0	1,3		3,65
		40	88,2	6,1	8,5	5,0	17,9	39,7	7,65	1,15	0,9	1,3		4,3
		50	107,6	8,1	9,5	5,65	20,5	47,2	13,25	1,2	0,85	1,35	15	5,2
50	20	10	54,0	3,3	5,8	3,5	12,0	23,4	3,0	0,9	1,0	1,1	10	2,55
		20	62,3	3,85	6,6	3,95	13,5	27,5	3,8	1,1	1,0	1,1		3,1
		30	72,5	4,7	7,5	4,4	15,2	32,6	5,0	1,05	0,95	1,1		3,6
		40	84,6	5,8	8,4	4,9	17,3	38,4	6,75	1,1	0,85	1,1		4,2
		50	102,3	7,1	9,4	5,5	19,8	45,7	11,75	1,15	0,75	1,15	15	5,1
60	20	10	52,2	2,9	5,7	3,4	11,9	22,8	2,75	0,85	0,95	0,95	10	2,45
		20	60,3	3,45	6,5	3,8	13,4	26,8	3,5	0,95	0,95	0,95		2,95
		30	70,2	4,25	7,4	4,2	15,1	31,8	4,6	1,0	0,9	0,95		3,45
		40	81,8	5,25	8,3	4,7	17,1	37,4	6,2	1,05	0,8	1,0		4,05
		50	98,7	6,5	9,3	5,25	19,6	44,5	10,75	1,1	0,7	1,0	15	4,9
70	20	10	51,2	2,6	5,6	3,3	12,1	22,5	2,55	0,8	0,9	0,85	9	2,4
		20	59,2	3,15	6,4	3,7	13,6	26,5	3,2	0,9	0,9	0,85		2,9
		30	68,7	3,85	7,3	4,1	15,3	31,3	4,2	0,95	0,85	0,85		3,4
		40	80,2	4,8	8,2	4,55	17,3	36,9	5,8	1,0	0,75	0,9		3,95
		50	96,5	6,0	9,2	5,05	19,8	43,9	9,9	1,05	0,7	0,9	14	4,8
80	20	10	50,6	2,35	5,55	3,2	12,45	22,3	2,35	0,75	0,85	0,8	9	2,35
		20	58,5	2,9	6,35	3,55	14,0	26,2	3,0	0,85	0,85	0,8		2,85
		30	67,8	3,6	7,15	3,95	15,7	31,0	3,9	0,9	0,8	0,8		3,3
		40	79,0	4,5	8,05	4,4	17,8	36,5	5,3	0,95	0,7	0,8		3,9
		50	95,0	5,6	9,1	4,9	20,3	43,5	9,1	1,0	0,65	0,85	14	4,7

(Fortsetzung nächste Seite)

Tabelle 8 (Fortsetzung)

Baugewicht t	mittl. Behälter Blechdicke mm	Anteil der An- und Einbauteile %	Gesamtfertigung h/t	Mittelwerte der anteiligen Fertigung in h/t in den einzelnen Fertigungsbereichen									% tol. in der Fertigung +/−	Brutto Elektrodenbedarf % v. Baugew.
				VA	VB	VS	ZK	SS	MB	ZM	OS	SK		
100	20	10	50,7	2,15	5,5	3,0	13,2	22,4	2,1	0,7	0,8	0,65	9	2,35
		20	58,3	2,55	6,3	3,35	14,8	26,4	2,65	0,8	0,8	0,65		2,85
		30	67,6	3,2	7,1	3,7	16,7	31,2	3,45	0,85	0,75	0,65		3,3
		40	78,6	4,0	8,0	4,1	18,9	36,8	4,6	0,9	0,65	0,65		3,9
		50	94,1	5,0	9,0	4,6	21,5	43,75	8,0	0,95	0,6	0,7	13	4,7
125	20	10	51,3	1,85	5,5	2,8	14,2	23,1	1,9	0,65	0,75	0,55	9	2,35
		20	59,0	2,3	6,2	3,1	15,8	27,1	2,45	0,75	0,75	0,55		2,85
		30	68,4	2,85	7,0	3,45	17,8	32,2	3,05	0,8	0,7	0,55		3,3
		40	79,6	3,6	7,9	3,85	20,1	37,9	4,2	0,85	0,65	0,55		3,9
		50	95,0	4,4	8,9	4,25	23,05	45,1	7,25	0,9	0,55	0,6	13	4,7
150	20	10	52,7	1,75	5,65	2,6	15,2	23,9	1,8	0,6	0,7	0,5	8	2,35
		20	60,6	2,1	6,3	2,9	17,0	28,1	2,3	0,7	0,7	0,5		2,85
		30	70,1	2,6	7,1	3,2	19,0	33,3	3,0	0,75	0,65	0,5		3,3
		40	81,4	3,25	8,0	3,55	21,5	39,2	4,0	0,8	0,6	0,5		3,9
		50	96,9	3,95	9,0	3,95	24,5	46,7	6,9	0,85	0,55	0,5	12	4,7
175	20	10	54,1	1,65	5,8	2,4	16,2	24,7	1,65	0,55	0,7	0,45	8	2,4
		20	62,2	1,95	6,5	2,65	18,1	29,1	2,1	0,65	0,7	0,45		2,9
		30	71,9	2,45	7,3	2,95	20,3	34,4	2,7	0,7	0,65	0,45		3,4
		40	83,3	3,05	8,2	3,3	22,8	40,6	3,55	0,75	0,6	0,45		3,95
		50	98,7	3,7	9,1	3,65	26,0	48,3	6,15	0,8	0,55	0,45	11	4,8
200	20	10	55,6	1,55	6,0	2,25	17,1	25,6	1,55	0,5	0,65	0,4	8	2,4
		20	63,8	1,8	6,7	2,5	19,15	30,1	1,95	0,55	0,65	0,4		2,9
		30	73,7	2,3	7,5	2,75	21,4	35,7	2,45	0,6	0,6	0,4		3,4
		40	85,4	2,85	8,4	3,05	24,1	42,1	3,3	0,65	0,55	0,4		3,95
		50	101,1	3,5	9,3	3,4	27,5	50,1	5,7	0,7	0,5	0,4	11	4,8

Tabelle 9. Chemische Apparate. Baugewicht 3 bis 300 t, Blechdicke 25 mm

Merkmal:
Siehe Text-Erläuterungen S. 13 und Abb. 4 bis 9, S. 21.

Baugewicht t	mittl. Behälter Blechdicke mm	Anteil der An- und Einbauteile %	Gesamtfertigung h/t	Mittelwerte der anteiligen Fertigung in h/t in den einzelnen Fertigungsbereichen									% tol. in der Fertigung + —	Brutto Elektrodenbedarf % v. Baugew.
				VA	VB	VS	ZK	SS	MB	ZM	OS	SK		
3	25	10	81,0	7,5	9,2	4,6	14,9	27,4	7,1	1,45	2,85	6,0	11	4,5
		20	92,5	8,9	9,9	5,1	16,9	32,2	8,85	1,6	2,85	6,2		5,35
		30	107,0	10,85	10,7	5,7	19,35	38,15	11,6	1,7	2,6	6,35		6,25
		40	126,7	13,9	11,8	6,4	22,25	45,25	16,2	1,8	2,4	6,7		7,35
		50	156,7	17,6	13,0	7,25	25,8	54,0	28,0	1,9	2,15	7,0	16	8,9
4	25	10	77,0	6,5	8,8	4,4	14,6	26,9	6,55	1,4	2,6	5,25	11	4,45
		20	88,8	8,3	9,6	4,95	16,6	31,5	8,3	1,55	2,6	5,4		5,3
		30	103,2	10,3	10,5	5,55	19,0	37,4	10,9	1,65	2,4	5,5		6,15
		40	121,7	13,2	11,4	6,25	21,8	44,2	15,15	1,75	2,2	5,75		7,25
		50	151,0	16,8	12,5	7,1	25,3	53,3	26,2	1,8	2,0	6,0	16	8,8
6	25	10	72,5	6,2	8,4	4,25	14,4	26,4	5,3	1,35	2,2	4,0	11	4,3
		20	83,8	7,85	9,2	4,75	16,3	31,2	6,7	1,5	2,2	4,1		5,15
		30	97,4	9,7	10,1	5,3	18,6	37,1	8,8	1,6	2,0	4,2		6,0
		40	114,5	12,2	11,0	5,95	21,3	44,0	12,2	1,65	1,85	4,35		7,1
		50	140,9	15,6	12,1	6,8	24,85	52,5	21,2	1,7	1,65	4,5	16	8,55
8	25	10	69,8	5,95	7,9	4,1	14,1	26,1	5,0	1,3	1,95	3,4	11	4,15
		20	80,6	7,5	8,7	4,6	16,0	30,7	6,25	1,45	1,95	3,45		5,0
		30	93,7	9,3	9,6	5,15	18,2	36,3	8,3	1,55	1,8	3,5		5,8
		40	109,7	11,4	10,5	5,8	20,8	42,8	11,5	1,6	1,65	3,65		6,85
		50	134,3	14,4	11,6	6,5	24,0	50,9	20,0	1,65	1,5	3,75	16	8,3
10	25	10	67,6	5,7	7,5	4,0	13,8	25,8	4,8	1,25	1,75	3,0	11	4,0
		20	78,1	7,15	8,3	4,5	15,65	30,3	6,0	1,4	1,75	3,05		4,8
		30	90,4	8,9	9,2	5,05	17,85	35,3	7,95	1,45	1,6	3,1		5,6
		40	106,4	10,8	10,1	5,65	20,35	42,3	11,05	1,5	1,45	3,2		6,6
		50	130,2	13,5	11,2	6,35	23,5	50,3	19,2	1,55	1,3	3,3	16	8,0
12	25	10	65,7	5,45	7,1	3,9	13,6	25,4	4,6	1,25	1,65	2,75	11	3,8
		20	76,0	6,8	7,9	4,35	15,4	29,9	5,8	1,4	1,65	2,8		4,6
		30	88,4	8,5	8,8	4,85	17,4	35,4	7,65	1,45	1,5	2,85		5,35
		40	103,5	10,4	9,7	5,45	19,9	41,6	10,6	1,5	1,4	2,95		6,3
		50	126,2	12,6	10,85	6,15	22,9	49,5	18,4	1,55	1,25	3,0	16	7,6
15	25	10	63,5	5,2	6,7	3,75	13,3	25,0	4,45	1,2	1,5	2,4	11	3,6
		20	73,5	6,45	7,5	4,2	15,0	29,4	5,65	1,35	1,5	2,45		4,35
		30	85,6	8,0	8,4	4,7	17,0	34,8	7,4	1,4	1,4	2,5		5,05
		40	100,0	9,6	9,3	5,25	19,3	41,0	10,3	1,45	1,25	2,55		5,95
		50	121,9	11,5	10,4	5,9	22,25	48,8	17,8	1,5	1,15	2,6	16	7,2
20	25	10	59,8	4,7	6,1	3,6	12,8	24,2	4,05	1,1	1,3	1,95	11	3,4
		20	69,2	5,8	6,9	4,05	14,4	28,4	5,1	1,25	1,3	2,0		4,1
		30	80,8	7,2	7,8	4,55	16,3	33,75	6,7	1,3	1,2	2,0		4,8
		40	94,6	8,7	8,7	5,1	18,5	39,7	9,4	1,35	1,1	2,05		5,65
		50	114,7	10,2	9,8	5,65	21,3	47,25	16,0	1,4	1,0	2,1	16	6,8

(Fortsetzung nächste Seite)

Tabelle 9 (Fortsetzung)

Baugewicht t	mittl. Behälter Blechdicke mm	Anteil der An- und Einbauteile %	Gesamtfertigung h/t	Mittelwerte der anteiligen Fertigung in h/t in den einzelnen Fertigungsbereichen									% tol. in der Fertigung +/−	Brutto Elektrodenbedarf % v. Baugew.
				VA	VB	VS	ZK	SS	MB	ZM	OS	SK		
25	25	10	57,3	4,3	5,8	3,5	12,4	23,6	3,75	1,05	1,2	1,7	11	3,2
		20	66,4	5,3	6,6	3,9	13,9	27,8	4,8	1,2	1,2	1,7		3,85
		30	77,3	6,6	7,5	4,35	15,8	32,8	6,2	1,25	1,1	1,7		4,5
		40	90,6	7,9	8,4	4,85	18,0	38,7	8,7	1,3	1,0	1,75		5,25
		50	109,8	9,3	9,5	5,5	20,6	46,0	14,85	1,35	0,9	1,8	16	6,4
30	25	10	55,2	4,0	5,6	3,4	12,1	23,0	3,5	1,0	1,1	1,5	10	3,05
		20	63,8	4,9	6,4	3,8	13,6	27,0	4,4	1,1	1,1	1,5		3,65
		30	74,4	6,0	7,3	4,25	15,4	32,0	5,8	1,15	1,0	1,5		4,3
		40	87,1	7,25	8,2	4,75	17,45	37,7	8,1	1,2	0,9	1,55		5,05
		50	105,5	8,5	9,3	5,3	20,0	44,8	13,9	1,25	0,85	1,6	15	6,1
35	25	10	53,4	3,7	5,45	3,3	11,8	22,5	3,25	0,95	1,05	1,4	10	2,9
		20	61,8	4,5	6,2	3,7	13,25	26,5	4,15	1,05	1,05	1,4		3,5
		30	71,8	5,5	7,1	4,1	14,95	31,3	5,4	1,1	0,95	1,4		4,1
		40	84,1	6,6	8,0	4,6	16,95	36,9	7,55	1,15	0,9	1,45		4,8
		50	101,6	7,75	9,1	5,15	19,4	43,9	12,85	1,2	0,8	1,45	15	5,8
40	25	10	51,9	3,45	5,3	3,25	11,6	22,0	3,1	0,9	1,0	1,3	10	2,75
		20	60,0	4,1	6,1	3,65	13,0	25,9	3,95	1,0	1,0	1,3		3,3
		30	69,8	5,0	7,0	4,05	14,7	30,6	5,15	1,05	0,95	1,3		3,85
		40	81,3	6,0	7,9	4,5	16,6	36,0	7,05	1,1	0,85	1,3		4,55
		50	98,4	7,1	9,0	5,05	19,0	42,9	12,1	1,15	0,75	1,35	15	5,5
50	25	10	49,7	3,1	5,2	3,15	11,35	21,3	2,75	0,85	0,9	1,1	10	2,65
		20	57,5	3,7	6,0	3,55	12,75	25,1	3,45	0,95	0,9	1,1		3,2
		30	66,9	4,5	6,9	3,95	14,35	29,7	4,55	1,0	0,85	1,1		3,7
		40	77,9	5,4	7,8	4,4	16,2	35,0	6,2	1,05	0,75	1,1		4,35
		50	93,9	6,3	8,9	4,9	18,5	41,6	10,75	1,1	0,7	1,15	15	5,3
60	25	10	48,0	2,75	5,1	3,05	11,3	20,8	2,5	0,75	0,8	0,95	10	2,55
		20	55,5	3,3	5,9	3,4	12,6	24,5	3,2	0,85	0,8	0,95		3,1
		30	64,6	4,0	6,8	3,8	14,2	29,0	4,2	0,9	0,75	0,95		3,6
		40	75,3	4,8	7,7	4,2	16,1	34,2	5,7	0,95	0,65	1,0		4,2
		50	90,5	5,7	8,8	4,7	18,3	40,6	9,8	1,0	0,6	1,0	15	5,1
70	25	10	46,9	2,5	5,0	2,95	11,4	20,4	2,3	0,7	0,8	0,85	9	2,45
		20	54,3	3,0	5,8	3,3	12,8	24,0	2,95	0,8	0,8	0,85		2,95
		30	63,1	3,65	6,7	3,65	14,4	28,4	3,85	0,85	0,75	0,85		3,45
		40	73,4	4,4	7,6	4,05	16,2	33,5	5,2	0,9	0,65	0,9		4,05
		50	88,1	5,25	8,7	4,55	18,5	39,8	8,85	0,95	0,6	0,9	14	4,9
80	25	10	46,5	2,25	4,95	2,9	11,75	20,3	2,15	0,65	0,75	0,8	9	2,4
		20	53,8	2,75	5,75	3,25	13,1	23,9	2,75	0,75	0,75	0,8		2,9
		30	62,4	3,3	6,65	3,6	14,7	28,3	3,55	0,8	0,7	0,8		3,4
		40	72,7	4,05	7,55	4,0	16,6	33,3	4,9	0,85	0,65	0,8		3,95
		50	87,0	4,85	8,6	4,45	18,9	39,6	8,3	0,9	0,55	0,85	14	4,8
100	25	10	46,5	2,0	5,0	2,7	12,45	20,5	1,9	0,6	0,7	0,65	9	2,4
		20	53,7	2,5	5,8	3,0	13,8	24,1	2,45	0,7	0,7	0,65		2,9
		30	62,2	3,0	6,6	3,35	15,5	28,5	3,2	0,75	0,65	0,65		3,4
		40	72,4	3,7	7,5	3,75	17,5	33,7	4,2	0,8	0,6	0,65		3,95
		50	86,5	4,45	8,55	4,15	20,0	40,0	7,25	0,85	0,55	0,7	13	4,8

Tabelle 9   (Fortsetzung)

Baugewicht t	mittl. Behälter Blechdicke mm	Anteil der An- und Einbauteile %	Gesamtfertigung h/t	Mittelwerte der anteiligen Fertigung in h/t in den einzelnen Fertigungsbereichen									% tol. in der Fertigung + −	Brutto Elektrodenbedarf % v. Baugew.
				VA	VB	VS	ZK	SS	MB	ZM	OS	SK		
125	25	10	47,5	1,8	5,05	2,5	13,4	21,2	1,75	0,55	0,7	0,55	9	2,4
		20	54,9	2.25	5,8	2,8	14,9	25,0	2,25	0,65	0,7	0,55		2,9
		30	63,5	2,75	6,6	3,1	16,7	29,6	2,85	0,7	0,65	0,55		3,4
		40	73,8	3,35	7,5	3,45	18,9	34,8	3,9	0,75	0,6	0,55		3,95
		50	87,9	4,05	8,5	3,8	21,5	41,4	6,7	0,8	0,55	0,6	13	4,8
150	25	10	48,7	1,65	5,1	2,3	14,3	22,0	1,65	0,55	0,65	0,5	8	2,4
		20	56,3	2,05	5,9	2,55	15,95	25,9	2,15	0,65	0,65	0,5		2,9
		30	65,2	2,5	6,7	2,85	18,0	30,7	2,65	0,7	0,6	0,5		3,4
		40	75,6	3,1	7,6	3,2	20,2	36,1	3,6	0,75	0,55	0,5		3,95
		50	89,9	3,75	8,6	3,55	23,0	43,0	6.2	0,8	0,5	0,5	12	4,8
175	25	10	50,0	1,5	5,3	2,15	15,25	22,7	1,55	0,5	0,6	0,45	8	2,45
		20	57,5	1,85	6,0	2,4	17,0	26,7	1,95	0,55	0,6	0,45		2,95
		30	66,5	2,25	6,8	2,65	19,0	31,7	2,5	0,6	0,55	0,45		3,45
		40	77,4	2,85	7,7	2,95	21,5	37,4	3,4	0,65	0,5	0,45		4,05
		50	91,7	3,5	8,7	3,25	24,5	44,4	5,75	0,7	0,45	0,45	11	4,9
200	25	10	51,5	1,45	5,5	2,0	16,2	23,4	1,45	0,5	0,6	0,4	8	2,45
		20	59,1	1,7	6,2	2,2	18,1	27,5	1,85	0,55	0,6	0,4		2,95
		30	68,3	2,15	7,0	2,45	20,3	32,6	2,25	0,6	0,55	0,4		3,45
		40	79,3	2,7	7,9	2,75	22,8	38,5	3,1	0,65	0,5	0,4		4,05
		50	93,9	3,3	8,9	3,05	26,0	45,8	5,3	0,7	0,45	0,4	11	4,9
225	25	10	53,3	1,4	5,9	1,85	17,1	24,3	1,4	0,45	0,55	0,35	8	2,45
		20	60,7	1,65	6,1	2,05	19,1	28,6	1,8	0,5	0,55	0,35		2,95
		30	70,1	2,05	6,9	2,25	21,4	33,9	2,2	0,55	0,5	0,35		3,45
		40	81,4	2,6	7,8	2,5	24,1	40,0	3,0	0,6	0,45	0,35		4,05
		50	96,3	3,15	8,7	2,8	27,5	47,6	5,1	0,7	0,4	0,35	11	4,9
250	25	10	54,9	1,35	6.1	1,75	18,1	25,0	1,3	0,4	0,55	0,35	7	2,5
		20	62,9	1,6	6,8	1,95	20,1	29,4	1,7	0,45	0,55	0,35		3,0
		30	72,5	1,95	7,6	2,15	22,5	34,9	2,05	0.5	0,5	0,35		3,5
		40	84,0	2.5	8,5	2.4	25,4	41,15	2,7	0,55	0,45	0,35		4,1
		50	99,1	3,05	9,4	2,65	29,0	49,0	4,65	0,6	0,4	0,35	10	5,0
275	25	10	56,4	1,3	6,35	1,6	19,05	25,7	1,2	0,4	0,5	0,3	7	2,5
		20	64,6	1,55	7,1	1,75	21,1	30,3	1,55	0,45	0,5	0,3		3,0
		30	74,7	1,9	8,0	1,95	23,8	35,9	1,9	0,5	0,45	0,3		3,5
		40	86,3	2,4	8,75	2,2	26,8	42,35	2,5	0,55	0,45	0,3		4,1
		50	101,5	2,95	9,65	2,4	30,5	50,4	4,3	0,6	0,4	0,3	10	5,0
300	25	10	58,3	1,25	6,7	1,5	20,05	26,5	1,15	0,35	0,5	0,3	7	2,5
		20	66,6	1,5	7,4	1,65	22,2	31,2	1,45	0,4	0,5	0,3		3,0
		30	76,8	1,85	8,2	1,85	24,95	37,0	1,75	0,45	0,45	0,3		3,5
		40	88,8	2,35	9,0	2,05	28,1	43,7	2,35	0,5	0,45	0,3		4,1
		50	104,3	2,85	9,9	2,25	32,0	52,0	4,05	0,55	0,4	0,3	10	5,0

3*

Tabelle 10.   Chemische Apparate. Baugewicht 6 bis 300 t, Blechdicke 30 mm

Merkmal:

Siehe Text-Erläuterungen S. 13 und Abb. 4 bis 9, S. 21.

Baugewicht t	mittl. Behälter Blechdicke mm	Anteil der An- und Einbauteile %	Gesamtfertigung h/t	Mittelwerte der anteiligen Fertigung in h/t in den einzelnen Fertigungsbereichen									% tol. in der Fertigung +/-	Brutto Elektrodenbedarf % v. Baugew.
				VA	VB	VS	ZK	SS	MB	ZM	OS	SK		
6	30	10	66,2	5,2	8,0	3,65	13,3	24,2	4,55	1,2	2,1	4,0	11	4,9
		20	76,6	6,3	8,9	4,25	15,3	28,6	5,7	1,35	2,1	4,1	|	5,9
		30	89,9	8,3	9,9	4,95	17,7	34,0	7,5	1,4	1,95	4,2	|	6,9
		40	106,4	10,5	11,0	5,8	20,5	40,5	10,55	1,45	1,75	4,35	15	8,1
8	30	10	63,8	5,05	7,6	3,5	13,1	23,9	4,35	1,15	1,75	3,4	11	4,7
		20	73,9	6,1	8,4	4,1	15,0	28,3	5,5	1,3	1,75	3,45	|	5,65
		30	86,7	8,05	9,4	4,75	17,2	33,6	7,25	1,35	1,6	3,5	|	6,6
		40	102,5	10,0	10,5	5,55	19,9	40,0	10,05	1,4	1,45	3,65	15	7,8
10	30	10	61,9	4,9	7,2	3,45	12,9	23,6	4,15	1,1	1,6	3,0	11	4,5
		20	71,7	5,95	8,0	4,05	14,7	27,9	5,2	1,25	1,6	3,05	|	5,4
		30	84,3	7,75	9,0	4,65	16,9	33,2	6,9	1,3	1,5	3,1	|	6,3
		40	99,5	9,5	10,1	5,45	19,5	39,5	9,55	1,35	1,35	3,2	15	7,4
12	30	10	60,2	4,7	6,8	3,4	12,7	23,3	4,0	1,1	1,45	2,75	11	4,25
		20	69,7	5,7	7,6	3,95	14,45	27,5	5,0	1,25	1,45	2,8	|	5,1
		30	82,1	7,45	8,6	4,6	16,6	32,7	6,65	1,3	1,35	2,85	|	5,95
		40	96,8	9,0	9,7	5,35	19,2	38,9	9,25	1,35	1,2	2,95	15	7,0
15	30	10	58,0	4,4	6,4	3,3	12,45	22,8	3,85	1,05	1,35	2,4	11	4,0
		20	67,3	5,35	7,2	3,8	14,1	27,0	4,85	1,2	1,35	2,45	|	4,8
		30	79,3	7,05	8,2	4,45	16,2	32,0	6,4	1,25	1,25	2,5	|	5,6
		40	93,5	8,4	9,3	5,2	18,6	38,1	8,9	1,3	1,15	2,55	15	6,6
20	30	10	55,0	4,1	5,8	3,15	12,0	22,2	3,6	1,0	1,2	1,95	11	3,75
		20	63,8	4,95	6,6	3,65	13,6	26,2	4,5	1,1	1,2	2,0	|	4,5
		30	75,1	6,35	7,6	4,25	15,5	31,2	5,95	1,15	1,1	2,0	|	5,25
		40	88,7	7,7	8,7	4,95	17,8	37,0	8,3	1,2	1,0	2,05	15	6,2
25	30	10	52,7	3,8	5,5	3,1	11,7	21,5	3,35	0,95	1,1	1.7	11	3,5
		20	61,2	4,55	6,3	3,6	13,2	25,5	4,2	1,05	1,1	1,7	|	4,2
		30	72,0	5,8	7,3	4,2	15,05	30,3	5,55	1,1	1,0	1,7	|	4,9
		40	85,1	7,0	8,4	4,85	17,2	36,1	7,75	1,15	0,9	1,75	15	5,8
30	30	10	50,8	3,55	5,3	3,0	11,4	21,0	3,15	0,9	1,0	1,5	10	3,3
		20	59,0	4,2	6,1	3,45	12,85	24,9	4,0	1,0	1,0	1,5	|	3,95
		30	69,4	5,35	7,1	4,0	14,6	29,6	5,25	1,05	0,95	1,5	|	4,65
		40	82,0	6,4	8,2	4,65	16,7	35,3	7,25	1,10	0,85	1,55	14	5,45
35	30	10	49,1	3,3	5,1	2,9	11,2	20,5	2,95	0,85	0,9	1,4	10	3,1
		20	57,0	3,85	5,9	3,35	12,6	24,3	3,75	0,95	0,9	1,4	|	3,75
		30	67,2	4,9	6,9	3,9	14,3	29,0	4,95	1,0	0,85	1,4	|	4,35
		40	79,2	5,9	8,0	4,5	16,3	34,5	6,75	1,05	0,75	1,45	14	5,1
40	30	10	47,8	3,1	5,0	2,85	11,0	20,1	2,8	0,8	0,85	1,3	10	2,95
		20	55,4	3,55	5,8	3,3	12,4	23,8	3,5	0,9	0,85	1,3	|	3,55
		30	65,1	4,45	6,8	3,8	14,05	28,3	4,65	0,95	0,8	1,3	|	4,15
		40	76,8	5,4	7,9	4,4	16,0	33,8	6,3	1,0	0,7	1,3	14	4,85

Tabelle 10   (Fortsetzung)

Baugewicht	mittl. Behälter Blechdicke mm	Anteil der An- und Einbauteile %	Gesamtfertigung h/t	Mittelwerte der anteiligen Fertigung in h/t in den einzelnen Fertigungsbereichen									% tol. in der Fertigung + −	Brutto Elektrodenbedarf % v. Baugew.
				VA	VB	VS	ZK	SS	MB	ZM	OS	SK		
50	30	10	45,8	2,75	4,9	2,8	10,75	19,4	2,55	0,75	0,8	1,1	10	2,8
		20	53,2	3,25	5,7	3,2	12,1	23,0	3,2	0,85	0,8	1,1			3,4
		30	62,4	4,0	6,7	3,7	13,7	27,4	4,25	0,9	0,75	1,1			3,95
		40	73,7	4,8	7,8	4,3	15,6	32,7	5,8	0,95	0,65	1,1	14	4,65
60	30	10	44,3	2,5	4,8	2,7	10,7	18,9	2,3	0,7	0,75	0,95	10	2,7
		20	51,5	2,95	5,6	3,1	12,0	22,4	2,95	0,8	0,75	0,95			3,25
		30	60,4	3,6	6,6	3,6	13,6	26,7	3,8	0,85	0,7	0,95			3,8
		40	71,2	4,3	7,7	4,15	15,5	31,8	5,2	0,9	0,65	1,0	14	4,45
70	30	10	43,3	2,25	4,7	2,6	10,8	18,6	2,15	0,65	0,7	0,85	9	2,6
		20	50,3	2,7	5,5	2,95	12,15	22,0	2,7	0,75	0,7	0,85			3,15
		30	59,0	3,25	6,5	3,45	13,85	26,1	3,55	0,8	0,65	0,85			3,65
		40	69,6	3,9	7,6	4,0	15,8	31,1	4,85	0,85	0,6	0,9	13	4,3
80	30	10	43,1	2,1	4,65	2,55	11,2	18,55	2,0	0,6	0,65	0,8	9	2,5
		20	50,1	2,5	5,45	2,95	12,55	21,95	2,55	0,7	0,65	0,8			3,0
		30	58,5	3,05	6,4	3,35	14,2	26,0	3,35	0,75	0,6	0,8			3,5
		40	68,9	3,7	7,5	3,9	16,2	30,9	4,55	0,8	0,55	0,8	13	4,1
100	30	10	43,0	1,8	4,7	2,4	11,75	18,8	1,75	0,55	0,6	0,65	9	2,5
		20	50,0	2,2	5,5	2,75	13,2	22,2	2,25	0,65	0,6	0,65			3,0
		30	58,4	2,7	6,4	3,15	15,0	26,4	2,85	0,7	0,55	0,65			3,5
		40	68,6	3,3	7,5	3,65	17,1	31,3	3,85	0,75	0,5	0,65	12	4,1
125	30	10	44,1	1,6	4,75	2,25	12,65	19,6	1,6	0,5	0,6	0,55	9	2,5
		20	51,1	1,95	5,55	2,55	14,25	23,1	2,0	0,55	0,6	0,55			3,0
		30	59,7	2,4	6,4	2,95	16,25	27,4	2,6	0,6	0,55	0,55			3,5
		40	70,1	3,0	7,45	3,4	18,5	32,5	3,55	0,65	0,5	0,55	12	4,1
150	30	10	45,3	1,5	4,8	2,1	13,5	20,3	1,5	0,5	0,6	0,5	8	2,5
		20	52,6	1,8	5,6	2,4	15,25	24,0	1,9	0,55	0,6	0,5			3,0
		30	61,4	2,25	6,45	2,8	17,3	28,5	2,45	0,6	0,55	0,5			3,5
		40	71,9	2,8	7,5	3,15	19,7	33,8	3,3	0,65	0,5	0,5	11	4,1
175	30	10	46,7	1,4	5,0	1,95	14,5	21,0	1,4	0,45	0,55	0,45	8	2,55
		20	54,1	1,7	5,8	2,2	16,3	24,8	1,8	0,5	0,55	0,45			3,1
		30	63,0	2,1	6,65	2,55	18,45	29,5	2,25	0,55	0,5	0,45			3,6
		40	73,8	2,6	7,7	2,95	21,0	35,0	3,05	0,6	0,45	0,45	11	4,2
200	30	10	48,2	1,35	5,2	1,8	15,4	21,7	1,35	0,45	0,55	0,4	8	2,55
		20	55,8	1,6	6,0	2,05	17,3	25,7	1,7	0,5	0,55	0,4			3,1
		30	64,8	2,0	6,85	2,35	19,6	30,4	2,15	0,55	0,5	0,4			3,6
		40	75,9	2,5	7,9	2,7	22,3	36,2	2,85	0,6	0,45	0,4	11	4,2
225	30	10	49,7	1,3	5,5	1,7	16,3	22,4	1,25	0,4	0,5	0,35	8	2,55
		20	57,6	1,55	6,5	1,9	18,3	26,5	1,55	0,45	0,5	0,35			3,1
		30	66,8	1,9	7,3	2,2	20,75	31,4	1,95	0,5	0,45	0,35			3,6
		40	78,2	2,4	8,3	2,5	23,65	37,4	2,65	0,55	0,4	0,35	11	4,2

Tabelle 10   (Fortsetzung)

Baugewicht t	mittl. Behälter Blechdicke mm	Anteil der An- und Einbauteile %	Gesamtfertigung h/t	Mittelwerte der anteiligen Fertigung in h/t in den einzelnen Fertigungsbereichen									% tol. in der Fertigung + −	Brutto Elektrodenbedarf % v. Baugew.
				VA	VB	VS	ZK	SS	MB	ZM	OS	SK		
250	30	10	51,4	1,25	5,8	1,6	17,2	23,1	1,2	0,4	0,5	0,35	7	2,6
		20	59,3	1,5	6,6	1,8	19,3	27,3	1,5	0,45	0,5	0,35		3,15
		30	68,9	1,8	7,4	2,1	21,9	32,5	1,9	0,5	0,45	0,35		3,65
		40	80,4	2,3	8,4	2,4	24,9	38,6	2,5	0,55	0,4	0,35	10	4,3
275	30	10	52,9	1,2	6,2	1,45	18,0	23,8	1,1	0,35	0,5	0,3	7	2,6
		20	61,1	1,45	7,0	1,65	20,3	28,1	1,4	0,4	0,5	0,3		3,15
		30	70,9	1,75	7,8	1,9	23,0	33,5	1,75	0,45	0,45	0,3		3,65
		40	82,7	2,2	8,8	2,2	26,2	39,8	2,3	0,5	0,4	0,3	10	4,3
300	30	10	54,6	1,2	6,4	1,35	19,0	24,5	1,05	0,35	0,45	0,3	7	2,6
		20	62,9	1,4	7,1	1,55	21,35	29,0	1,35	0,4	0,45	0,3		3,15
		30	72,9	1,7	7,9	1,8	24,2	34,5	1,65	0,45	0,4	0,3		3,65
		40	84,9	2,15	8,9	2,05	27,5	41,0	2,1	0,5	0,4	0,3	10	4,3

Tabelle 11. Chemische Apparate. Baugewicht 6 bis 300 t, Blechdicke 35 mm

Merkmal:
Siehe Text-Erläuterungen S. 13 und Abb. 4 bis 9, S. 21.

Baugewicht t	mittl. Behälter Blechdicke mm	Anteil der An- und Einbauteile %	Gesamtfertigung h/t	Mittelwerte der anteiligen Fertigung in h/t in den einzelnen Fertigungsbereichen									% tol. in der Fertigung + / −	Brutto Elektrodenbedarf % v. Baugew.
				VA	VB	VS	ZK	SS	MB	ZM	OS	SK		
6	35	10	61,2	4,8	7,7	3,2	12,4	22,3	3,8	1,1	1,9	4,0	11	5,6
		20	71,1	6,1	8,6	3,8	14,2	26,4	4,75	1,25	1,9	4,1		6,75
		30	83,2	7,9	9,6	4,45	16,3	31,4	6,3	1,3	1,75	4,2		7,85
		40	98,0	9,5	10,7	5,25	19,0	37,5	8,75	1,35	1,6	4,35	15	9,25
8	35	10	58,9	4,65	7,2	3,1	12,2	22,0	3,65	1,05	1,65	3,4	11	5,3
		20	68,4	5,8	8,1	3,65	13,9	26,0	4,65	1,2	1,65	3,45		6,35
		30	80,1	7,5	9,1	4,3	16,0	30,9	6,05	1,25	1,5	3,5		7,45
		40	94,3	9,0	10,2	5,05	18,5	36,8	8,4	1,3	1,4	3,65	15	8,75
10	35	10	57,1	4,5	6,8	3,05	12,0	21,7	3,55	1,0	1,5	3,0	11	5,0
		20	66,3	5,55	7,7	3,55	13,7	25,7	4,45	1,1	1,5	3,05		6,0
		30	77,9	7,25	8,7	4,2	15,7	30,5	5,9	1,15	1,4	3,1		7,0
		40	91,7	8,7	9,8	4,95	18,1	36,3	8,2	1,2	1,25	3,2	15	8,25
12	35	10	55,6	4,3	6,4	3,0	11,8	21,5	3,45	1,0	1,4	2,75	11	4,7
		20	64,7	5,4	7,3	3,5	13,45	25,4	4,35	1,10	1,4	2,8		5,65
		30	76,0	7,0	8,3	4,1	15,45	30,1	5,75	1,15	1,3	2,85		6,6
		40	89,5	8,4	9,4	4,85	17,8	35,8	7,95	1,2	1,15	2,95	15	7,8
15	35	10	53,7	4,15	6,0	2,95	11,6	21,1	3,3	0,95	1,25	2,4	11	4,4
		20	62,3	5,1	6,9	3,45	13,15	24,8	4,15	1,05	1,25	2,45		5,3
		30	73,3	6,55	7,9	4,05	15,05	29,5	5,5	1,1	1,15	2,5		6,15
		40	86,3	7,9	9,0	4,75	17,3	35,0	7,6	1,15	1,05	2,55	15	7,25
20	35	10	51,0	3,8	5,5	2,8	11,35	20,5	3,1	0,9	1,1	1,95	11	4,1
		20	59,2	4,7	6,3	3,3	12,8	24,1	3,9	1,0	1,1	2,0		4,95
		30	69,7	5,95	7,3	3,9	14,65	28,7	5,15	1,05	1,0	2,0		5,75
		40	82,0	7,25	8,4	4,55	16,7	33,9	7,2	1,1	0,85	2,05	15	6,8
25	35	10	48,9	3,55	5,2	2,75	11,05	19,9	2,9	0,85	1,0	1,7	11	3,8
		20	56,8	4,35	6,0	3,2	12,45	23,5	3,65	0,95	1,0	1,7		4,6
		30	66,6	5,4	7,0	3,8	14,15	27,8	4,8	1,0	0,95	1,7		5,35
		40	78,5	6,4	8,1	4,45	16,2	33,0	6,7	1,05	0,85	1,75	15	6,3
30	35	10	47,2	3,3	5,0	2,7	10,75	19,4	2,8	0,85	0,9	1,5	10	3,5
		20	54,8	4,1	5,8	3,15	12,0	22,9	3,5	0,95	0,9	1,5		4,2
		30	64,4	5,0	6,8	3,7	13,7	27,2	4,65	1,0	0,85	1,5		4,9
		40	75,9	5,9	7,9	4,35	15,6	32,3	6,5	1,05	0,75	1,55	14	5,8
35	35	10	45,6	3,1	4,8	2,6	10,5	18,9	2,65	0,8	0,85	1,4	10	3,25
		20	53,1	3,75	5,6	3,05	11,8	22,4	3,35	0,9	0,85	1,4		3,9
		30	62,3	4,6	6,6	3,6	13,4	26,6	4,35	0,95	0,8	1,4		4,55
		40	73,5	5,5	7,7	4,2	15,3	31,6	6,05	1,0	0,7	1,45	14	5,4
40	35	10	44,3	2,9	4,7	2,55	10,3	18,5	2,5	0,75	0,8	1,3	10	3,1
		20	51,6	3,5	5,5	3,0	11,6	21,9	3,15	0,85	0,8	1,3		3,75
		30	60,7	4,3	6,5	3,5	13,15	26,1	4,2	0,9	0,75	1,3		4,35
		40	71,4	5,15	7,6	4,1	15,0	31,0	5,65	0,95	0,65	1,3	14	5,1

(Fortsetzung nächste Seite)

Tabelle 11 (Fortsetzung)

Baugewicht t	mittl. Behälter Blechdicke mm	Anteil der An- und Einbauteile %	Gesamtfertigung h/t	Mittelwerte der anteiligen Fertigung in h/t in den einzelnen Fertigungsbereichen									% tol. in der Fertigung + | −	Brutto Elektrodenbedarf % v. Baugew.
				VA	VB	VS	ZK	SS	MB	ZM	OS	SK		
50	35	10	42,6	2,6	4,6	2,5	10,15	17,9	2,3	0,7	0,75	1,1	10	2,9
		20	49,6	3,15	5,4	2,9	11,35	21,2	2,95	0,8	0,75	1,1	|	3,5
		30	58,2	3,8	6,4	3,4	12,9	25,2	3,85	0,85	0,7	1,1	|	4,1
		40	68,7	4,6	7,5	4,0	14,75	30,0	5,2	0,9	0,65	1,1	14	4,8
60	35	10	41,3	2,35	4,5	2,45	10,1	17,55	2,1	0,65	0,65	0,95	10	2,8
		20	48,0	2,8	5,3	2,85	11,35	20,7	2,65	0,75	0,65	0,95	|	3,4
		30	56,3	3,4	6,3	3,35	12,8	24,6	3,5	0,8	0,6	0,95	|	3,95
		40	66,5	4,15	7,4	3,9	14,6	29,3	4,75	0,85	0,55	1,0	14	4,65
70	35	10	40,4	2,15	4,4	2,35	10,2	17,3	1,95	0,6	0,6	0,85	9	2,7
		20	47,0	2,55	5,2	2,75	11,45	20,4	2,5	0,7	0,6	0,85	|	3,25
		30	55,3	3,15	6,2	3,25	13,0	24,3	3,25	0,75	0,55	0,85	|	3,8
		40	65,2	3,8	7,3	3,8	14,8	28,9	4,4	0,8	0,5	0,9	13	4,45
80	35	10	40,1	2,0	4,35	2,3	10,5	17,2	1,8	0,55	0,6	0,8	9	2,6
		20	46,6	2,4	5,15	2,65	11,8	20,3	2,25	0,65	0,6	0,8	|	3,15
		30	54,7	2,9	6,15	3,15	13,35	24,1	3,0	0,7	0,55	0,8	|	3,65
		40	64,5	3,5	7,25	3,7	15,2	28,7	4,1	0,75	0,5	0,8	13	4,3
100	35	10	40,2	1,75	4,4	2,15	11,1	17,5	1,6	0,5	0,55	0,65	9	2,6
		20	46,7	2,1	5,2	2,5	12,45	20,7	2,0	0,55	0,55	0,65	|	3,15
		30	54,7	2,6	6,1	2,95	14,1	24,6	2,6	0,6	0,5	0,65	|	3,65
		40	64,5	3,2	7,2	3,45	16,1	29,2	3,6	0,65	0,45	0,65	12	4,3
125	35	10	41,3	1,6	4,5	2,0	12,0	18,2	1,45	0,45	0,55	0,55	9	2,6
		20	47,9	1,85	5,3	2,3	13,5	21,5	1,85	0,5	0,55	0,55	|	3,15
		30	55,9	2,3	6,15	2,7	15,2	25,6	2,35	0,55	0,5	0,55	|	3,65
		40	65,7	2,85	7,15	3,2	17,3	30,4	3,2	0,6	0,45	0,55	12	4,3
150	35	10	42,5	1,5	4,6	1,85	12,8	18,9	1,35	0,45	0,55	0,5	8	2,6
		20	49,3	1,75	5,4	2,15	14,35	22,4	1,7	0,5	0,55	0,5	|	3,15
		30	57,5	2,15	6,2	2,55	16,25	26,6	2,2	0,55	0,5	0,5	|	3,65
		40	67,4	2,65	7,2	2,95	18,5	31,6	2,95	0,6	0,45	0,5	11	4,3
175	35	10	43,8	1,35	4,8	1,7	13,7	19,6	1,3	0,4	0,5	0,45	8	2,65
		20	50,8	1,65	5,6	1,95	15,35	23,2	1,65	0,45	0,5	0,45	|	3,2
		30	59,2	2,0	6,4	2,3	17,4	27,6	2,1	0,5	0,45	0,45	|	3,7
		40	69,5	2,5	7,4	2,7	19,8	32,9	2,8	0,55	0,4	0,45	11	4,35
200	35	10	45,2	1,3	5,0	1,55	14,5	20,3	1,25	0,4	0,5	0,4	8	2,65
		20	52,5	1,55	5,8	1,8	16,3	24,1	1,6	0,45	0,5	0,4	|	3,2
		30	61,0	1,9	6,6	2,1	18,5	28,6	1,95	0,5	0,45	0,4	|	3,7
		40	71,5	2,35	7,6	2,45	21,0	34,1	2,65	0,55	0,4	0,4	11	4,35
225	35	10	46,8	1,25	5,3	1,45	15,45	21,0	1,15	0,35	0,5	0,35	7	2,65
		20	54,1	1,5	6,0	1,7	17,3	24,9	1,45	0,4	0,5	0,35	|	3,2
		30	62,9	1,8	6,8	2,0	19,65	29,6	1,8	0,45	0,45	0,35	|	3,7
		40	73,8	2,3	7,8	2,35	22,35	35,3	2,45	0,5	0,4	0,35	10	4,35

Tabelle 11 (Fortsetzung)

Baugewicht t	mittl. Behälter Blechdicke mm	Anteil der An- und Einbauteile %	Gesamtfertigung h/t	Mittelwerte der anteiligen Fertigung in h/t in den einzelnen Fertigkeitsbereichen									% tol. in der Fertigung + —	Brutto Elektrodenbedarf % v. Baugew.
				VA	VB	VS	ZK	SS	MB	ZM	OS	SK		
250	35	10	48,4	1,2	5,6	1,4	16,25	21,7	1,1	0,35	0,45	0,35	7	2,7
		20	55,9	1,45	6,3	1,6	18,25	25,7	1,4	0,4	0,45	0,35		3,25
		30	65,0	1,75	7,1	1,9	20,7	30,6	1,75	0,45	0,4	0,35		3,8
		40	76,1	2,2	8,1	2,25	23,5	36,5	2,3	0,5	0,4	0,35	10	4,45
275	35	10	49,8	1,15	5,8	1,3	17,1	22,4	1,0	0,3	0,45	0,3	7	2,75
		20	57,6	1,4	6,5	1,5	19,25	26,6	1,25	0,35	0,45	0,3		3,3
		30	66,9	1,7	7,3	1,8	21,7	31,7	1,6	0,4	0,4	0,3		3,85
		40	78,2	2,1	8,3	2,1	24,7	37,8	2,05	0,45	0,4	0,3	10	4,55
300	35	10	51,7	1,15	6,2	1,25	18,0	23,1	0,95	0,3	0,45	0,3	7	2,8
		20	59,5	1,35	6,8	1,4	20,25	27,4	1,2	0,35	0,45	0,3		3,45
		30	68,9	1,6	7,6	1,65	22,8	32,7	1,45	0,4	0,4	0,3		3,95
		40	80,7	2,05	8,6	1,95	26,0	39,0	1,95	0,45	0,4	0,3	10	4,65

Tabelle 12.   Chemische Apparate. Baugewicht 8 bis 300 t, Blechdicke 40 mm

Merkmal:
Siehe Text-Erläuterungen S. 13 und Abb. 4 bis 9, S. 21.

Baugewicht t	mittl. Behälter Blechdicke mm	Anteil der An- und Einbauteile %	Gesamtfertigung h/t	| Mittelwerte der anteiligen Fertigung in h/t in den einzelnen Fertigungsbereichen									% tol. in der Fertigung ±	Brutto Elektrodenbedarf % v. Baugew.
				VA	VB	VS	ZK	SS	MB	ZM	OS	SK		
8	40	10	54,5	3,9	7,0	2,75	11,3	20,5	3,1	0,95	1,6	3,4	10	6,0
		20	63,6	4,7	7,9	3,35	13,2	24,4	3,95	1,05	1,6	3,45	|	7,2
		30	75,2	6,3	9,0	4,15	15,5	29,0	5,15	1,1	1,5	3,5	13	8,4
10	40	10	52,7	3,8	6,5	2,7	11,1	20,25	3,0	0,9	1,45	3,0	10	5,5
		20	61,5	4,6	7,4	3,3	12,9	24,0	3,8	1,0	1,45	3,05	|	6,6
		30	72,7	6,1	8,5	4,0	15,1	28,5	5,0	1,05	1,35	3,1	13	7,7
12	40	10	51,3	3,7	6,1	2,65	10,9	20,0	2,95	0,9	1,35	2,75	10	5,1
		20	60,1	4,5	7,0	3,25	12,75	23,7	3,75	1,0	1,35	2,8	|	6,15
		30	71,2	6,0	8,1	3,9	14,9	28,2	4,9	1,05	1,3	2,85	13	7,15
15	40	10	49,5	3,6	5,7	2,6	10,7	19,6	2,85	0,85	1,2	2,4	10	4,7
		20	58,0	4,3	6,6	3,15	12,45	23,3	3,6	0,95	1,2	2,45	|	5,65
		30	68,6	5,7	7,7	3,8	14,5	27,6	4,7	1,0	1,1	2,5	13	6,6
20	40	10	47,0	3,4	5,25	2,5	10,4	19,0	2,7	0,8	1,0	1,95	10	4,35
		20	55,2	4,1	6,1	3,05	12,05	22,6	3,4	0,9	1,0	2,0	|	5,2
		30	65,2	5,3	7,1	3,65	14,0	26,8	4,45	0,95	0,95	2,0	13	6,1
25	40	10	45,1	3,2	4,9	2,45	10,1	18,5	2,6	0,75	0,9	1,7	10	4,0
		20	53,0	3,85	5,8	2,95	11,7	22,0	3,25	0,85	0,9	1,7	|	4,8
		30	62,8	5,0	6,8	3,55	13,6	26,1	4,3	0,9	0,85	1,7	13	5,6
30	40	10	43,5	3,05	4,7	2,4	9,8	18,0	2,45	0,75	0,85	1,5	9	3,7
		20	51,3	3,65	5,6	2,9	11,45	21,4	3,1	0,85	0,85	1,5	|	4,45
		30	60,8	4,65	6,6	3,5	13,3	25,5	4,05	0,9	0,8	1,5	12	5,2
35	40	10	42,1	2,9	4,5	2,35	9,7	17,6	2,35	0,7	0,8	1,4	9	3,4
		20	49,8	3,4	5,4	2,85	11,2	21,0	2,95	0,8	0,8	1,4	|	4,1
		30	59,0	4,35	6,4	3,4	13,05	24,9	3,9	0,85	0,75	1,4	12	4,75
40	40	10	41,2	2,7	4,4	2,3	9,55	17,3	2,25	0,7	0,7	1,3	9	3,2
		20	48,5	3,25	5,3	2,75	11,0	20,55	2,85	0,8	0,7	1,3	|	3,85
		30	57,4	4,05	6,3	3,3	12,8	24,4	3,75	0,85	0,65	1,3	12	4,5
50	40	10	39,6	2,45	4,3	2,25	9,35	16,8	2,05	0,65	0,65	1,1	9	3,0
		20	46,6	2,9	5,2	2,7	10,8	19,9	2,6	0,75	0,65	1,1	|	3,6
		30	55,2	3,6	6,2	3,25	12,65	23,6	3,4	0,8	0,6	1,1	12	4,2
60	40	10	38,4	2,25	4,2	2,2	9,3	16,4	1,9	0,6	0,6	0,95	9	2,9
		20	45,2	2,6	5,1	2,65	10,8	19,4	2,4	0,7	0,6	0,95	|	3,5
		30	53,5	3,25	6,1	3,15	12,6	23,0	3,15	0,75	0,55	0,95	12	4,1
70	40	10	37,6	2,05	4,1	2,1	9,4	16,2	1,75	0,55	0,6	0,85	8	2,8
		20	44,4	2,4	5,0	2,55	10,95	19,2	2,2	0,65	0,6	0,85	|	3,4
		30	52,6	2,95	6,0	3,05	12,8	22,8	2,9	0,7	0,55	0,85	11	3,95

Tabelle 12　(Fortsetzung)

Baugewicht t	mittl. Behälter Blechdicke mm	Anteil der An- und Einbauteile %	Gesamtfertigung h/t	Mittelwerte der anteiligen Fertigung in h/t in den einzelnen Fertigungsbereichen									% tol. in der Fertigung + −	Brutto Elektrodenbedarf % v. Baugew.
				VA	VB	VS	ZK	SS	MB	ZM	OS	SK		
80	40	10	37,4	1,9	4,05	2,05	9,75	16,2	1,6	0,5	0,55	0,8	8	2,7
		20	43,9	2,2	4,95	2,45	11,25	19,1	2,05	0,55	0,55	0,8	ǀ	3,25
		30	52,0	2,8	5,95	2,95	13,15	22,6	2,65	0,6	0,5	0,8	11	3,8
100	40	10	37,5	1,6	4,1	1,95	10,3	16,5	1,45	0,45	0,5	0,65	8	2,7
		20	44,3	1,95	5,0	2,35	12,0	19,5	1,85	0,5	0,5	0,65	ǀ	3,25
		30	52,4	2,5	5,95	2,8	14,0	23,15	2,35	0,55	0,45	0,65	11	3,8
125	40	10	38,5	1,45	4,2	1,8	11,1	17,2	1,3	0,4	0,5	0,55	8	2,7
		20	45,3	1,75	5,0	2,15	12,95	20,3	1,65	0,45	0,5	0,55	ǀ	3,25
		30	53,5	2,35	5,95	2,55	15,05	24,0	2,1	0,5	0,45	0,55	10	3,8
150	40	10	39,6	1,3	4,3	1,65	11,9	17,9	1,2	0,4	0,45	0,5	8	2,7
		20	46,5	1,6	5,1	2,0	13,8	21,1	1,5	0,45	0,45	0,5	ǀ	3,25
		30	54,9	2,2	6,0	2,35	16,0	25,0	1,95	0,5	0,4	0,5	10	3,8
175	40	10	41,0	1,25	4,5	1,5	12,7	18,6	1,15	0,4	0,45	0,45	7	2,75
		20	48,2	1,55	5,3	1,8	14,75	22,0	1,45	0,45	0,45	0,45	ǀ	3,3
		30	56,6	2,0	6,2	2,1	17,1	26,0	1,85	0,5	0,4	0,45	9	3,85
200	40	10	42,4	1,2	4,7	1,35	13,55	19,3	1,1	0,35	0,45	0,4	7	2,75
		20	49,7	1,5	5,5	1,6	15,65	22,8	1,4	0,4	0,45	0,4	ǀ	3,3
		30	58,4	1,9	6,4	1,9	18,2	27,0	1,75	0,45	0,4	0,4	9	3,85
225	40	10	43,6	1,2	5,0	1,25	14,35	19,9	1,05	0,35	0,45	0,35	7	2,8
		20	51,5	1,45	5,8	1,5	16,6	23,6	1,35	0,4	0,45	0,35	ǀ	3,4
		30	60,5	1,8	6,7	1,8	19,35	28,0	1,65	0,45	0,4	0,35	9	3,95
250	40	10	45,4	1,15	5,3	1,2	15,1	20,6	0,95	0,35	0,4	0,35	6	2,85
		20	53,3	1,4	6,1	1,4	17,5	24,5	1,25	0,4	0,4	0,35	ǀ	3,45
		30	62,4	1,7	7,0	1,65	20,35	29,0	1,5	0,45	0,4	0,35	8	4,0
275	40	10	46,9	1,15	5,5	1,15	15,9	21,3	0,9	0,3	0,4	0,3	6	2,9
		20	54,9	1,35	6,3	1,35	18,4	25,3	1,15	0,35	0,4	0,3	ǀ	3,5
		30	64,4	1,65	7,2	1,6	21,45	30,0	1,4	0,4	0,4	0,3	8	4,1
300	40	10	48,7	1,1	5,9	1,1	16,75	22,0	0,85	0,3	0,4	0,3	6	3,0
		20	56,9	1,3	6,7	1,3	19,35	26,1	1,1	0,35	0,4	0,3	ǀ	3,6
		30	66,6	1,6	7,6	1,5	22,5	31,0	1,3	0,4	0,4	0,3	8	4,2

Tabelle 13. Chemische Apparate. Baugewicht 10 bis 300 t, Blechdicke 50 mm

Merkmal:
Siehe Text-Erläuterungen S. 13 und Abb. 4 bis 9, S. 21.

Baugewicht t	mittl. Behälter Blechdicke mm	Anteil der An- und Einbauteile %	Gesamtfertigung h/t	Mittelwerte der anteiligen Fertigung in h/t in den einzelnen Fertigungsbereichen									% tol. in der Fertigung + I −	Brutto Elektrodenbedarf % v. Baugew.
				VA	VB	VS	ZK	SS	MB	ZM	OS	SK		
10	50	10	51,9	3,9	6,2	2,4	9,9	21,7	2,6	0,85	1,35	3,0	10	6,0
		20	60,7	4,7	7,0	3,0	11,7	25,7	3,25	0,95	1,35	3,05	I	7,2
		30	71,7	6,0	8,0	3,7	13,85	30,5	4,3	1,0	1,25	3,1	13	8,4
12	50	10	50,5	3,8	5,8	2,35	9,7	21,5	2,5	0,85	1,25	2,75	10	5,5
		20	59,2	4,55	6,6	2,95	11,55	25,4	3,15	0,95	1,25	2,8	I	6,6
		30	69,8	5,8	7,6	3,6	13,6	30,0	4,15	1,0	1,2	2,85	13	7,7
15	50	10	48,6	3,6	5,4	2,3	9,5	21,1	2,4	0,8	1,1	2,4	10	5,0
		20	57,2	4,35	6,2	2,9	11,25	25,0	3,05	0,9	1,1	2,45	I	6,0
		30	67,5	5,5	7,2	3,55	13,3	29,5	3,95	0,95	1,05	2,5	13	7,0
20	50	10	46,2	3,35	4,9	2,25	9,25	20,5	2,3	0,75	0,95	1,95	10	4,55
		20	54,3	4,0	5,7	2,8	10,9	24,2	2,9	0,85	0,95	2,0	I	5,45
		30	64,2	5,15	6,6	3,45	12,8	28,5	3,8	0,9	0,9	2,0	13	6,35
25	50	10	44,3	3,1	4,6	2,2	9,05	19,9	2,2	0,7	0,85	1,7	10	4,2
		20	52,0	3,75	5,4	2,75	10,6	23,4	2,75	0,8	0,85	1,7	I	5,05
		30	61,5	4,8	6,3	3,35	12,45	27,6	3,65	0,85	0,8	1,7	13	5,9
30	50	10	42,7	2,9	4,4	2,15	8,8	19,4	2,1	0,7	0,75	1,5	9	3,85
		20	50,2	3,45	5,2	2,65	10,3	22,9	2,65	0,8	0,75	1,5	I	4,65
		30	59,5	4,5	6,1	3,25	12,1	27,0	3,5	0,85	0,7	1,5	12	5,4
35	50	10	41,3	2,7	4,2	2,1	8,65	18,9	2,0	0,65	0,7	1,4	9	3,55
		20	48,5	3,2	5,0	2,6	10,05	22,3	2,5	0,75	0,7	1,4	I	4,25
		30	57,6	4,15	5,9	3,15	11,85	26,4	3,3	0,8	0,65	1,4	12	5,0
40	50	10	40,0	2,5	4,1	2,05	8,4	18,5	1,9	0,6	0,65	1,3	9	3,3
		20	47,3	3,0	4,9	2,55	9,9	21,9	2,4	0,7	0,65	1,3	I	3,95
		30	56,1	3,8	5,8	3,1	11,6	26,0	3,15	0,75	0,6	1,3	12	4,65
50	50	10	38,5	2,25	4,0	2,0	8,35	17,9	1,75	0,55	0,6	1,1	9	3,1
		20	45,5	2,65	4,8	2,45	9,75	21,3	2,2	0,65	0,6	1,1	I	3,75
		30	54,0	3,4	5,7	3,0	11,35	25,3	2,9	0,7	0,55	1,1	12	4,35
60	50	10	37,2	2,0	3,9	1,95	8,25	17,5	1,6	0,5	0,55	0,95	9	2,95
		20	44,0	2,4	4,7	2,4	9,65	20,8	2,0	0,55	0,55	0,95	I	3,55
		30	52,3	3,05	5,6	2,9	11,35	24,7	2,65	0,6	0,5	0,95	12	4,15
70	50	10	36,5	1,85	3,8	1,9	8,3	17,3	1,5	0,45	0,55	0,85	8	2,8
		20	43,1	2,2	4,6	2,3	9,7	20,5	1,9	0,5	0,55	0,85	I	3,4
		30	51,3	2,8	5,5	2,8	11,4	24,4	2,5	0,55	0,5	0,85	11	3,95
80	50	10	36,2	1,7	3,75	1,85	8,55	17,2	1,4	0,45	0,5	0,8	8	2,8
		20	42,8	2,05	4,55	2,25	10,0	20,4	1,75	0,5	0,5	0,8	I	3,4
		30	50,8	2,6	5,45	2,75	11,7	24,2	2,3	0,55	0,45	0,8	11	3,95

Tabelle 13   (Fortsetzug)

Baugewicht t	mittl. Behälter Blechdicke mm	Anteil der An- und Einbauteile %	Gesamtfertigung h/t	Mittelwerte der anteiligen Fertigung in h/t in den einzelnen Fertigungsbereichen									% tol. in der Fertigung + −	Brutto Elektrodenbedarf % v. Baugew.
				VA	VB	VS	ZK	SS	MB	ZM	OS	SK		
100	50	10	36,4	1,5	3,8	1,75	9,1	17,5	1,25	0,4	0,45	0,65	8	2,8
		20	43,0	1,8	4,5	2,15	10,6	20,7	1,7	0,45	0,45	0,65	I	3,4
		30	51,0	2,25	5,4	2,6	12,5	24,5	2,2	0,5	0,4	0,65	11	3,95
125	50	10	37,4	1,3	3,9	1,6	9,9	18,2	1,15	0,35	0,45	0,55	8	2,8
		20	44,0	1,6	4,6	1,95	11,5	21,5	1,45	0,4	0,45	0,55	I	3,4
		30	52,0	2,05	5,45	2,35	13,4	25,5	1,85	0,45	0,4	0,55	10	3,95
150	50	10	38,5	1,2	4,0	1,45	10,65	18,9	1,05	0,35	0,4	0,5	8	2,8
		20	45,3	1,45	4,7	1,8	12,3	22,4	1,35	0,4	0,4	0,5	I	3,4
		30	53,4	1,85	5,5	2,15	14,35	26,5	1,7	0,45	0,4	0,5	10	3,95
175	50	10	39,8	1,15	4,2	1,3	11,35	19,6	1,0	0,35	0,4	0,45	7	2,85
		20	46,7	1,35	4,9	1,6	13,15	23,2	1,25	0,4	0,4	0,45	I	3,45
		30	55,0	1,75	5,7	1,9	15,25	27,5	1,6	0,45	0,4	0,45	9	4,0
200	50	10	41,1	1,1	4,4	1,2	12,0	20,3	0,95	0,35	0,4	0,4	7	2,85
		20	48,7	1,3	5,1	1,45	13,95	24,5	1,2	0,4	0,4	0,4	I	3,45
		30	56,8	1,7	5,9	1,75	16,2	28,5	1,5	0,45	0,4	0,4	9	4,0
225	50	10	42,6	1,05	4,7	1,1	12,8	21,0	0,9	0,3	0,4	0,35	7	2,9
		20	50,0	1,25	5,4	1,35	14,85	24,9	1,15	0,35	0,4	0,35	I	3,5
		30	58,6	1,6	6,2	1,6	17,15	29,5	1,4	0,4	0,4	0,35	9	4,1
250	50	10	44,2	1,05	5,0	1,05	13,5	21,7	0,85	0,3	0,4	0,35	6	2,95
		20	51,8	1,25	5,7	1,3	15,65	25,7	1,1	0,35	0,4	0,35	I	3,55
		30	60,7	1,55	6,5	1,55	18,1	30,5	1,35	0,4	0,4	0,35	8	4,15
275	50	10	45,7	1,0	5,35	1,0	14,25	22,4	0,8	0,25	0,35	0,3	6	3,0
		20	53,4	1,25	5,95	1,2	16,45	26,6	1,0	0,3	0,35	0,3	I	3,6
		30	62,4	1,45	6,75	1,45	19,0	31,5	1,25	0,35	0,35	0,3	8	4,2
300	50	10	47,4	1,0	5,6	1,0	15,05	23,1	0,75	0,25	0,35	0,3	6	3,05
		20	55,3	1,2	6,3	1,2	17,3	27,4	0,95	0,3	0,35	0,3	I	3,65
		30	64,7	1,5	7,1	1,4	20,0	32,5	1,2	0,35	0,35	0,3	8	4,3

Tabelle 14. Chemische Apparate. Baugewicht 10 bis 300 t, Blechdicke 60 mm

Merkmal:

Siehe Text-Erläuterungen S. 13 und Abb. 4 bis 9, S. 21.

Baugewicht t	mittl. Behälter Blechdicke mm	Anteil der An- und Einbauteile %	Gesamtfertigung h/t	Mittelwerte der anteiligen Fertigung in h/t in den einzelnen Fertigungsbereichen									% tol. in der Fertigung + −	Brutto Elektrodenbedarf % v. Baugew.
				VA	VB	VS	ZK	SS	MB	ZM	OS	SK		
10	60	10	50,8	3,5	6,0	2,2	8,25	23,6	2,2	0,75	1,3	3,0	10	6,7
		20	61,1	4,3	7,0	2,9	11,1	27,8	2,8	0,85	1,3	3,05	12	8,0
12	60	10	49,5	3,4	5,6	2,15	8,15	23,3	2,15	0,75	1,25	2,75	10	6,1
		20	59,5	4,1	6,6	2,85	10,9	27,4	2,75	0,85	1,25	2,8	12	7,35
15	60	10	47,5	3,2	5,2	2,1	7,95	22,8	2,05	0,7	1,1	2,4	10	5,4
		20	57,4	3,9	6,2	2,8	10,7	26,8	2,65	0,8	1,1	2,45	12	6,5
20	60	10	45,0	2,95	4,7	2,05	7,6	22,2	1,95	0,65	0,95	1,95	10	4,85
		20	54,5	3,65	5,6	2,7	10,4	26,0	2,45	0,75	0,95	2,0	12	5,8
25	60	10	43,1	2,75	4,4	2,0	7,45	21,5	1,85	0,6	0,85	1,7	10	4,35
		20	52,4	3,4	5,3	2,65	10,15	25,3	2,35	0,7	0,85	1,7	12	5,2
30	60	10	41,6	2,6	4,2	1,95	7,2	21,0	1,75	0,6	0,8	1,5	10	4,0
		20	50,6	3,2	5,1	2,55	9,8	24,7	2,25	0,7	0,8	1,5	12	4,8
35	60	10	40,2	2,4	4,0	1,9	7,05	20,5	1,65	0,55	0,75	1,4	9	3,65
		20	49,2	3,0	4,9	2,5	9,7	24,2	2,1	0,65	0,75	1,4	11	4,4
40	60	10	39,2	2,25	3,9	1,85	6,95	20,1	1,6	0,55	0,7	1,3	9	3,35
		20	47,9	2,8	4,8	2,45	9,5	23,7	2,0	0,65	0,7	1,3	11	4,0
50	60	10	37,6	2,05	3,8	1,8	6,85	19,4	1,45	0,5	0,65	1,1	9	3,1
		20	45,9	2,5	4,7	2,35	9,3	22,9	1,85	0,55	0,65	1,1	11	3,75
60	60	10	36,4	1,85	3,7	1,75	6,85	18,9	1,35	0,45	0,6	0,95	9	3,0
		20	44,5	2,25	4,6	2,3	9,3	22,3	1,7	0,5	0,6	0,95	11	3,6
70	60	10	35,5	1,65	3,6	1,7	6,9	18,6	1,25	0,4	0,55	0,85	9	2,9
		20	43,6	2,1	4,5	2,2	9,45	21,9	1,6	0,45	0,55	0,85	11	3,5
80	60	10	35,1	1,5	3,55	1,65	7,05	18,5	1,15	0,4	0,5	0,8	8	2,9
		20	43,2	1,95	4,45	2,15	9,7	21,7	1,5	0,45	0,5	0,8	10	3,5
100	60	10	35,4	1,3	3,6	1,55	7,5	18,9	1,05	0,4	0,45	0,65	8	2,9
		20	43,5	1,65	4,5	2,05	10,3	22,1	1,35	0,45	0,45	0,65	10	3,5
125	60	10	36,3	1,15	3,7	1,4	8,2	19,6	0,95	0,35	0,4	0,55	8	2,9
		20	44,5	1,45	4,55	1,85	11,1	23,0	1,2	0,4	0,4	0,55	10	3,5
150	60	10	37,3	1,05	3,8	1,25	8,85	20,3	0,85	0,35	0,35	0,5	8	2,9
		20	45,7	1,3	4,6	1,7	11,9	23,85	1,1	0,4	0,35	0,5	10	3,5
175	60	10	38,6	1,0	4,0	1,15	9,5	21,0	0,8	0,35	0,35	0,45	7	2,95
		20	47,2	1,25	4,8	1,55	12,7	24,7	1.0	0,4	0,35	0,45	9	3,55
200	60	10	40,0	0,95	4,2	1,05	10,25	21,7	0,8	0,35	0,3	0,4	7	2,95
		20	48,9	1,2	5,0	1,4	13,55	25,65	1,0	0,4	0,3	0,4	9	3,55

Tabelle 14 (Fortsetzung)

Baugewicht t	mittl. Behälter Blechdicke mm	Anteil der An- und Einbauteile %	Gesamtfertigung h/t	Mittelwerte der anteiligen Fertigung in h/t in den einzelnen Fertigungsbereichen									% tol. in der Fertigung + −	Brutto Elektrodenbedarf % v. Baugew.
				VA	VB	VS	ZK	SS	MB	ZM	OS	SK		
225	60	10	41,1	0,9	4,5	0,95	10,95	22,4	0,75	0,3	0,3	0,35	7	2,95
		20	50,4	1,15	5,3	1,3	14,3	26,4	0,95	0,35	0,3	0,35	9	3,55
250	60	10	43,1	0,9	4,8	0,95	11,65	23,1	0,75	0,3	0,3	0,35	6	3,0
		20	52,3	1,1	5,6	1,25	15,1	27,3	0,95	0,35	0,3	0,35	8	3,6
275	60	10	44,6	0,9	5,1	0,9	12,35	23,8	0,7	0,25	0,3	0,3	6	3,05
		20	53,8	1,05	5,8	1,15	15,9	28,1	0,9	0,3	0,3	0,3	8	3,65
300	60	10	46,3	0,9	5,5	0,9	13,0	24,5	0,65	0,25	0,3	0,3	6	3,1
		20	55,9	1,05	6,2	1,15	16,75	29,0	0,85	0,3	0,3	0,3	8	3,75

Tabelle 15. Chemische Apparate. Baugewicht 10 bis 300 t, Blechdicke 80 mm

Merkmal:
Siehe Text-Erläuterungen S. 13 und Abb. 4 bis 9, S. 21.

Baugewicht t	mittl. Behälter Blechdicke mm	Anteil der An- und Einbauteile %	Gesamtfertigung h/t	Mittelwerte der anteiligen Fertigung in h/t in den einzelnen Fertigungsbereichen									% tol. in der Fertigung + −	Brutto Elektrodenbedarf % v. Baugew.
				VA	VB	VS	ZK	SS	MB	ZM	OS	SK		
10	80	10	49,5	3,1	5,8	2,0	6,2	25,8	1,8	0,65	1,15	3,0	10	7,5
		20	59,4	3,8	6,9	2,8	8,2	30,5	2,25	0,75	1,15	3,05	12	9,0
12	80	10	48,1	3,0	5,4	1,95	6,15	25,4	1,75	0,65	1,05	2,75	10	6,75
		20	57,9	3,7	6,5	2,75	8,15	30,0	2,2	0,75	1,05	2,8	12	8,1
15	80	10	46,3	2,8	5,0	1,9	5,95	25,0	1,7	0,6	0,95	2,4	10	6,0
		20	56,0	3,5	6,1	2,7	7,95	29,5	2,15	0,7	0,95	2,45	12	7,2
20	80	10	43,9	2,65	4,5	1,85	5,75	24,2	1,6	0,6	0,8	1,95	10	5,2
		20	53,0	3,25	5,5	2,6	7,65	28,5	2,0	0,7	0,8	2,0	12	6,25
25	80	10	42,0	2,45	4,2	1,8	5,5	23,6	1,5	0,55	0,7	1,7	10	4,5
		20	50,9	3,1	5,2	2,55	7,4	27,7	1,9	0,65	0,7	1,7	12	5,4
30	80	10	40,4	2,3	4,0	1,75	5,3	23,0	1,4	0,5	0,65	1,5	10	4,15
		20	49,0	2,9	5,0	2,45	7,2	27,0	1,75	0,55	0,65	1,5	12	5,0
35	80	10	39,2	2,2	3,8	1,7	5,2	22,5	1,35	0,45	0,6	1,4	9	3,8
		20	47,6	2,7	4,8	2,4	7,0	26,5	1,7	0,5	0,6	1,4	11	4,55
40	80	10	38,0	2,0	3,7	1,65	5,05	22,05	1,25	0,45	0,55	1,3	9	3,5
		20	46,5	2,55	4,7	2,35	6,9	26,05	1,6	0,5	0,55	1,3	11	4,2
50	80	10	36,4	1,8	3,6	1,6	4,95	21,3	1,15	0,4	0,5	1,1	9	3,2
		20	44,6	2,25	4,6	2,25	6,8	25,2	1,45	0,45	0,5	1,1	11	3,85
60	80	10	35,2	1,6	3,5	1,55	4,9	20,8	1,05	0,4	0,45	0,95	9	3,1
		20	43,3	2,0	4,5	2,2	6,8	24,6	1,35	0,45	0,45	0,95	11	3,75
70	80	10	34,3	1,5	3,4	1,5	4,95	20,4	0,95	0,35	0,4	0,85	9	3,0
		20	42,3	1,85	4,4	2,1	6,9	24,2	1,2	0,4	0,4	0,85	11	3,6
80	80	10	33,9	1,35	3,35	1,45	5,0	20,3	0,9	0,35	0,4	0,8	8	3,05
		20	41,8	1,65	4,35	2,05	7,0	24,0	1,15	0,4	0,4	0,8	10	3,65
100	80	10	33,9	1,15	3,4	1,35	5,35	20,5	0,8	0,35	0,35	0,65	8	3,05
		20	41,8	1,45	4,4	1,95	7,5	24,1	1,0	0,4	0,35	0,65	10	3,65
125	80	10	34,8	1,0	3,5	1,25	5,95	21,2	0,7	0,3	0,35	0,55	8	3,05
		20	42,8	1,3	4,45	1,75	8,15	25,0	0,9	0,35	0,35	0,55	10	3,65
150	80	10	35,8	0,9	3,6	1,1	6,45	22,0	0,65	0,3	0,3	0,5	8	3,05
		20	43,9	1,2	4,5	1,6	8,8	25,8	0,85	0,35	0,3	0,5	10	3,65
175	80	10	37,1	0,85	3,8	1,0	7,05	22,7	0,65	0,3	0,3	0,45	7	3,1
		20	45,5	1,15	4,7	1,45	9,55	26,7	0,85	0,35	0,3	0,45	9	3,75
200	80	10	38,2	0,8	4,0	0,9	7,6	23,4	0,6	0,25	0,25	0,4	7	3,1
		20	46,8	1,1	4,9	1,3	10,2	27,6	0,75	0,3	0,25	0,4	9	3,75

Tabelle 15   (Fortsetzung)

Baugewicht t	mittl. Behälter Blechdicke mm	Anteil der An- und Einbauteile %	Gesamtfertigung h/t	Mittelwerte der anteiligen Fertigung in h/t in den einzelnen Fertigungsbereichen									% tol. in der Fertigung + −	Brutto Elektroden-bedarf % v. Baugew.
				VA	VB	VS	ZK	SS	MB	ZM	OS	SK		
225	80	10	39,9	0,75	4,3	0,85	8,25	24,3	0,6	0,25	0,25	0,35	7	3,1
		20	48,4	1,05	5,2	1,2	10,9	28,4	0,75	0,3	0,25	0,35	9	3,75
250	80	10	41,4	0,75	4,6	0,85	8,85	25,0	0,55	0,2	0,25	0,35	6	3,1
		20	50,1	1,0	5,5	1,15	11,6	29,3	0,7	0,25	0,25	0,35	8	3,75
275	80	10	42,9	0,75	4,9	0,8	9,45	25,7	0,55	0,2	0,25	0,3	6	3,15
		20	51,9	0,95	5,8	1,1	12,35	30,2	0,7	0,25	0,25	0,3	8	3,8
300	80	10	44,6	0,75	5,3	0,8	10,0	26,5	0,5	0,2	0,25	0,3	6	3,2
		20	53,7	0,95	6,2	1,05	13,05	31,0	0,65	0,25	0,25	0,3	8	3,85

Tabelle 16. Chemische Behälter. 5 bis 250 m³
(Zum Beispiel Entsalzer, Entspannungsbehälter)

Merkmal:
Liegender zylindrischer Hochdruckbehälter mit Dom-, Mannloch-, sowie diversen kleineren Meß- und Regelstutzen, Sumpfboden, innenliegende spezielle Rohrleitungen und kleinere Einbauten, 2 bis 3 fest angebaute Kesselstühle.
Einmaliger äußerer Schutzanstrich.
Anteil der A + E etwa 25···30%.
Siehe Abb. 10, S. 53.

Geometrisches Volumen m³	Mittl. Behälter Blechdicke mm	≈ Baugewicht t	Gesamtfertigung h/t	Mittelwerte der anteiligen Fertigung in h/t in den einzelnen Fertigungsbereichen								% tol. in der Fertigung +/−	Brutto Elektrodenbedarf % v. Baugew.
				VA	VB	VS	ZK	SS	MB/ZM	OS	SK		
5	8	2,35	105,0	9,0	17,5	3,8	27,0	32,0	6,7	4,8	4,2	15	3,5
	10	2,7	95,0	8,0	15,8	3,5	24,0	30,0	5,8	4,2	3,7		3,25
	12	3,3	82,0	6,6	13,7	3,0	20,3	27,2	4,8	3,4	3,0		2,95
	16	4,5	65,5	4,9	10,9	2,3	15,6	23,6	3,5	2,5	2,2		2,65
	20	5,7	57,0	3,9	9,4	1,9	13,2	22,1	2,75	2,0	1,75		2,5
	25	6,9	53,0	3,3	8,6	1,6	11,5	21,0	2,3	1,65	1,45	12	2,5
10	8	2,75	99,5	8,2	16,7	3,65	25,8	31,3	5,7	4,5	3,65	15	3,4
	10	3,2	89,5	7,05	15,0	3,25	22,8	29,5	4,9	3,9	3,1		3,2
	12	4,0	76,6	5,7	13,0	2,7	19,0	26,7	3,9	3,1	2,5		2,95
	16	5,2	62,7	4,4	10,65	2,15	15,2	23,0	3,0	2,4	1,9		2,6
	20	6,4	55,1	3,6	9,15	1,8	13,0	21,6	2,45	1,95	1,55		2,45
	25	7,75	49,6	3,0	8,3	1,55	11,3	20,5	2,05	1,6	1,3		2,4
	30	9,5	44,3	2,5	7,45	1,35	9,8	19,2	1,65	1,3	1,05	12	2,4
15	8	3,2	95,5	7,8	16,3	3,45	25,0	30,8	4,9	4,15	3,1	15	3,4
	10	3,75	85,5	6,7	14,6	3,05	21,9	28,8	4,2	3,6	2,65		3,2
	12	4,6	74,1	5,45	12,65	2,6	18,6	26,3	3,4	2,95	2,15		2,95
	16	5,9	61,1	4,3	10,4	2,05	15,0	22,7	2,65	2,3	1,7		2,6
	20	7,4	53,1	3,45	8,9	1,7	12,7	21,1	2,1	1,8	1,35		2,45
	25	9,0	47,2	2,85	7,95	1,45	10,7	19,9	1,75	1,5	1,1		2,4
	30	10,8	42,4	2,4	7,2	1,25	9,3	18,6	1,45	1,25	0,95		2,4
	35	13,0	38,3	2,05	6,5	1,1	8,2	17,4	1,2	1,05	0,8	12	2,35
20	8	3,55	93,7	7,5	16,0	3,4	24,8	30,6	4,5	4,1	2,8	14	3,4
	10	4,15	83,6	6,35	14,3	3,0	21,8	28,4	3,85	3,5	2,4		3,2
	12	5,0	72,8	5,3	12,4	2,5	18,5	26,0	3,2	2,9	2,0		2,95
	16	6,4	60,2	4,2	10,2	2,05	15,0	22,4	2,5	2,3	1,55		2,6
	20	8,1	52,0	3,35	8,65	1,65	12,5	20,8	1,95	1,85	1,25		2,45
	25	10,0	45,9	2,8	7,7	1,4	10,6	19,3	1,6	1,5	1,0		2,4
	30	12,0	41,2	2,35	6,9	1,2	9,3	18,0	1,35	1,25	0,85		2,35
	35	14,5	37,1	1,95	6,25	1,05	8,2	16,8	1,1	1,05	0,7	11	2,3
25	8	4,0	91,7	7,15	15,7	3,25	24,5	30,5	4,1	3,9	2,6	14	3,4
	10	4,7	81,2	6,1	13,8	2,85	21,3	28,1	3,5	3,35	2,2		3,15
	12	5,6	71,1	5,15	12,0	2,45	18,3	25,6	2,95	2,8	1,85		2,9
	16	7,0	59,4	4,15	10,05	2,0	15,0	22,1	2,35	2,25	1,5		2,55
	20	8,7	51,5	3,35	8,6	1,65	12,5	20,5	1,9	1,8	1,2		2,45
	25	10,7	45,1	2,8	7,65	1,4	10,6	18,6	1,55	1,5	1,0		2,35
	30	13,0	40,4	2,3	6,75	1,2	9,3	17,5	1,25	1,25	0,85		2,3
	35	16,0	36,1	1,9	6,0	1,0	8,1	16,3	1,05	1,05	0,7	11	2,25

Tabelle 16 (Fortsetzung)

Geometrisches Volumen m³	Mittl. Behälter Blechdicke mm	Baugewicht t	Gesamtfertigung h/t	Mittelwerte der anteiligen Fertigung in h/t in den einzelnen Fertigungsbereichen								% tol in der Fertigung +/−	Brutto Elektrodenbedarf % v. Baugew.
				VA	VB	VS	ZK	SS	MB/ZM	OS	SK		
30	8	4,4	89,3	6,9	15,1	3,2	23,8	30,3	3,85	3,75	2,4	14	3,4
	10	5,1	79,5	6,0	13,4	2,75	21,0	27,7	3,35	3,25	2,05		3,1
	12	6,2	69,2	5,0	11,65	2,4	17,9	25,1	2,75	2,7	1,7		2,85
	16	7,8	58,0	4,0	9,75	1,95	14,8	21,8	2,2	2,15	1,35		2,5
	20	9,7	50,0	3,25	8,25	1,6	12,3	20,0	1,75	1,75	1,1		2,4
	25	11,7	44,1	2,7	7,35	1,35	10,6	18,3	1,45	1,45	0,9		2,3
	30	14,2	39,5	2,3	6,6	1,15	9,2	17,1	1,2	1,2	0,75		2,25
	35	17,5	35,1	1,9	5,8	0,95	8,0	15,8	1,0	1,0	0,65	11	2,2
40	8	5,0	87,4	6,6	14,7	3,0	23,7	30,0	3,5	3,6	2,3	14	3,35
	10	5,9	76,7	5,7	12,8	2,6	20,5	27,1	3,0	3,05	1,95		3,05
	12	7,0	67,7	4,8	11,3	2,25	17,8	24,8	2,5	2,6	1,65		2,85
	16	9,0	56,0	3,8	9,4	1,8	14,5	21,2	1,95	2,05	1,3		2,45
	20	11,0	48,6	3,15	8,0	1,5	12,2	19,4	1,6	1,7	1,05		2,35
	25	13,5	42,6	2,6	7,1	1,25	10,6	17,5	1,3	1,4	0,85		2,25
	30	16,7	37,7	2,15	6,2	1,05	9,2	16,2	1,05	1,15	0,7		2,2
	35	20,5	33,8	1,8	5,6	0,9	8,0	15,1	0,85	0,95	0,6	11	2,15
50	8	6,0	82,6	6,2	13,7	2,6	22,5	29,2	3,0	3,2	2,2	13	3,3
	10	7,0	73,1	5,3	12,05	2,3	19,7	26,5	2,6	2,75	1,9		3,0
	12	8,2	64,9	4,5	10,7	2,0	17,3	24,2	2,2	2,35	1,65		2,8
	16	10,3	54,0	3,6	9,0	1,65	14,3	20,5	1,75	1,9	1,3		2,4
	20	12,7	46,7	3,0	7,6	1,4	12,0	18,7	1,4	1,55	1,05		2,3
	25	15,4	41,0	2,45	6,8	1,15	10,5	16,8	1,15	1,3	0,85		2,2
	30	19,0	36,4	2,0	6,0	0,95	9,1	15,6	0,95	1,1	0,7		2,15
	35	23,5	32,7	1,65	5,45	0,8	7,9	14,6	0,75	0,95	0,6	10	2,1
60	8	7,0	78,8	5,9	12,9	2,3	21,2	28,7	2,65	3,0	2,15	13	3,25
	10	8,0	70,7	5,2	11,5	2,1	19,0	26,1	2,3	2,6	1,9		3,0
	12	9,2	63,5	4,5	10,3	1,85	17,0	23,9	2,0	2,3	1,65		2,8
	16	11,7	52,3	3,6	8,6	1,5	13,9	20,0	1,6	1,8	1,3		2,4
	20	14,3	45,3	3,0	7,4	1,25	11,8	18,0	1,3	1,5	1,05		2,25
	25	17,5	39,4	2,45	6,5	1,1	10,1	16,1	1,05	1,25	0,85		2,15
	30	21,5	35,1	2,0	5,7	0,9	8,8	15,1	0,85	1,05	0,7		2,1
	35	26,5	31,5	1,65	5,15	0,75	7,7	14,1	0,7	0,9	0,55	10	2,05
80	8	8,5	75,6	5,45	11,9	2,15	20,6	28,0	2,5	2,9	2,1	13	3,2
	10	9,8	67,2	4,75	10,7	1,9	18,3	25,0	2,2	2,5	1,85		2,9
	12	11,2	60,7	4,2	9,7	1,7	16,4	23,0	1,9	2,2	1,6		2,75
	16	14,2	49,8	3,3	8,05	1,4	13,4	19,1	1,5	1,75	1,3		2,35
	20	17,5	42,7	2,7	6,9	1,15	11,2	17,0	1,25	1,45	1,05		2,2
	25	21,5	37,1	2,2	6,05	1,0	9,7	15,1	1,0	1,2	0,85		2,1
	30	26,3	33,2	1,85	5,35	0,8	8,5	14,2	0,8	1,0	0,7		2,05
	35	32,5	29,7	1,55	4,8	0,7	7,3	13,3	0,65	0,85	0,55	10	2,0

4*												(Fortsetzung nächste Seite)

Tabelle 16 (Fortsetzung)

Geometrisches Volumen m³	Mittl. Behälter Blechdicke mm	Richtwerte Baugewicht t	Gesamtfertigung h/t	Mittelwerte der anteiligen Fertigung in h/t in den einzelnen Fertigungsbereichen								% tol in der Fertigung ±	Brutto Elektrodenbedarf % v. Baugew.
				VA	VB	VS	ZK	SS	MB/ZB	OS	SK		
100	8	10,0	72,7	5,2	11,3	2,0	20,0	27,0	2,45	2,7	2,05	12	3,15
	10	11,7	64,1	4,5	10,0	1,75	17,5	24,1	2,1	2,35	1,8		2,85
	12	13,4	57,5	3,9	9,05	1,6	15,5	22,0	1,85	2,05	1,55		2,65
	16	17,0	47,2	3,1	7,5	1,35	12,6	18,3	1,45	1,65	1,25		2,25
	20	21,0	40,3	2,5	6,45	1,1	10,6	16,1	1,2	1,35	1,0		2,15
	25	25,5	35,3	2,1	5,65	0,95	9,3	14,3	1,0	1,15	0,85		2,05
	30	31,5	31,5	1,7	5,0	0,75	8,1	13,5	0,8	0,95	0,7		2,0
	35	39,0	28,0	1,4	4,55	0,65	6,8	12,6	0,65	0,8	0,55	9	1,95
150	10	16,5	57,3	3,9	8,9	1,65	15,5	21,9	1,85	2,1	1,5	11	2,65
	12	18,6	52,0	3,45	8,1	1,5	14,0	20,1	1,65	1,85	1,35		2,45
	16	23,3	43,0	2,8	6,65	1,25	11,5	16,9	1,35	1,5	1,05		2,15
	20	29,0	36,4	2,25	5,75	1,0	9,6	14,7	1,05	1,2	0,85		2,1
	25	35,5	31,6	1,85	5,05	0,85	8,2	13,1	0,85	1,0	0,7		2,0
	30	43,5	28,4	1,5	4,6	0,7	7,1	12,3	0,75	0,85	0,6		1,95
	35	54,0	25,2	1,25	4,2	0,6	6,05	11,3	0,6	0,7	0,5	8	1.85
200	10	21,5	52,0	3,4	8,15	1,55	13,8	20,3	1,65	1,85	1,3	10	2,5
	12	23,7	47,8	3,1	7,55	1,4	12,6	18,8	1,45	1,7	1,2		2,35
	16	29,5	40,0	2,5	6,25	1,1	10,6	16,1	1,15	1,35	0,95		2,05
	20	36,5	33,8	2.05	5,35	0,9	8,6	13,8	0,95	1,1	0,75		2,0
	25	45,0	29,3	1,7	4,75	0,75	7,6	12,2	0,8	0,9	0,6		1,9
	30	55.5	25,9	1,4	4,25	0,65	6,5	11,2	0,65	0,75	0,5		1,8
	35	69,0	23,1	1,15	3,95	0,55	5,7	10,2	0,5	0,65	0,4	7	1,75
250	10	26,0	48,0	3,1	7,6	1,45	12,5	19,0	1,45	1,65	1,25	10	2,35
	12	29,0	44,1	2,8	6,9	1,3	11,4	17,8	1,3	1,5	1,1		2,2
	16	36,0	37,2	2,25	5,85	1,05	9,7	15,2	1,05	1,2	0,9		1,95
	20	45,0	31,3	1,85	5,0	0,85	8,1	12,9	0,85	1,0	0,75		1,85
	25	55,0	27,3	1,55	4,5	0,7	7,0	11,4	0,7	0,85	0,6		1,75
	30	68,0	23,8	1,25	4,1	0,6	5,9	10,2	0,55	0,7	0,5		1,65
	35	84,0	21,2	1,05	3.8	0,5	5,2	9,2	0,45	0,6	0,4	7	1,6

Bemerkung:

Wegen der beiderseits relativ geringen Zeitanteile der Fertigungsbereiche MB/ZM wurden diese zusammengelegt.

Dabei beträgt der Anteil MB im Mittel 75%
der Anteil ZM im Mittel 25%

Behälter mit mehrteiligen Böden (große Volumen):

Böden	2 teilig	< 7 teilig	< 12 teilig
Fertigungsfaktor	1,15—1,10	1,25—1,20	1,35—1,30

Gewichtstoleranzen wegen Maßverschiebungen (Durchmesser und Länge)

$< \genfrac{}{}{0pt}{}{+5\%}{-3\%}$ sind für die Fertigung und Kostenermittlung unwichtig.

Fertigungsfaktoren bei mehreren Behältern:
Stückzahl 3 Faktor 0,95
Stückzahl 5 Faktor 0,90
Stückzahl 10 Faktor 0,85

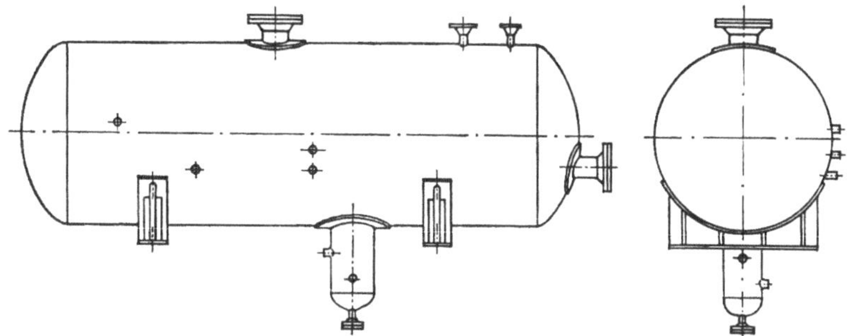

Abb. 10. Chemische Behälter (s. Tab. 16. S. 50).

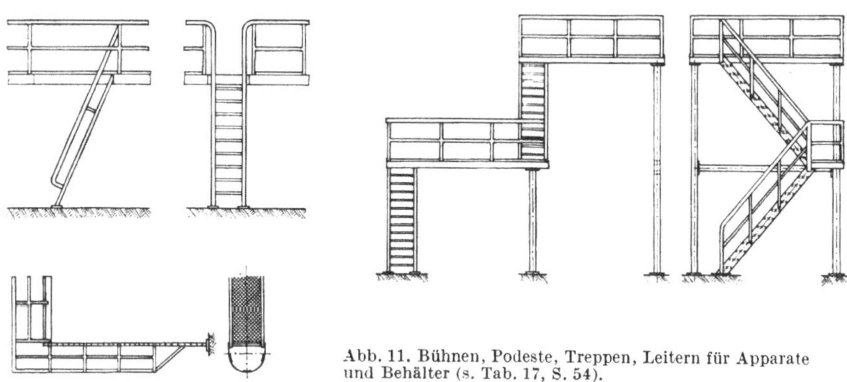

Abb. 11. Bühnen, Podeste, Treppen, Leitern für Apparate
und Behälter (s. Tab. 17, S. 54).

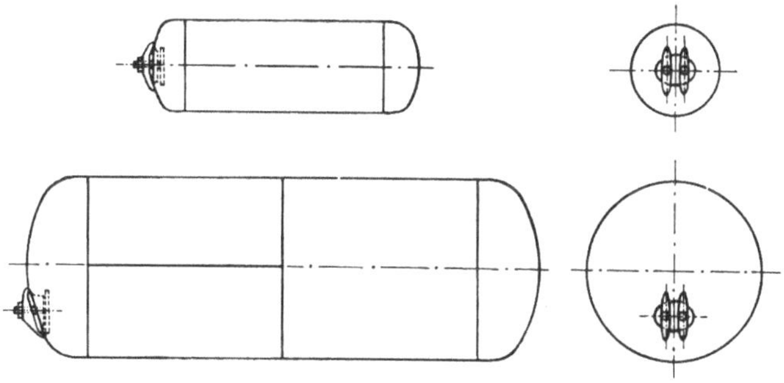

Abb. 12. Hochdruck-Kesseltrommeln (s. Tab. 18, S. 55).

Tabelle 17. Bühnen, Podeste, Treppen, Leitern für Apparate und Behälter

Merkmal:

Relativ leichte bis mittelleichte normale Profilstahl-Schweißkonstruktion, Treppenstufen und Abdeckungen, Gitterroste, in montagegerechten Größen zur Baustelle. Einmaliger Schutzanstrich.
Siehe Abb. 11, S. 53.

Baugewicht t	Gesamtfertigung h/t	Mittelwerte der anteiligen Fertigung in h/t in den einzelnen Fertigungsbereichen							% tol. in der Fertigung + −	Brutto Elektrodenbedarf % v. Baugew.
		VA	VB	VS	ZK	SS	MB/ZM	OS		
0,2	310	62,0	66,0	17,0	75,0	70,0	8,0	12,0		5,0
0,3	260	50,0	54,0	16,5	64,5	58,0	6,0	11,0		4,3
0,4	235	44,0	48,0	16,0	60,0	52,0	5,0	10,0		4,0
0,5	215	38,8	43,6	15,4	56,0	48,0	4,1	9,1	12	3,75
0,6	200	35,0	40,0	15,0	53,0	45,0	3,5	8,5		3,5
0,8	180	30,5	35,5	14,0	48,5	40,5	2,8	8,2		3,0
1,0	162	27,0	32,0	13,0	44,0	36,0	2,2	7,8		2,7
1,25	148	24,5	28,5	12,0	41,0	33,0	1,8	7,2		2,5
1,5	134	22,0	25,0	11,0	38,0	30,0	1,5	6,5	10	2,3
1,75	124	19,4	23,0	9,6	35,9	28,5	1,4	6,2		2,15
2,0	115	17,5	21,0	8,5	33,8	26,8	1,3	6,1		2,0
2,5	102	14,8	19,5	7,0	30,2	23,9	1,1	5,5		1,8
3,0	92	13,0	18,0	6,0	27,5	21,5	1,0	5,0		1,6
4,0	78	10,0	16,2	4,7	25,0	16,8	0,8	4,5	8	1,4
5,0	69	8,2	14,9	3,9	23,4	13,7	0,7	4,2		1,15
6,0	63	7,0	14,0	3,4	22,0	12,0		4,0		1,0
7,0	60	6,8	13,5	3,0	21,5	10,8	0,6	3,8		0,9
8,0	57,5	6,6	13,0	2,8	20,8	10,1		3,6	6	0,8
10,0	54	6,2	12,2	2,5	20,0	9,0		3,5		0,7

Bemerkung:

Die Fertigungsbereiche MB/ZM sind wegen des relativ geringen Zeitanteils des Fertigungsbereiches ZM, im Mittel $\approx 10\%$, zusammengelegt.

Tabelle 18.   Hochdruck-Kesseltrommeln. 2 bis 30 m³

Merkmal:

Einfacher glatter zylindrischer Behälter mit einem Mannloch.
Einmaliger äußerer Schutzanstrich.
Siehe Abb. 12, S. 53.

Geometrisches Volumen m³	Mittl. Behälter Blechdicke mm	Richtwerte				Gesamtfertigung h/t	Mittelwerte der anteiligen Fertigung in h/t in den einzelnen Fertigungsbereichen							% tol in der Fertigung + −	Brutto Elektrodenbedarf % v. Baugew.
		≈ Baugewicht t	Trommel Ø m	Zyl. Länge m	Anzahl der Schüsse		VA	VB	ZK	SS	MB/ZM	OS	SK		
2	16	1,3				41,2	2,7	5,2	7,4	11,5	3,1	4,0	7,3		1,65
	20	1,6				37,3	2,2	4,8	7,15	11,35	2,6	3,25	5,95		1,8
	25	2,0	1,0	2,15	1	33,4	1,8	4,15	6,8	11,2	2,1	2,6	4,75	10	2,0
	30	2,4				30,8	1,5	3,65	6,5	11,15	1,8	2,2	4,0		2,1
	35	2,75				29,1	1,35	3,4	6,3	11,0	1,65	1,9	3,5		2,25
3	16	1,65				35,0	2,4	4,4	6,4	10,0	2,6	3,4	5,8		1,5
	20	2,1				31,2	1,9	4,05	6,1	9,85	2,05	2,7	4,55		1,6
	25	2,6	1,1	2,7	1	28,2	1,55	3,5	5,8	9,75	1,7	2,2	3,7	9	1,8
	30	3,15				26,0	1,3	3,15	5,55	9,7	1,45	1,8	3,05		1,85
	35	3,7				24,3	1,15	2,9	5,2	9,6	1,3	1,55	2,6		1,9
	40	4,2				23,3	1,05	2,8	5,0	9,55	1,2	1,4	2,3		2,1
4	16	2,05				30,4	2,2	3,7	5,6	9,15	2,2	2,9	4,65		1,35
	20	2,55				27,5	1,8	3,5	5,35	8,95	1,8	2,35	3,75		1,45
	25	3,2				24,8	1,45	3,0	5,1	8,85	1,5	1,9	3,0		1,6
	30	3,9	1,2	3,1	1	22.8	1,2	2,7	4,8	8,75	1,3	1,55	2,5	9	1,65
	35	4,55				21,4	1,1	2,5	4,5	8,65	1,15	1,35	2,15		1,75
	40	5,2				20,6	1,0	2,45	4,3	8,65	1,1	1,2	1,9		1,9
	50	6,55			2	25,8	0,8	3,4	4,7	13,45	0,9	1,0	1,55		3,55
5	16	2,35				27,8	2,05	3,5	5,0	8,5	2,0	2,7	4,05		1,25
	20	2,9				25,3	1,7	3,35	4,8	8,3	1,65	2,2	3,3		1,35
	25	3,7				22,7	1,35	2,85	4,6	8,2	1,35	1,75	2,6		1,5
	30	4,5	1,3	3,3	1	20,8	1,15	2,5	4,3	8,1	1,15	1,45	2,15	8	1,55
	35	5,2				19,6	1,05	2,3	4,05	8,0	1,05	1,25	1,9		1,6
	40	6,0				18,7	0,95	2,25	3,8	8,0	0,95	1,1	1,65		1,75
	50	7,6			2	23,7	0,75	3,05	4,3	12,55	0,8	0,9	1,35		3,3
6	16	2,7				25,7	1,95	3,3	4,6	8,0	1,85	2,5	3,5		1,15
	20	3,35				23,3	1,6	3,15	4,35	7,8	1,5	2,05	2,85		1,25
	25	4,2			1	21,0	1,3	2,7	4,15	7,65	1,25	1,65	2,3		1,4
	30	5,1	1,4	3,5		19,2	1,1	2,35	3,9	7,55	1,05	1,35	1,9	8	1,45
	35	6,0				17,9	1,0	2,15	3,6	7,4	0,95	1,15	1,65		1,5
	40	6,8			2	22,2	0,9	2,75	4,5	10,65	0,9	1,05	1,45		2,25
	50	8,6				22,0	0,75	2,7	3,95	11,8	0,75	0,85	1,2		3,1
8	16	3,1				23,3	1,9	3,0	4,1	7,15	1,7	2,35	3,1		1,05
	20	4,0			1	20,7	1,5	2,85	3,8	6,95	1,35	1,85	2,4		1,15
	25	5,0				18,6	1,25	2,4	3,6	6,8	1,1	1,5	1,95		1,3
	30	6,0	1,5	3,9		17,1	1,05	2,15	3,4	6,65	0,95	1,25	1,65	8	1,35
	35	7,1				20,1	0,95	2,55	4,2	9,1	0,85	1,05	1,4		1,85
	40	8,1			2	19,8	0,85	2,5	4,0	9,45	0,8	0,95	1,25		2,05
	50	10,0				19,6	0,75	2,4	3,45	10,5	0,7	0,8	1,0		2,9

(Fortsetzung nächste Seite)

Tabelle 18 (Fortsetzung)

Geometrisches Volumen m³	Mittl. Behälter Blechdicke mm	Richtwerte				Gesamtfertigung h/t	Mittelwerte der anteiligen Fertigung in h/t in den einzelnen Fertigungsbereichen							% tol in der Fertigung ±	Brutto Elektrodenbedarf % v. Baugew.
		≈ Baugewicht t	Trommel Ø m	Zyl. Länge m	Anzahl der Schüsse		VA	VB	ZK	SS	MB/ZM	OS	SK		
	16	3,7				21,1	1,8	2,7	3,7	6,6	1,5	2,2	2,6		1,0
	20	4,7			1	18,7	1,45	2,55	3,45	6,25	1,2	1,75	2,05		1,05
	25	5,8				16,9	1,2	2,25	3,25	6,1	1,0	1,4	1,7		1,2
10	30	7,0	1,6	4,4		15,5	1,0	2,0	3,1	6,0	0,85	1,15	1,4	7	1,25
	35	8,25				18,0	0,9	2,35	3,75	8,05	0,75	1,0	1,2		1,7
	40	9,4			2	17,7	0,8	2,25	3,55	8,4	0,7	0,9	1,1		1,9
	50	11,6				17,5	0,7	2,15	3,05	9,35	0,6	0,75	0,9		2,7
	16	4,2				21,5	1,75	3,35	4,1	6,5	1,4	2,1	2,3		1,25
	20	5,25				19,9	1,4	3,2	3,9	6,7	1,15	1,7	1,85		1,35
	25	6,7				18,3	1,15	2,8	3,75	6,85	0,95	1,35	1,45		1,5
12	30	7,9	1,7	4,7	2	17,3	1,0	2,5	3,55	7,05	0,8	1,15	1,25	7	1,55
	35	9,3				16,5	0,85	2,25	3,4	7,25	0,7	1,0	1,05		1,65
	40	10,6				16,2	0,75	2,15	3,25	7,55	0,65	0,9	0,95		1,8
	50	13,1				16,0	0,65	2,0	2,75	8,5	0,55	0,75	0,8		2,55
	16	4,9				19,7	1,65	3,1	3,75	5,9	1,35	2,0	1,95		1,15
	20	6,1				18,0	1,35	2,9	3,5	5,95	1,1	1,6	1,6		1,25
	25	7,65				16,6	1,1	2,6	3,4	6,05	0,9	1,3	1,25		1,4
15	30	9,25	1,8	5,2	2	15,6	0,95	2,35	3,15	6,2	0,75	1,1	1,1	7	1,45
	35	10,8				14,9	0,85	2,1	3,0	6,4	0,65	0,95	0,95		1,5
	40	12,4				14,6	0,75	2,0	2,85	6,7	0,6	0,85	0,85		1,65
	50	15,5				14,5	0,65	1,9	2,45	7,6	0,5	0,7	0,7		2,3
	16	5,9				17,8	1,6	2,85	3,3	5,3	1,2	1,9	1,65		1,05
	20	7,35				16,3	1,3	2,65	3,1	5,4	0,95	1,55	1,35		1,15
	25	9,2				15,0	1,05	2,35	3,0	5,5	0,8	1,25	1,05		1,3
20	30	11,1	2,1	5,2	2	14,1	0,9	2,15	2,8	5,6	0,7	1,05	0,9	6	1,35
	35	13,0				13,4	0,8	1,9	2,6	5,8	0,6	0,9	0,8		1,4
	40	14,9				13,2	0,75	1,85	2,45	6,1	0,55	0,8	0,7		1,55
	50	18,5				13,2	0,65	1,8	2,1	6,95	0,45	0,65	0,6		2,15
	16	6,6				16,8	1,55	2,65	3,15	5,0	1,15	1,8	1,5		1,0
	20	8,25				15,3	1,25	2,5	2,95	5,05	0,9	1,45	1,2		1,1
	25	10,4				14,0	1,0	2,2	2,8	5,15	0,75	1,15	0,95		1,25
25	30	12,5	2,3	5,3	2	13,2	0,85	2,0	2,65	5,25	0,65	1,0	0,8	6	1,3
	35	14,7				12,6	0,75	1,8	2,5	5,45	0,55	0,85	0,7		1,35
	40	16,9				12,3	0,7	1,75	2,3	5,7	0,5	0,75	0,6		1,45
	50	21,0				12,3	0,6	1,7	1,95	6,45	0,45	0,6	0,55		2,05
	16	7,45				15,9	1,5	2,5	3,0	4,8	1,05	1,7	1,35		1,0
	20	9,3				14,6	1,25	2,4	2,8	4,8	0,85	1,4	1,1		1,05
	25	11,7				13,3	1,0	2,0	2,7	4,9	0,7	1,15	0,85		1,2
30	30	14,1	2.5	5,4	2	12,5	0,85	1,85	2,5	5,0	0,6	0,95	0,75	5	1,25
	35	16,5				12,0	0,75	1,75	2,35	5,2	0,5	0,8	0,65		1,3
	40	18,9				11,8	0,7	1,7	2,2	5,5	0,45	0,7	0,55		1,4
	50	23,5				11,8	0,6	1,65	1,85	6,2	0,4	0,6	0,5		1,95

Bemerkung:

Wegen der beiderseits relativ geringen Zeitanteile der Fertigungsbereiche MB/ZM wurden diese zusammengelegt.

Dabei beträgt der Anteil MB im Mittel 80%
der Anteil ZM im Mittel 20%.

Tabelle 19. Rührwerksbehälter einwandig, ohne Rührwerk. 2 bis 15 m³
Blechdicke 6 mm

Merkmal:
Siehe Text-Erläuterungen S. 15 und Abb. 13, S. 58.

Volumen m³	Mittl. Behälter-Wanddicke mm	≈ Baugewicht t	Behälter ⌀ m	zyl. Mantelhöhe m	Gesamtfertigung h/t	Mittelwerte der anteiligen Fertigung in h/t in den einzelnen Fertigungsbereichen								% tol. in der Fertigung +/−	Brutto Elektroden-bedarf % v. Baugew.
						VA	VB	VS	ZK	SS	MB/ZM	OS	SK		
2		1,4	1,2	1,5	165,2	16,1	20,5	4,3	39,0	45,0	25,0	5,3	10,0	12	6,0
5		1,65	1,6	2,2	145,8	14,7	17,8	3,65	34,15	39,0	22,5	5,2	8,8	10	5,3
8	6	1,9	1,9	2,7	131,5	13,75	16,0	3,2	30,5	34,5	20,5	5,15	7,9	—	4,7
10		2,15	2,2	3,0	122,5	13,1	15,2	2,9	28,3	32,0	18,55	5,1	7,35	8	4,4
15		2,5	2,55	3,3	109,8	12,0	13,9	2,55	25,0	28,0	16,75	5,0	6,6	—	3,8

Bemerkung:
Wegen der beiderseits relativ geringen Zeitanteile der Fertigungsbereiche MB/ZM wurden diese zusammengelegt.
Dabei beträgt der Anteil MB im Mittel 85%
der Anteil ZM im Mittel 15%
Rührwerkslaternen: s. Tab. 43, S. 80,
Rührwerke: s. Tab. 44, S. 81.

Tabelle 20. Rührwerksbehälter einwandig, ohne Rührwerk. 2 bis 50 m³
Blechdicke 8 mm

Merkmal:
Siehe Text-Erläuterungen S. 15 und Abb. 13, S. 58.

Volumen m³	Mittl. Behälter-Wanddicke mm	≈ Baugewicht t	Behälter ⌀ m	zyl. Mantelhöhe m	Gesamtfertigung h/t	Mittelwerte der anteiligen Fertigung in h/t in den einzelnen Fertigungsbereichen								% tol. in der Fertigung +/−	Butto Elektroden-bedarf % v. Baugew.
						VA	VB	VS	ZK	SS	MB/ZM	OS	SK		
2		1,6	1,2	1,5	151,9	14,4	18,5	4,0	34,8	45,0	21,8	4,6	8,8	12	6,0
5		2,0	1,6	2,2	129,9	13,4	15,25	3,25	30,0	37,5	18,5	4,3	7,7	10	5,15
8		2,4	1,9	2,7	114,7	12,5	13,5	2,7	26,0	32,5	16,3	4,2	7,0	—	4,5
10		2,7	2,2	3,0	106,8	12,0	12,8	2,45	24,3	29,7	14,85	4,1	6,6		4,2
15		3,2	2,55	3,3	94,0	11,1	11,4	2,15	21,25	25,2	13,1	3,9	5,9		3,65
20	8	3,75	2,85	3,55	85,0	10,4	10,4	1,85	19,0	22,2	12,3	3,5	5,35		3,25
25		4,25	3,15	3,7	78,8	9,9	9,6	1,65	17,8	20,2	11,55	3,2	4,9	8	3,0
30		4,7	3,3	3,8	74,2	9,5	9,0	1,55	16,8	18,8	10,85	3,1	4,6		2,85
35		5,2	3,5	3,9	70,5	9,15	8,4	1,45	16,1	17,7	10,4	2,95	4,35		2,7
40		5,7	3,6	4,0	67,6	8,9	8,0	1,35	15,55	16,9	10,0	2,75	4,15		2,6
50		6,5	3,8	4,1	63,4	8,4	7,35	1,25	14,6	15,8	9,6	2,55	3,85	—	2,5

Bemerkung:
Wegen der beiderseits relativ geringen Zeitanteile der Fertigungsbereiche MB/ZM wurden diese zusammengelegt.
Dabei beträgt der Anteil MB im Mittel 85%
der Anteil ZM im Mittel 15%
Rührwerkslaternen: s. Tab. 43, S. 80,
Rührwerke: s. Tab. 44, S. 81.

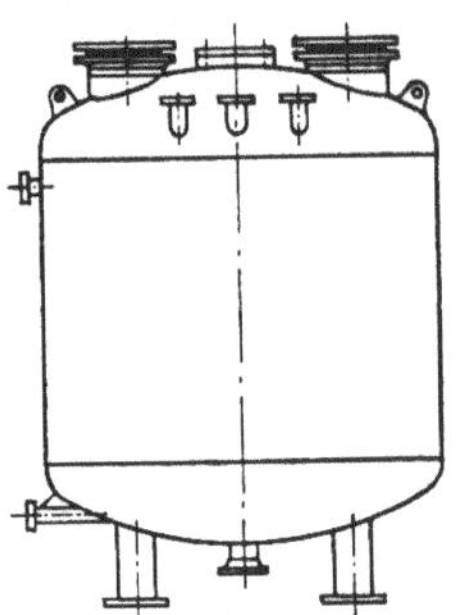

Abb. 13. Rührwerksbehälter
(s. Tab. 19 bis 26, S. 57 bis 64).

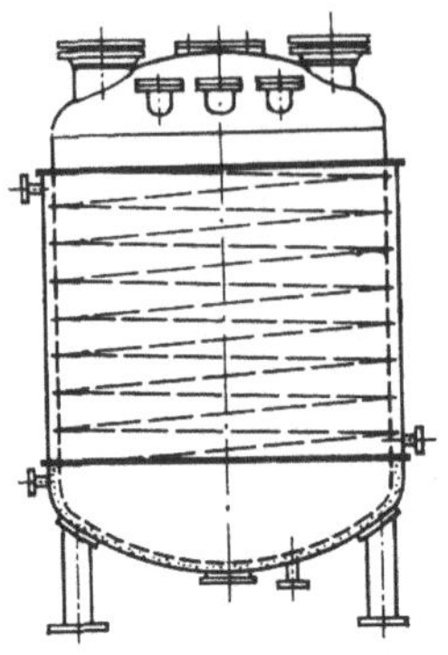

Abb. 14. Rührwerksbehälter
(s. Tab. 27 bis 34, S. 65 bis 72).

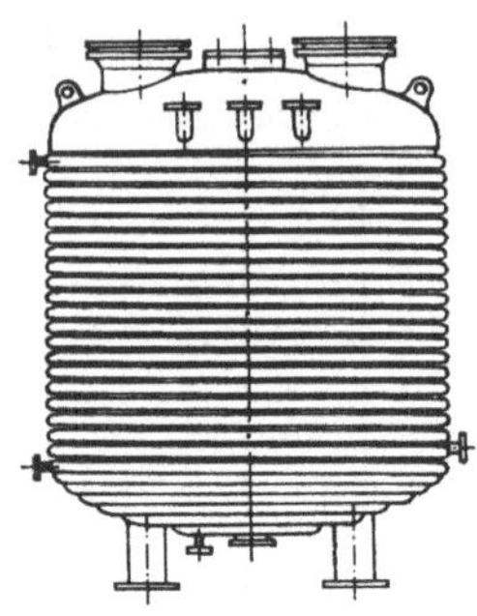

Abb. 15. Rührwerksbehälter
(s. Tab. 35 bis 42, S. 73 bis 79).

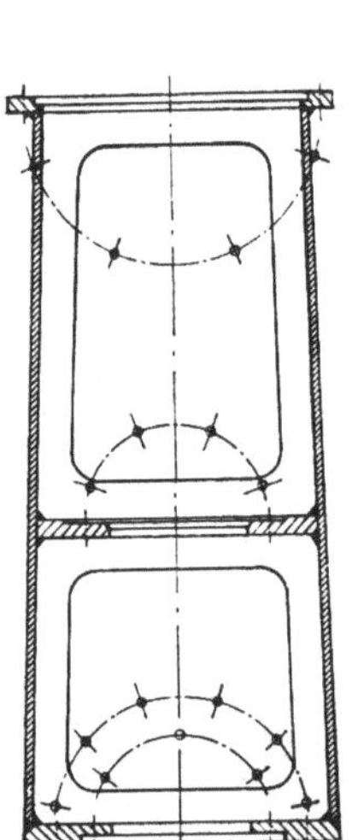

Abb. 16.
Rührwerkslaternen
(s. Tab. 43, S. 80).

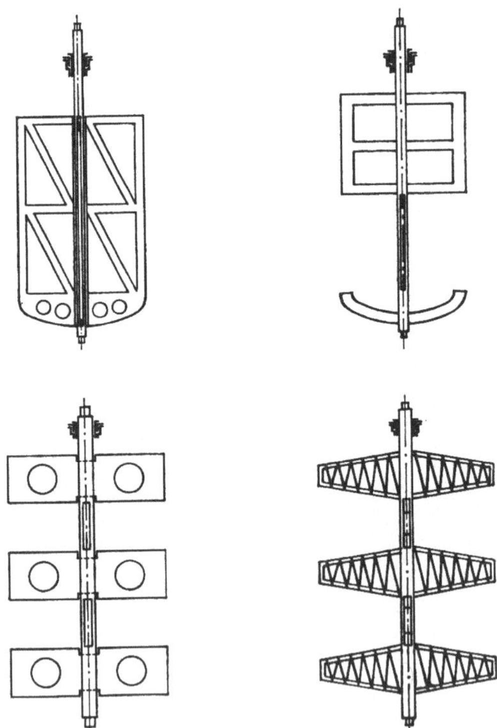

Abb. 17   Abb. 18
Abb. 17 und 18. Rührwerke zu den Rührwerksbehältern
(s. Tab. 44, S. 81).

Tabelle 21. Rührwerksbehälter einwandig, ohne Rührwerk. 2 bis 100 m³
Blechdicke 10 mm

Merkmal:

Siehe Text-Erläuterungen S. 15 und Abb. 13, S. 58.

| Volumen m³ | Mittl. Behälter-Wanddicke mm | Richtwerte | | | Gesamtfertigung h/t | Mittelwerte der anteiligen Fertigung in h/t in den einzelnen Fertigungsbereichen | | | | | | | | % tol. in der Fertigung | Brutto Elektroden-bedarf in % v. Baugew. |
		≈ Baugewicht t	Behälter ⌀ m	zyl. Mantelhöhe m		VA	VB	VS	ZK	SS	MB/ZM	SO	SK		
2		1,8	1,2	1,5	142,4	13,1	17,0	3,75	31,6	45,0	19,5	4,1	8,35	10	6,0
5		2,4	1,6	2,2	116,5	12.1	13,2	2,85	26,2	36,0	15,45	3,65	7,05	8	5,1
8		2,9	1,9	2,7	102,5	11,3	11,7	2,4	22,7	31,0	13,5	3,45	6,35			4,4
10		3,2	2,2	3,0	96,1	10,9	11,0	2,2	21,35	28,7	12,5	3,45	6,0	7	4,1
15		4,0	2,55	3,3	82,3	10,0	9,7	1,8	18,3	23,6	10,5	3,15	5,25			3,55
20		4,6	2,85	3,55	75,5	9,5	8,9	1,6	16,8	21,1	10,0	2,85	4,75			3,15
25		5,3	3,15	3,7	69,5	9,0	8,2	1,45	15,6	19,0	9,3	2,55	4,4			2,9
30		5,9	3,3	3,8	65,4	8.6	7,6	1,35	14,8	17,8	8,7	2,45	4,1			2,75
35	10	6,5	3,5	3,9	62,4	8,3	7,2	1,25	14,1	16,9	8,35	2,4	3,9	6	2,65
40		7,1	3,6	4,0	59,7	8,0	6,8	1,2	13,6	16,1	8,0	2,25	3,75			2,55
50		8,2	3,8	4,1	55,7	7,5	6,2	1,05	12,8	15,1	7,55	2,0	3,5			2,4
60		9,2	3,9	4,2	53,2	7,1	5,8	1,0	12,2	14,4	7,45	1,9	3,35			2,3
70		10,2	4,1	4,7	50,9	6,8	5,4	0,95	11,6	13,9	7,2	1,85	3,2			2,25
80		11,0	4,2	5,0	49,4	6,5	5,1	0,95	11,2	13,6	7,2	1,8	3,05	5	2,15
90		11,8	4,4	5,3	48,0	6,2	4,9	0,95	10,8	13,3	7,2	1,75	2,9			2,05
100		12,5	4,5	5,5	46.8	6,0	4,65	0,95	10.5	13,0	7,2	1,7	2,8			2,05

Bemerkung:

Wegen der beiderseits relativ geringen Zeitanteile der Fertigungsbereiche MB/ZM wurden diese zusammengelegt.

Dabei beträgt der Anteil MB im Mittel 85%
der Anteil ZM im Mittel 15%

Rührwerkslaternen: s. Tab. 43, S. 80,

Rührwerke: s. Tab. 44, S. 81.

Tabelle 22. Rührwerksbehälter einwandig, ohne Rührwerk. 2 bis 100 m³
Blechdicke 12 mm

Merkmal:
Siehe Text-Erläuterungen S. 15 und Abb. 13, S. 58.

Volumen m³	Mittl. Behälter-Wanddicke mm	≈ Baugewicht t	Richtwerte Behälter ⌀ m	Richtwerte zyl. Mantelhöhe m	Gesamtfertigung h/t	Mittelwerte der anteiligen Fertigung in h/t in den einzelnen Fertigungsbereichen VA	VB	VS	ZK	SS	MB/ZM	OS	SK	% tol. in der Fertigung +/−	Brutto Elektroden-bedarf in % v. Baugew.
2		2,1	1,2	1,5	131,4	11,5	15,5	3,45	28,5	45,0	16,7	3,6	7,15	10	6,0
5		2,9	1,6	2,2	104,4	10,6	11,5	2,5	22,8	35,0	12,7	3,05	6,25	8	5,05
8		3,6	1,9	2,7	90,9	10,0	10,2	2,05	20,2	29,2	10,8	2,85	5,6		4,35
10		4,0	2,2	3,0	84,9	9,7	9,5	1,9	18,7	27,0	10,0	2,8	5,3	7	4,05
15		4,8	2,55	3,3	74,6	9,1	8,4	1,6	16,3	23,1	8,8	2,65	4,65		3,5
20		5,8	2,85	3,55	66,6	8,6	7,6	1,35	14,6	20,0	7,95	2,3	4,2		3,1
25		6,5	3,15	3,7	61,7	8,2	6,9	1,25	13,6	18,2	7,55	2,15	3,85		2,85
30	12	7,2	3,3	3,8	58,2	7,85	6,5	1,15	12,9	17,0	7,15	2,05	3,6		2,7
35		7,9	3,5	3,9	55,3	7,5	6,1	1,1	12,3	16,1	6,8	2,0	3,4	6	2,6
40		8,6	3,6	4,0	53,3	7,3	5,8	1,05	12,0	15,4	6,6	1,9	3,25		2,5
50		9,9	3,8	4,1	50,2	6,85	5,45	0,95	11,4	14,5	6,3	1,7	3,05		2,35
60		11,0	3,9	4,2	47,8	6,4	5,15	0,90	10,8	13,9	6,15	1,6	2,9		2,25
70		12,0	4,1	4,7	46,0	6,1	4,85	0,85	10,3	13,4	6,15	1,6	2,75		2,2
80		13,0	4,2	5,0	44,5	5,8	4,5	0,85	9,9	13,1	6,15	1,55	2,65	5	2,1
90		13,9	4,4	5,3	43,2	5,5	4,25	0,85	9,6	12,8	6,15	1,5	2,55		2,0
100		14,5	4,5	5,5	42,3	5,35	4,15	0,85	9,3	12,5	6,15	1,5	2,5		2,0

Bemerkung:
Wegen der beiderseits relativ geringen Zeitanteile der Fertigungsbereiche MB/ZM wurden diese zusammengelegt.

Dabei beträgt der Anteil MB im Mittel 85%
der Anteil ZM im Mittel 15%

Rührwerkslaternen: s. Tab. 43, S. 80,
Rührwerke: s. Tab. 44, S. 81.

Tabelle 23. Rührwerksbehälter einwandig, ohne Rührwerk. 2 bis 100 m³
Blechdicke 16 mm

Merkmal:
Siehe Text-Erläuterungen S. 15 und Abb. 13, S. 58.

| Volumen m³ | Mittl. Behälter-Wanddicke mm | Baugewicht t | Richtwerte | | Gesamtfertigung h/t | Mittelwerte der anteiligen Fertigung in h/t in den einzelnen Fertigungsbereichen | | | | | | | | % tol. in der Fertigung + − | Brutto Elektroden-bedarf % v. Baugew. |
			Behälter ⌀ m	zyl. Mantelhöhe m		VA	VB	VS	ZK	SS	MB/ZM	OS	SK		
2		2,5	1,2	1,5	121,7	10,0	14,0	3,0	26,0	45,0	14,0	3,1	6,6	10	6,0
5		3,6	1,6	2,2	95,1	9,3	10,5	2,15	20,75	34,0	10,3	2,5	5,6	8	5,0
8		4,5	1,9	2,7	81,0	8,8	8,9	1,75	17,4	28,3	8,65	2,3	4,9		4,3
10		5,0	2,2	3,0	75,6	8,6	8,3	1,6	16,2	26,0	8,05	2,25	4,6	7	4,0
15		6,3	2,55	3,3	64,9	8,0	7,2	1,3	14,0	21,6	6,7	2,05	4,05		3,45
20		7,4	2,85	3,55	58,6	7,65	6,4	1,15	12,7	19,0	6,2	1,85	3,65		3,05
25		8,3	3,15	3,7	54,5	7,3	5,9	1,05	11,8	17,5	5,9	1,7	3,35		2,8
30	16	9,2	3,3	3,8	51,3	6,9	5,6	0,95	11,2	16,3	5,6	1,6	3,15		2,65
35		10,1	3,5	3,9	49,0	6,7	5,3	0,90	10,8	15,4	5,35	1,55	3,0	6	2,55
40		10,9	3,6	4,0	47,4	6,5	5,1	0,85	10,5	14,8	5,25	1,5	2,9		2,45
50		12,5	3,8	4,1	44,2	6,0	4,7	0,80	9,8	13,8	5,05	1,35	2,7		2,3
60		13,8	3,9	4,2	42,4	5,7	4,4	0,75	9,3	13,4	5,0	1,3	2,55		2,2
70		15,0	4,1	4,7	40,8	5,3	4,2	0,75	8,9	12,9	5,0	1,3	2,45		2,15
80		16,0	4,2	5,0	39,4	5,0	3,95	0,75	8,6	12,5	5,0	1,25	2,35	5	2,05
90		16,8	4,4	5,3	38,5	4,8	3,8	0,75	8,4	12,25	5,0	1,25	2,25		1,95
100		17,5	4,5	5,5	37,7	4,65	3,7	0,75	8,2	12,0	5,0	1,25	2,15		1,95

Bemerkung:

Wegen der beiderseits relativ geringen Zeitanteile der Fertigungsbereiche MB/ZM wurden diese zusammengelegt.

Dabei beträgt der Anteil MB im Mittel 85%
der Anteil ZM im Mittel 15%

Rührwerkslaternen: s. Tab. 43, S. 80,
Rührwerke: s. Tab. 44, S. 81.

Tabelle 24. Rührwerksbehälter einwandig, ohne Rührwerk. 2 bis 100 m³
Blechdicke 20 mm

Merkmal:
Siehe Text-Erläuterungen S. 15 und Abb. 13, S. 58.

Volumen m³	Mittl. Behälter-Wanddicke mm	≈ Baugewicht t	Richtwerte Behälter Ø m	Richtwerte zyl. Mantelhöhe m	Gesamtfertigung h/t	Mittelwerte der anteiligen Fertigung in h/t in den einzelnen Fertigungsbereichen VA	VB	VS	ZK	SS	MB/ZM	OS	SK	% tol. in der Fertigung ±	Brutto Elektroden-bedarf % v. Baugew.
2		3,0	1,2	1,5	113,0	8,7	12,5	2,7	23,8	45,0	11,7	2,6	6,0	8	6,0
5		4,4	1,6	2,2	85,8	8,1	9,1	1,85	18,3	33,0	8,45	2,1	4,9	7	4,95
8		5,6	1,9	2,7	72,1	7,8	7,65	1,5	15,3	26,8	6,9	1,9	4,25		4,25
10		6,2	2,2	3,0	67,3	7,6	7,1	1,35	14,2	24,8	6,45	1,85	3,95	6	3,95
15		7,8	2,55	3,3	57,6	7,1	6,1	1,1	12,2	20,6	5,35	1,65	3,5		3,4
20	20	9,2	2,85	3,55	51,9	6,7	5,4	0,95	11,0	18,2	4,95	1,5	3,2		3,0
25		10,4	3,15	3,7	48,2	6,4	4,9	0,90	10,3	16,7	4,7	1,35	2,95		2,75
30		11,5	3,3	3,8	45,5	6,1	4,65	0,85	9,7	15,7	4,4	1,3	2,8		2,6
35		12,6	3,5	3,9	43,4	5,8	4,4	0,80	9,3	14,9	4,3	1,25	2,65	5	2,5
40		13,6	3,6	4,0	41,9	5,6	4,25	0,75	9,0	14,3	4,25	1,2	2,55		2,4
50		15,5	3,8	4,1	39,5	5,2	3,95	0,70	8,5	13,5	4,15	1,1	2,4		2,25
60		17,0	3,9	4,2	37,7	4,9	3,75	0,65	8,1	12,9	4,1	1,05	2,25		2,15
70		18,4	4,1	4,7	36,4	4,6	3,6	0,65	7,8	12,45	4,1	1,05	2,15		2,1
80		19,6	4,2	5,0	35,3	4,3	3,45	0,65	7,6	12,1	4,1	1,05	2,05	4	2,0
90		20,7	4,4	5,3	34,4	4,1	3,3	0,65	7,4	11,85	4,1	1,05	1,95		1,9
100		21,5	4,5	5,5	33,7	3,95	3,25	0,65	7,2	11,6	4,1	1,05	1,9		1,9

Bemerkung:
Wegen der beiderseits relativ geringen Zeitanteile der Fertigungsbereiche MB/ZM wurden diese zusammengelegt.

Dabei beträgt der Anteil MB im Mittel 85%
der Anteil ZM im Mittel 15%

Rührwerkslaternen: s. Tab. 43, S. 80,
Rührwerke: s. Tab. 44, S. 81.

Tabelle 25. Rührwerksbehälter einwandig, ohne Rührwerk. 2 bis 100 m³
Blechdicke 25 mm

Merkmal:
Siehe Text-Erläuterungen S. 15 und Abb. 13, S. 58.

Volumen m³	Mittl. Behälter-Wanddicke mm	≈ Baugewicht t	Richtwerte		Gesamtfertigung h/t	Mittelwerte der anteiligen Fertigung in h/t in den einzelnen Fertigungsbereichen								% tol. in der Fertigung + −	Brutto Elektrodenbedarf in % v. Baugew.
			Behälter ⌀ m	zyl. Mantelhöhe m		VA	VB	VS	ZK	SS	MB/ZM	OS	SK		
2		3,5	1,2	1,5	106,1	7,7	11,5	2,4	21,8	45,0	10,0	2,25	5,45	8	6,0
5		5,0	1,6	2,2	80,6	7,3	8,45	1,7	16,5	33,0	7,4	1,85	4,4	7	4,9
8		6,6	1,9	2,7	66,0	6,8	7,0	1,3	13,4	26,2	5,95	1,65	3,7		4,2
10		7,5	2,2	3,0	60,6	6,6	6,35	1,2	12,4	23,7	5,35	1,55	3,45		3,9
15		9,5	2,55	3,3	51,6	6,2	5,4	0,95	10,5	19,7	4,45	1,4	3,0	6	3,35
20		11,2	2,85	3,55	46,4	5,8	4,8	0,85	9,5	17,4	4,05	1,25	2,75		2,95
25		12,8	3,15	3,7	43,1	5,5	4,4	0,75	8,8	16,1	3,8	1,15	2,6		2,7
30	25	14,2	3,3	3,8	40,8	5,25	4,1	0,70	8,5	15,15	3,6	1,05	2,45		2,55
35		15,5	3,5	3,9	39,0	5,0	3,95	0,65	8,1	14,45	3,5	1,0	2,35	5	2,45
40		16,7	3,6	4,0	37,5	4,8	3,8	0,60	7,8	13,8	3,45	1,0	2,25		2,35
50		19,0	3,8	4,1	35,4	4,4	3,55	0,55	7,5	13,0	3,4	0,90	2,1		2,2
60		20,8	3,9	4,2	34,0	4,1	3,4	0,55	7,2	12,45	3,4	0,90	2,0		2,1
70		22,5	4,1	4,7	32,8	3,8	3,25	0,55	7,0	12,05	3,4	0,85	1,9		2,05
80		24,0	4,2	5,0	31,9	3,6	3,1	0,55	6,8	11,8	3,4	0,85	1,8	4	1,95
90		25,0	4,4	5,3	31,1	3,5	3,0	0,55	6,6	11,5	3,4	0,85	1,7		1,85
100		26,0	4,5	5,5	30,4	3,4	2,9	0,55	6,45	11,2	3,4	0,85	1,65		1,85

Bemerkung:
Wegen der beiderseits relativ geringen Zeitanteile der Fertigungsbereiche MB/ZM wurden diese zusammengelegt.

Dabei beträgt der Anteil MB im Mittel 85%
der Anteil ZM im Mittel 15%

Rührwerkslaternen: s. Tab. 43, S. 80,
Rührwerke: s. Tab. 44, S. 81.

Tabelle 26. Rührwerksbehälter einwandig, ohne Rührwerk. 2 bis 100 m³
Blechdicke 30 mm

Merkmal:
Siehe Text-Erläuterungen S. 15 und Abb. 13, S. 58.

Volumen m³	Mittl. Behälter-Wanddicke mm	≈ Baugewicht t	Behälter ⌀ m	zyl. Mantelhöhe m	Gesamtfertigung h/t	Mittelwerte der anteiligen Fertigung in h/t in den einzelnen Fertigungsbereichen								% tol. in der Fertigung +/−	Brutto Elektroden-bedarf % v. Baugew.
			Richtwerte			VA	VB	VS	ZK	SS	MB/ZM	OS	SK		
2		4,0	1,2	1,5	100,5	7,0	10,5	2,2	20,0	45,0	8,8	2,0	5,0	8	6,0
5		6,0	1,6	2,2	73,2	6,4	7,5	1,5	14,0	32,0	6,2	1,6	4,0	7	4,9
8		7,8	1,9	2,7	60,5	6,0	6,2	1,2	11,7	25,5	5,0	1,45	3,45		4,2
10		8,9	2,2	3,0	55,4	5,7	5,7	1,05	10,8	23,1	4,55	1,35	3,15	6	3,9
15		11,3	2,55	3,3	46,7	5,3	4,8	0,85	9,2	18,8	3,8	1,2	2,75		3,35
20		13,5	2,85	3,55	42,1	5,0	4,25	0,75	8,2	16,9	3,45	1,05	2,5		2,95
25		15,5	3,15	3,7	38,8	4,7	3,8	0,65	7,6	15,5	3,2	1,0	2,35		2,7
30	30	17,3	3,3	3,8	36,8	4,5	3,6	0,60	7,3	14,7	3,0	0,90	2,2		2,55
35		19,0	3,5	3,9	35,1	4,3	3,45	0,55	7,0	14,0	2,85	0,85	2,1	5	2,45
40		20,3	3,6	4,0	34,0	4,1	3,35	0,55	6,8	13,5	2,85	0,85	2,0		2,35
50		23,0	3,8	4,1	32,0	3,75	3,15	0,50	6,5	12,6	2,85	0,80	1,85		2,2
60		25,0	3,9	4,2	30,8	3,5	3,05	0,50	6,3	12,1	2,85	0,75	1,75		2,1
70		26,8	4,1	4,7	29,9	3,3	2,95	0,50	6,1	11,8	2,85	0,75	1,65		2,05
80		28,5	4,2	5,0	29,0	3,1	2,85	0,50	5,95	11,4	2,85	0,75	1,6	4	1,95
90		29,8	4,4	5,3	28,5	3,0	2,8	0,50	5,85	11,2	2,85	0,75	1,55		1,85
100		31,0	4,5	5,5	27,9	2,9	2,7	0,50	5,7	11,0	2,85	0,75	1,5		1,85

Bemerkung:
Wegen der beiderseits relativ geringen Zeitanteile der Fertigungsbereiche MB/ZM wurden diese zusammengelegt.

Dabei beträgt der Anteil MB im Mittel 85%
der Anteil ZM im Mittel 15%

Rührwerkslaternen: s. Tab. 43, S. 80,
Rührwerke: s. Tab. 44, S. 81.

und artverwandte Industrie (Tab. 1 bis 54)

Tabelle 27. Rührwerksbehälter mit Doppelmantel, ohne Rührwerk. 2 bis 15 m³
Blechdicke 6 mm

Merkmal:
Siehe Text-Erläuterungen S. 15 und Abb. 14, S. 58.

Volumen m³	Mitt. Behälter-Wanddicke mm	≈ Baugewicht t	Richtwerte		DoMa Wanddicke mm	Gesamtfertigung h/t	Mittelwerte der anteiligen Fertigung in h/t in den einzelnen Fertigungsbereichen								% tol. in der Fertigung + / −	Brutto Elektrodenbedarf % v. Baugew.
			Behälter Ø m	zyl. Mantelhöhe m			VA	VB	VS	ZK	SS	MB/ZM	OS	SK		
2		1,85	1,2...1,3	1,5		155,0	14,9	17,4	6,5	37,5	48,0	19,0	4,1	7,6	15	6,0
5		2,5	1,6...1,7	2,2		127,6	12,1	14,0	5,4	30,2	41,8	14,8	3,5	5,8	12	5,3
8	6	3,15	1,9...2,0	2,7	6	110,8	10,6	12,0	4,75	26,0	37,2	12,35	3,15	4,75		4,7
10		3,5	2,2...2,3	3,0		104,4	10,0	11,3	4,5	24,6	35,0	11,55	2,95	4,5	10	4,4
15		4,3	2,55...2,65	3,3		92,2	9,0	10,25	4,05	21,8	30,5	9,8	2,95	3,85		3,8

Bemerkung:
Wegen der beiderseits relativ geringen Zeitanteile der Fertigungsbereiche MB/ZM wurden diese zusammengelegt.

Dabei beträgt der Anteil MB im Mittel 85%
der Anteil ZM im Mittel 15%

Rührwerkslaternen: s. Tab. 43, S. 80,
Rührwerke: s. Tab. 44, S. 81.

Tabelle 28. Rührwerksbehälter mit Doppelmantel, ohne Rührwerk. 2 bis 50 m³
Blechdicke 8 mm

Merkmal:
Siehe Text-Erläuterungen S. 15 und Abb. 14, S. 58.

Volumen m³	Mittl. Behälter-Wanddicke mm	≈ Baugewicht t	Richtwerte Behälter ⌀ m	zyl. Mantelhöhe m	DoMa Wanddicke mm	Gesamtfertigung h/t	Mittelwerte der anteiligen Fertigung in h/t in den einzelnen Fertigungsbereichen								% tol. in der Fertigung + −	Brutto Elektrodenbedarf % v. Baugew.
							VA	VB	VS	ZK	SS	MB/ZB	OS	SK		
2		2,1	1,2… 1,3	1,5		144,7	13,3	16,5	5,9	34,0	48,0	16,7	3,6	6,7	15	6,0
5		3,0	1,6… 1,7	2,2		115,4	11,0	12,2	4,7	27,0	40,0	12,35	2,9	5,25	12	5,15
8		3,8	1,9… 2,0	2,7		99,8	9,7	10,5	4,05	23,2	35,0	10,25	2,7	4,4		4,5
10		4,3	2,2… 2,3	3,0		93,2	9,2	9,95	3,75	21,7	32,5	9,35	2,6	4,15		4,2
15		5,2	2,55… 2,65	3,3		82,8	8,5	8,95	3,45	19,5	28,2	8,1	2,45	3,65		3,65
20	8	6,2	2,85… 2,95	3,55	7	74,9	7,95	8,2	3,15	17,8	25,0	7,4	2,15	3,25		3,25
25		7,0	3,15… 3,25	3,7		70,1	7,6	7,75	3,0	17,1	22,6	7,05	2,0	3,0	10	3,0
30		7,8	3,3… 3,4	3,8		65,9	7,3	7,35	2,9	16,3	20,8	6,55	1,9	2,8		2,85
35		8,7	3,5… 3,6	3,9		62,7	7,0	7,0	2,75	15,8	19,5	6,2	1,85	2,6		2,7
40		9,3	3,6… 3,7	4,0		60,9	6,8	6,8	2,7	15,5	18,6	6,15	1,8	2,55		2,6
50		10,5	3,8… 3,9	4,1		57,9	6,6	6,45	2,6	14,8	17,5	5,9	1,65	2,4		2,5

Bemerkung:
Wegen der beiderseits relativ geringen Zeitanteile der Fertigungsbereiche MB/ZM wurden diese zusammengelegt.

Dabei beträgt der Anteil MB im Mittel 85 %
der Anteil ZM im Mittel 15 %

Rührwerkslaternen: s. Tab. 43, S. 80.
Rührwerke: s. Tab. 44, S. 81.

Tabelle 29. Rührwerksbehälter mit Doppelmantel, ohne Rührwerk. 2 bis 100 m³
Blechdicke 10 mm

Merkmal:
Siehe Text-Erläuterungen S. 15 und Abb. 14, S. 58.

| Volumen m³ | Mittl. Behälter-Wanddicke mm | $\approx$ Baugewicht t | Richtwerte | | DoMa Wanddicke mm | Gesamtfertigung h/t | Mittelwerte der anteiligen Fertigung in h/t in den einzelnen Fertigungsbereichen | | | | | | | | % tol. in der Fertigung + − | Brutto Elektrodenbedarf % v. Baugew. |
			Behälter ⌀ m	zyl. Mantelhöhe m			VA	VB	VS	ZK	SS	MB/ZM	OS	SK		
2		2,4	1,2…1,3	1,5		135,2	11,9	15,1	5,4	30,8	48,0	14,6	3,15	6,25	12	6,0
5		3,6	1,6…1,7	2,2		104,0	9,75	10,7	4,0	23,7	38,4	10,3	2,45	4,7	10	5,1
8		4,5	1,9…2,0	2,7		91,0	8,8	9,35	3,5	20,7	33,5	8,7	2,35	4,1		4,4
10		5,1	2,2…2,3	3,0		85,0	8,3	8,8	3,3	19,4	31,3	7,85	2,25	3,8	8.5	4,1
15		6,3	2,55…2,65	3,3		74,5	7,7	7,9	2,95	17,4	26,5	6,65	2,05	3,35		3,55
20		7,4	2,85…2,95	3,55		68,0	7,25	7,25	2,7	16,2	23,5	6,25	1,85	3,0		3,15
25		8,4	3,15…3,25	3,7		63,5	6,9	6,9	2,6	15,5	21,2	5,85	1,7	2,85		2,9
30		9,4	3,3…3,4	3,8		59,9	6,65	6,5	2,45	14,9	19,7	5,5	1,6	2,6		2,75
35	10	10,3	3,5…3,6	3,9	8	57,3	6,45	6,2	2,4	14,4	18,5	5,3	1,55	2,5	7	2,65
40		11,2	3,6…3,7	4,0		55,2	6,3	6,0	2,3	14,0	17,6	5,1	1,5	2,4		2,55
50		12,8	3,8…3,9	4,1		52,2	6,0	5,6	2,2	13,3	16,6	4,9	1,35	2,25		2,4
60		14,3	3,9…4,0	4,2		50,1	5,75	5,3	2,1	12,8	15,9	4,8	1,3	2,15		2,3
70		15,7	4,1…4,2	4,7		48,4	5,5	5,15	2,05	12,3	15,4	4,65	1,25	2,1		2,25
80		17,0	4,2…4,3	5,0		46,9	5,35	4,9	2,0	11,8	15,0	4,65	1,2	2,0	6	2,15
90		18,2	4,4…4,5	5,3		45,5	5,2	4,65	1,95	11,4	14,6	4,65	1,15	1,9		2,05
100		19,2	4,5…4,6	5,5		44,6	5,1	4,45	1,9	11,2	14,3	4,65	1,15	1,85		2,05

Bemerkung:
Wegen der beiderseits relativ geringen Zeitanteile der Fertigungsbereiche MB/ZM wurden diese zusammengelegt.

Dabei beträgt der Anteil MB im Mittel 85%
           der Anteil ZM im Mittel 15%

Rührwerkslaternen: s. Tab. 43, S. 80,
Rührwerke: s. Tab. 44, S. 81.

Tabelle 30. Rührwerksbehälter mit Doppelmantel, ohne Rührwerk. 2 bis 100 m³
Blechdicke 12 mm

Merkmal:
Siehe Text-Erläuterungen S. 15 und Abb. 14, S. 58.

Volumen m³	Mittl. Behälter-Wanddicke mm	≈ Baugewicht t	Richtwerte			Gesamtfertigung h/t	Mittelwerte der anteiligen Fertigung in h/t in den einzelnen Fertigungsbereichen								% tol. in der Fertigung + −	Brutto Elektrodenbedarf % v. Baugew.
			Behälter ⌀ m	zyl. Mantelhöhe m	Do Ma Wanddicke mm		VA	VB	VS	ZK	SS	MB/ZM	OS	SK		
2		2,7	1,2…1,3	1,5		128,7	10,9	14,3	5,0	29,0	48,0	13,0	2,9	5,6	12	6,0
5		4,2	1,6…1,7	2,2		96,7	9,0	9,75	3,6	21,6	37,5	8,8	2,15	4,3	10	5,05
8		5,4	1,9…2,0	2,7		83,0	7,95	8,45	2,95	18,9	31,7	7,3	2,0	3,75		4,35
10		6,1	2,2…2,3	3,0		77,7	7,6	7,85	2,85	17,8	29,6	6,6	1,9	3,5		4,05
15		7,5	2,55…2,65	3,3		68,6	7,1	7,0	2,55	15,8	25,4	6,0	1,75	3,0	8,5	3,5
20		8,9	2,85…2,95	3,55		62,0	6,8	6,5	2,3	14,7	22,2	5,2	1,55	2,75		3,1
25		10,0	3,15…3,25	3,7		57,8	6,5	6,1	2,25	13,9	20,2	4,9	1,45	2,5		2,85
30	12	11,1	3,3…3,4	3,8	9	54,6	6,2	5,8	2,15	13,4	18,7	4,6	1,4	2,35		2,7
35		12,1	3,5…3,6	3,9		52,4	6,05	5,55	2,05	13,0	17,7	4,45	1,35	2,25	7	2,6
40		13,2	3,6…3,7	4,0		50,6	5,9	5,35	2,0	12,7	16,9	4,3	1,3	2,15		2,5
50		15,0	3,8…3,9	4,1		48,0	5,6	5,1	1,9	12,2	15,9	4,1	1,2	2,0		2,35
60		16,7	3,9…4,0	4,2		46,1	5,3	4,85	1,85	11,6	15,3	4,1	1,15	1,95		2,25
70		18,3	4,1…4,2	4,7		44,3	5,05	4,55	1,8	11,1	14,8	4,05	1,1	1,85		2,2
80		19,7	4,2…4,3	5,0		43,1	4,9	4,35	1,8	10,75	14,4	4,05	1,05	1,8	6	2,1
90		20,9	4,4…4,5	5,3		42,0	4,75	4,15	1,75	10,5	14,0	4,05	1,05	1,75		2,0
100		22,0	4,5…4,6	5,5		41,0	4,6	4,0	1,75	10,2	13,7	4,05	1,0	1,7		2,0

Bemerkung:
Wegen der beiderseits relativ geringen Zeitanteile der Fertigungsbereiche MB/ZM wurden diese zusammengelegt.

Dabei beträgt der Anteil MB im Mittel 85%
der Anteil ZM im Mittel 15%

Rührwerkslaternen: s. Tab. 43, S. 80,
Rührwerke: s. Tab. 44, S. 81.

Tabelle 31. Rührwerksbehälter mit Doppelmantel, ohne Rührwerk. 2 bis 100 m³
Blechdicke 16 mm

Merkmal:
Siehe Text-Erläuterungen S. 15 und Abb. 14, S. 58.

Volumen m³	Mittl. Behälter-Wanddicke mm	≈ Baugewicht t	Behälter ⌀ m	zyl. Mantelhöhe m	Do Ma Wanddicke mm	Gesamtfertigung h/t	VA	VB	VS	ZK	SS	MB/ZM	OS	SK	% tol. in der Fertigung +	Brutto Elektrodenbedarf % v. Baugew.
2		3,2	1,2…1,3	1,5		119,8	9,6	13,0	4,4	26,2	48,0	10,9	2,5	5,2	12	6,0
5		5,1	1,6…1,7	2,2		89,6	8,0	9,1	3,1	19,8	36,5	7,3	1,8	4,0	10	5,0
8		6,5	1,9…2,0	2,7		76,2	7,3	7,6	2,6	16,9	30,7	6,0	1,7	3,4		4,3
10		7,4	2,2…2,3	3,0		70,8	7,0	7,0	2,45	15,8	28,4	5,4	1,6	3,15		4,0
15		9,2	2,55…2,65	3,3		61,8	6,5	6,3	2,15	14,1	23,9	4,6	1,45	2,8	8,5	3,45
20		10,8	2,85…2,95	3,55		56,3	6,25	5,75	2,0	13,2	21,0	4,3	1,3	2,5		3,05
25		12,2	3,15…3,25	3,7		52,4	6,0	5,4	1,9	12,5	19,1	4,0	1,2	2,3		2,8
30	16	13,5	3,3…3,4	3,8	10	49,8	5,8	5,2	1,8	12,1	17,8	3,8	1,15	2,15		2,65
35		14,8	3,5…3,6	3,9		47,7	5,55	5,0	1,75	11,7	16,9	3,65	1,1	2,05	7	2,55
40		16,0	3,6…3,7	4,0		46,2	5,35	4,85	1,7	11,5	16,2	3,55	1,05	2,0		2,45
50		18,2	3,8…3,9	4,1		43,7	5,05	4,6	1,65	10,9	15,2	3,45	1,0	1,85		2,3
60		20,2	3,9…4,0	4,2		41,8	4,8	4,3	1,55	10,4	14,6	3,45	0,95	1,75		2,2
70		22,0	4,1…4,2	4,7		40,3	4,5	4,1	1,55	9,95	14,1	3,45	0,95	1,7		2,15
80		23,5	4,2…4,3	5,0		39,2	4,3	3,9	1,55	9,7	13,75	3,45	0,90	1,65	6	2,05
90		24,8	4,4…4,5	5,3		38,1	4,15	3,75	1,55	9,35	13,35	3,45	0,90	1,6		1,95
100		25,8	4,5…4,6	5,5		37,6	4,1	3,7	1,55	9,25	13,1	3,45	0,90	1,55		1,95

Bemerkung:
Wegen der beiderseits relativ geringen Zeitanteile der Fertigungsbereiche MB/ZM wurden diese
zusammengelegt.

Dabei beträgt der Anteil MB im Mittel 85%
der Anteil ZM im Mittel 15%

Rührwerkslaternen: s. Tab. 43, S. 80,
Rührwerke: s. Tab. 44, S. 81.

Tabelle 32. Rührwerksbehälter mit Doppelmantel, ohne Rührwerk. 2 bis 100 m³
Blechdicke 20 mm

Merkmal:
Siehe Text-Erläuterungen S. 15 und Abb. 14, S. 58.

Volumen m³	Mittl. Behälter-Wanddicke mm	Baugewicht t	Behälter ⌀ m	zyl. Mantelhöhe m	Do Ma Wanddicke mm	Gesamtfertigung h/t	Mittelwerte der anteiligen Fertigung in h/t in den einzelnen Fertigungsbereichen								% tol. in der Fertigung	Brutto Elektrodenbedarf % v. Baugew.
							VA	VB	VS	ZK	SS	MB/ZM	OS	SK		
2		3,8	1,2···1,3	1,5		112,1	8,4	11,7	3,85	24,0	48,0	9,25	2,1	4,8	10	6,0
5		6,1	1,6···1,7	2,2		82,0	7,0	8,0	2,7	17,7	35,5	6,05	1,5	3,55	8,5	4,95
8		7,9	1,9···2,0	2,7		68,8	6,55	6,7	2,3	14,8	29,0	5,0	1,4	3,05		4,25
10		8,9	2,2···2,3	3,0		64,8	6,3	6,25	2,1	14,1	27,1	4,5	1,35	2,8	7,5	3,95
15		11,2	2,55···2,65	3,3		55,9	5,9	5,5	1,8	12,5	22,8	3,75	1,2	2,45		3,4
20		13,3	2,85···2,95	3,55		50,5	5,5	4,95	1,65	11,5	20,1	3,5	1,05	2,25		3,0
25		15,1	3,15···3,25	3,7		47,0	5,25	4,6	1,6	11,0	18,2	3,3	1,0	2,05		2,75
30	20	16,7	3,3···3,4	3,8	12	44,6	5,05	4,4	1,55	10,6	17,0	3,1	0,95	1,95		2,6
35		18,2	3,5···3,6	3,9		42,7	4,9	4,25	1,5	10,2	16,1	3,0	0,90	1,85	6,5	2,5
40		19,6	3,6···3,7	4,0		41,4	4,7	4,15	1,45	10,0	15,5	2,9	0,90	1,8		2,4
50		22,2	3,8···3,9	4,1		39,2	4,4	3,95	1,4	9,5	14,6	2,8	0,85	1,7		2,25
60		24,5	3,9···4,0	4,2		37,6	4,2	3,75	1,35	9,1	14,0	2,8	0,80	1,6		2,15
70		26,6	4,1···4,2	4,7		36,3	3,95	3,55	1,35	8,75	13,6	2,8	0,80	1,5		2,1
80		28,5	4,2···4,3	5,0		35,2	3,75	3,4	1,3	8,5	13,2	2,8	0,80	1,45	5,0	2,0
90		30,1	4,4···4,5	5,3		34,3	3,6	3,3	1,3	8,25	12,85	2,8	0,80	1,4		1,9
100		31,5	4,5···4,6	5,5		33,7	3,5	3,25	1,3	8,1	12,6	2,8	0,80	1,35		1,9

Bemerkung:
Wegen der beiderseits relativ geringen Zeitanteile der Fertigungsbereiche MB/ZM wurden diese zusammengelegt.

Dabei beträgt der Anteil MB im Mittel 85%
der Anteil ZM im Mittel 15%

Rührwerkslaternen: s. Tab. 43, S. 80,
Rührwerke: s. Tab. 44, S. 81.

Tabelle 33.   Rührwerksbehälter mit Doppelmantel, ohne Rührwerk. 2 bis 100 m³
Blechdicke 25 mm

Merkmal:
Siehe Text-Erläuterungen S. 15 und Abb. 14, S. 58.

Volumen m³	Mittl. Behälter-Wanddicke mm	Baugewicht t	Behälter ⌀ m	zyl. Mantelhöhe m	DoMa Wanddicke mm	Gesamtfertigung h/t	VA	VB	VS	ZK	SS	MB/ZM	OS	SK	% tol. in der Fertigung +		Brutto Elektroden-bedarf % v. Baugew.
2		4,5	1,2…1,3	1,5		105,1	7,4	10,7	3,35	21,8	48,0	7,75	1,8	4,3	10	6,0
5		7,0	1,6…1,7	2,2		77,6	6,35	7,4	2,4	16,1	35,5	5,3	1,35	3,2	8,5	4,9
8		9,2	1,9…2,0	2,7		64,3	5,85	6,2	1,95	13,5	28,6	4,3	1,2	2,7		4,2
10		10,5	2,2…2,3	3,0		59,4	5,6	5,7	1,85	12,7	26,1	3,8	1,15	2,5		3,9
15		13,4	2,55…2,65	3,3		51,2	5,2	4,95	1,6	11,1	22,0	3,2	1,0	2,15	7,5	3,35
20		16,0	2,85…2,95	3,55		45,9	4,9	4,4	1,45	10,1	19,3	2,9	0,90	1,95		2,95
25	25	18,2	3,15…3,25	3,7	14	42,8	4,7	4,15	1,35	9,7	17,6	2,6	0,85	1,85		2,7
30		20,2	3,3…3,4	3,8		40,4	4,4	3,95	1,3	9,35	16,35	2,5	0,80	1,75		2,55
35		22,0	3,5…3,6	3,9		38,9	4,25	3,85	1,25	9,05	15,6	2,45	0,75	1,7	6,5	2,45
40		23,7	3,6…3,7	4,0		37,5	4,1	3,75	1,2	8,8	14,9	2,4	0,75	1,6		2,35
50		26,8	3,8…3,9	4,1		35,8	3,85	3,55	1,15	8,5	14,1	2,4	0,70	1,55		2,2
60		29,5	3,9…4,0	4,2		34,3	3,6	3,4	1,15	8,15	13,45	2,4	0,70	1,45		2,1
70		32,0	4,1…4,2	4,7		33,2	3,4	3,25	1,15	7,95	13,0	2,4	0,70	1,35		2,05
80		34,0	4,2…4,3	5,0		32,4	3,25	3,15	1,15	7,75	12,7	2,4	0,70	1,3	5	1,95
90		36,0	4,4…4,5	5,3		31,5	3,15	3,0	1,15	7,45	12,4	2,4	0,70	1,25		1,85
100		37,5	4,5…4,6	5,5		31,0	3,1	2,95	1,15	7,4	12,1	2,4	0,70	1,2		1,85

Bemerkung:
Wegen der beiderseits relativ geringen Zeitanteile der Fertigungsbereiche MB/ZM wurden diese zusammengelegt.

Dabei beträgt der Anteil MB im Mittel 85%
der Anteil ZM im Mittel 15%

Rührwerkslaternen: s. Tab. 43, S. 80,
Rührwerke: s. Tab. 44, S. 81.

Tabelle 34. Rührwerksbehälter mit Doppelmantel, ohne Rührwerk. 2 bis 100 m³
Blechdicke 30 mm

Merkmal:
Siehe Text-Erläuterungen S. 15 und Abb. 14, S. 58.

Volumen m³	Mittl. Behälter-Wanddicke mm	≈ Baugewicht t	Behälter ∅ m (Richtwerte)	zyl. Mantelhöhe m (Richtwerte)	Do. Ma. Wanddicke mm	Gesamtfertigung h/t	VA	VB	VS	ZK	SS	MB/ZM	OS	SK	% tol. in der Fertigung + –	Brutto Elektrodenbedarf % v. Baugew.
2		5,2	1,2···1,3	1,5		99,5	6,7	9,6	3,0	19,8	48,0	6,8	1,6	3,9	10	6,0
5		7,9	1,6···1,7	2,2		73,3	5,9	7,0	2,25	14,7	34,5	4,65	1,2	3,1	8,5	4,9
8		10,5	1,9···2,0	2,7		60,7	5,35	5,75	1,85	12,4	28,0	3,65	1,1	2,6		4,2
10		12,2	2,2···2,3	3,0		55,4	5,0	5,25	1,65	11,4	25,5	3,25	1,0	2,35		3,9
15		16,1	2,55···2,65	3,3		46,5	4,5	4,35	1,35	9,7	21,2	2,6	0,85	1,95	7,5	3,35
20		19,2	2,85···2,95	3,55		41,9	4,25	3,9	1,25	8,85	18,7	2,4	0,75	1,8		2,95
25		22,1	3,15···3,25	3,7		38,9	4,0	3,6	1,15	8,4	17,2	2,2	0,70	1,65		2,7
30	30	24,6	3,3···3,4	3,8	17	37,0	3,85	3,45	1,10	8,1	16,15	2,1	0,70	1,55		2,55
35		26,8	3,5···3,6	3,9		35,5	3,7	3,35	1,05	7,85	15,3	2,1	0,65	1,5	6,5	2,45
40		28,8	3,6···3,7	4,0		34,5	3,6	3,3	1,05	7,7	14,7	2,05	0,65	1,45		2,35
50		32,5	3,8···3,9	4,1		32,5	3,3	3,1	1,0	7,35	13,8	2,0	0,60	1,35		2,2
60		35,5	3,9···4,0	4,2		31,5	3,15	3,0	1,0	7,2	13,3	2,0	0,60	1,25		2,1
70		38,3	4,1···4,2	4,7		30,5	2,95	2,9	1,0	6,95	12,9	2,0	0,60	1,2		2,05
80		40,8	4,2···4,3	5,0		29,8	2,85	2,85	1,0	6,85	12,5	2,0	0,60	1,15	5,0	1,95
90		43,0	4,4···4,5	5,3		29,1	2,75	2,75	1,0	6,7	12,2	2,0	0,60	1,1		1,85
100		45,0	4,5···4,6	5,5		28,5	2,7	2,7	1,0	6,55	11,9	2,0	0,60	1,05		1,85

Bemerkung:
Wegen der beiderseits relativ geringen Zeitanteile der Fertigungsbereiche MB/ZM wurden diese zusammengelegt.

Dabei beträgt der Anteil MB im Mittel 85%
der Anteil ZM im Mittel 15%

Rührwerkslaternen: s. Tab. 43, S. 80,
Rührwerke: s. Tab. 44, S. 81.

Tabelle 35. Rührwerksbehälter mit Halbrohrbeheizung, ohne Rührwerk. 2 bis 15 m³
Blechdicke 6 mm

Merkmal:
Siehe Text-Erläuterungen S. 15 und Abb. 15, S. 58.

Volumen m³	Mittl. Behälter-Wanddicke mm	≈ Baugewicht t	Behälter ⌀ m	zyl. Mantelhöhe m	Halbrohr mm	Gesamtfertigung h/t	VA	VB	VS	ZK	SS	MB/ZM	OS	SK	% tol. in der Fertigung + −	Brutto Elektroden-bedarf % v. Baugew.
2		1,65	1,2	1,5	50 ⌀ ×3	223,7	15,3	18,5	12,1	46,0	97,0	21,3	4,9	8,6	16	10
5	6	2,15	1,6	2,2		207,9	12,7	14,9	12,0	43,5	96,4	17,15	4,4	6,85	13	9,9
8		2,6	1,9	2,7		199,0	11,5	13,0	11,95	41,5	96,0	15,0	4,2	5,85		9,8
10		2,9	2,2	3,0		194,6	11,0	12,4	11,9	40,2	95,7	13,75	4,15	5,5	11	9,75
15		3,55	2,55	3,3	60 ⌀ ×4	186,1	9,7	11,0	11,8	38,0	95,0	11,9	3,9	4,8		9,65

Bemerkung:
Wegen der beiderseits relativ geringen Zeitanteile der Fertigungsbereiche MB/ZM wurden diese zusammengelegt.
Dabei beträgt der Anteil MB im Mittel 85%
der Anteil ZM im Mittel 15%
Rührwerkslaternen: s. Tab. 43, S. 80,
Rührwerke: s. Tab. 44, S. 81.

Tabelle 36. Rührwerksbehälter mit Halbrohrbeheizung, ohne Rührwerk. 2 bis 50 m³
Blechdicke 8 mm

Merkmal:
Siehe Text-Erläuterungen S. 15 und Abb. 15, S. 58.

Volumen m³	Mittl. Behälter-Wanddicke mm	≈ Baugewicht t	Behälter ⌀ m	zyl. Mantelhöhe m	Halbrohr mm	Gesamtfertigung h/t	VA	VB	VS	ZK	SS	MB/ZM	OS	SK	% tol. in der Fertigung + −	Brutto Elektroden-bedarf % v. Baugew.
2		1,9	1,2	1,5	50 ⌀ ×3	198,8	13,6	16,7	10,8	41,0	86,5	18,4	4,3	7,5	16	9,8
5		2,5	1,6	2,2		185,2	12,0	13,2	10,7	39,2	85,2	14,8	3,8	6,3	13	9,6
8		3,1	1,9	2,7		176,0	10,5	11,5	10,6	37,6	84,2	12,55	3,55	5,5		9,35
10		3,5	2,2	3,0		171,6	10,0	10,9	10,55	36,7	83,4	11,5	3,45	5,2		9,2
15	8	4,3	2,55	3,3		163,2	9,3	9,5	10,4	34,9	81,7	9,75	3,15	4,5		8,8
20		5,1	2,85	3,55		157,0	8,65	8,6	10,3	33,3	80,2	9,1	2,85	4,0		8,45
25		5,9	3,15	3,7		151,4	8,15	7,9	10,25	32,1	78,6	8,25	2,55	3,6	11	8,1
30		6,6	3,3	3,8		147,2	7,85	7,35	10,2	31,1	77,2	7,75	2,4	3,35		7,75
35		7,3	3,5	3,9		143,7	7,6	6,95	10,15	30,2	76,0	7,35	2,3	3,15		7,45
40		8,0	3,6	4,0		140,7	7,3	6,65	10,15	29,5	74,8	7,1	2,2	3,0		7,15
50		9,2	3,8	4,1	80 ⌀ ×5	136,2	6,8	6,1	10,15	29,0	72,6	6,75	2,0	2,8		6,65

Bemerkung:
Wegen der beiderseits relativ geringen Zeitanteile der Fertigungsbereiche MB/ZM wurden diese zusammengelegt.
Dabei beträgt der Anteil MB im Mittel 85%
der Anteil ZM im Mittel 15%
Rührwerkslaternen: s. Tab. 43, S. 80,
Rührwerke: s. Tab. 44, S. 81.

Tabelle 37. Rührwerksbehälter mit Halbrohrbeheizung, ohne Rührwerk
2 bis 100 m³, Blechdicke 10 mm

Merkmal:
Siehe Text-Erläuterungen S. 15 und Abb. 15, S. 58.

Volumen m³	Mittl. Behälter-Wanddicke mm	≈ Baugewicht t	Behälter Ø m	zyl. Mantelhöhe m	Halbrohr mm	Gesamtfertigung h/t	Mittelwerte der anteiligen Fertigung in h/t in den einzelnen Fertigungsbereichen								% tol. in der Fertigung + −	Brutto Elektrodenbedarf % v. Baugew.
				Richtwerte			VA	VB	VS	ZK	SS	MB/ZM	OS	SK		
2		2,1	1,2	1,5	50 Ø ×3	185,9	12,5	15,7	10,0	37,8	82,0	16,7	3,9	7,3	13	9,5
5		2,9	1,6	2,2		171,8	11,1	12,0	9,9	36,0	80,8	12,75	3,35	5,9	11	9,2
8		3,5	1,9	2,7		163,9	10,1	10,5	9,75	34,4	79,5	11,15	3,15	5,35		8,95
10		4,0	2,2	3,0		159,2	9,75	9,75	9,65	33,5	78,6	10,0	3,05	4,9	9,5	8,75
15		5,1	2,55	3,3		150,4	8,8	8,5	9,5	31,7	76,6	8,4	2,7	4,2		8,4
20		5,9	2,85	3,55		144,7	8,25	7,85	9,4	30,3	74,8	7,8	2,45	3,85		8,05
25		6,9	3,15	3,7		139,4	7,8	7,15	9,3	29,1	73,2	7,1	2,25	3,5		7,7
30	10	7,7	3,3	3,8		135,1	7,4	6,7	9,3	28,1	71,6	6,65	2,1	3,25	8	7,4
35		8,5	3,5	3,9		131,6	7,1	6,3	9,25	27,3	70,2	6,35	2,0	3,1		7,1
40		9,4	3,6	4,0		128,7	6,8	5,95	9,25	26,8	69,0	6,05	1,9	2,95		6,8
50		10,8	3,8	4,1		124,3	6,5	5,5	9,2	25,9	67,0	5,75	1,7	2,75		6,35
60		12,1	3,9	4,2		121,4	6,15	5,2	9,2	25,4	65,6	5,65	1,6	2,6		6,0
70		13,4	4,1	4,7		119,0	5,9	4,9	9,2	25,1	64,4	5,45	1,55	2,5		5,8
80		14,5	4,2	5,0		117,0	5,65	4,65	9,2	24,9	63,9	5,45	1,55	2,4	7	5,6
90		15,6	4,4	5,3		116,3	5,45	4,4	9,15	24,7	63,4	5,45	1,5	2,25		5,4
100		16,5	4,5	5,5	80 Ø ×5	115,4	5,25	4,25	9,15	24,55	63,1	5,45	1,45	2,2		5,4

Bemerkung:
Wegen der beiderseits relativ geringen Zeitanteile der Fertigungsbereiche MB/ZM wurden diese zusammengelegt.

Dabei beträgt der Anteil MB im Mittel 85%
der Anteil ZM im Mittel 15%

Rührwerkslaternen: s. Tab. 43, S. 80,
Rührwerke: s. Tab. 44, S. 81.

Tabelle 38. Rührwerksbehälter mit Halbrohrbeheizung, ohne Rührwerk
2 bis 100 m³, Blechdicke 12 mm

Merkmal:
Siehe Text-Erläuterungen S. 15 und Abb. 15, S. 58.

Volumen m³	Mittl. Behälter-Wanddicke mm	≈ Baugewicht t	Richtwerte		Halbrohr mm	Gesamtfertigung h/t	Mittelwerte der anteiligen Fertigung in h/t in den einzelnen Fertigungsbereichen								% tol. in der Fertigung + −	Brutto Elektrodenbedarf % v. Baugew.
			Behälter ⌀ m	zyl. Mantelhöhe m			VA	VB	VS	ZK	SS	MB/ZM	OS	SK		
2		2,4	1,2	1,5	50 ⌀ ×3	170,2	11,3	14,6	9,2	34,5	76,0	14,6	3,5	6,5	13	9,3
5		3,4	1,6	2,2		155,7	10,0	10,9	9,1	32,2	74,2	10,9	2,95	5,45	11	8,95
8		4,3	1,9	2,7		147,4	9,3	9,3	8,95	30,7	72,6	9,1	2,65	4,8		8,65
10		4,8	2,2	3,0		143,4	8,95	8,75	8,9	30,0	71,4	8,35	2,55	4,5	9,5	8,4
15		5,9	2,55	3,3		135,2	8,3	7,7	8,75	28,2	69,0	7,1	2,3	3,85		8,0
20		7,1	2,85	3,55		129,4	7,85	6,95	8,65	26,9	67,0	6,45	2,1	3,5		7,6
25		8,1	3,15	3,7		124,4	7,4	6,35	8,55	25,8	65,2	6,05	1,9	3,15		7,25
30	12	9,0	3,3	3,8		120,7	7,0	6,0	8,5	25,0	63,8	5,65	1,8	2,95		6,95
35		10,0	3,5	3,9		117,7	6,75	5,6	8,5	24,4	62,5	5,45	1,75	2,75	8	6,7
40		10,9	3,6	4,0		115,3	6,5	5,4	8,45	23,9	61,5	5,25	1,65	2,65		6,5
50		12,5	3,8	4,1		111,6	6,0	5,05	8,45	23,2	60,0	4,95	1,5	2,45		6,15
60		14,0	3,9	4,2		109,3	5,7	4,7	8,45	22,85	59,0	4,85	1,4	2,35		5,8
70		15,2	4,1	4,7		108,0	5,5	4,5	8,45	22,65	58,4	4,8	1,4	2,3		5,55
80		16,5	4,2	5,0		106,5	5,25	4,2	8,4	22,4	57,9	4,8	1,35	2,2	7	5,4
90		17,6	4,4	5,3		105,5	5,05	4,0	8,4	22,2	57,6	4,8	1,35	2,1		5,25
100		18,5	4,5	5,5	80 ⌀ ×5	104,7	4,9	3,9	8,4	22,0	57,3	4,8	1,35	2,05		5,15

Bemerkung:
Wegen der beiderseits relativ geringen Zeitanteile der Fertigungsbereiche MB/ZM wurden diese zusammengelegt.

Dabei beträgt der Anteil MB im Mittel 85%
der Anteil ZM im Mittel 15%

Rührwerkslaternen: s. Tab. 43, S. 80,
Rührwerke: s. Tab. 44, S. 81.

**Tabelle 39. Rührwerksbehälter mit Halbrohrbeheizung, ohne Rührwerk
2 bis 100 m³, Blechdicke 16 mm**

Merkmal:
Siehe Text-Erläuterungen S. 15 und Abb. 15, S. 58.

| Volumen m³ | Mittl. Behälter-Wanddicke mm | ≈ Baugewicht t | Richtwerte | | | Gesamtfertigung h/t | Mittelwerte der anteiligen Fertigung in h/t in den einzelnen Fertigungsbereichen | | | | | | | | % tol. in der Fertigung + − | Brutto Elektroden-bedarf % v. Baugew. |
			Behälter ⌀ m	zyl. Mantelhöhe m	Halbrohr mm		VA	VB	VS	ZK	SS	MB/ZM	OS	SK		
2		2,8	1,2	1,5	50 ⌀ ×3	154,8	10,2	13,5	8,6	31,4	69,5	12,5	3,05	6,05	13	9,1
5		4,1	1,6	2,2		139,7	9,15	10,0	8,45	29,1	66,5	9,0	2,45	5,05	11	8,7
8		5,2	1,9	2,7		130,4	8,6	8,4	8,35	27,0	64,0	7,5	2,2	4,35		8,3
10		5,8	2,2	3,0		126,3	8,3	7,9	8,25	26,2	62,5	6,9	2,15	4,1	9,5	8,05
15		7,4	2,55	3,3		118,4	7,7	6,85	8,15	24,4	60,1	5,7	1,95	3,55		7,5
20		8,7	2,85	3,55		112,9	7,2	6,15	8,0	23,3	58,1	5,25	1,75	·3,15		7,1
25		9,9	3,15	3,7		108,9	6,8	5,65	7,9	22,4	56,7	4,95	1,6	2,9		6,75
30	16	11,0	3,3	3,8		105,7	6,45	5,35	7,8	21,8	55,4	4,7	1,5	2,7		6,55
35		12,1	3,5	3,9		103,2	6,25	5,1	7,75	21,3	54,3	4,5	1,45	2,55	8	6,35
40		13,2	3,6	4,0		101,2	6,1	4,9	7,7	20,9	53,4	4,35	1,4	2,45		6,15
50		15,1	3,8	4,1		98,0	5,65	4,55	7,65	20,4	52,1	4,15	1,25	2,25		5,85
60		16,7	3,9	4,2		96,2	5,3	4,2	7,6	20,0	51,6	4,15	1,2	2,15		5,55
70		18,2	4,1	4,7		95,0	5,0	4,0	7,55	19,8	51,2	4,15	1,2	2,1		5,35
80		19,5	4,2	5,0		94,0	4,7	3,85	7,5	19,6	51,0	4,15	1,15	2,05	7	5,2
90		20,6	4,4	5,3		93,4	4,5	3,7	7,45	19,45	51,0	4,15	1,15	2,0		5,05
100		21,5	4,5	5,5	80 ⌀ ×5	92,8	4,35	3,6	7,4	19,2	51,0	4,15	1,15	1,95		4,9

Bemerkung:
Wegen der beiderseits relativ geringen Zeitanteile der Fertigungsbereiche MB/ZM wurden diese zusammengelegt.

Dabei beträgt der Anteil MB im Mittel 85%
der Anteil ZM im Mittel 15%

Rührwerkslaternen: s. Tab. 43, S. 80,
Rührwerke: s. Tab. 44, S. 81.

Tabelle 40. Rührwerksbehälter mit Halbrohrbeheizung, ohne Rührwerk
2 bis 100 m³, Blechdicke 20 mm

Merkmal:
Siehe Text-Erläuterungen S. 15 und Abb. 15, S. 58.

| Volumen m³ | Mittl. Behälter-Wanddicke mm | ≈ Baugewicht t | Behälter ⌀ m | zyl. Mantelhöhe m | Halbrohr mm | Gesamtfertigung h/t | Mittelwerte der anteiligen Fertigung in h/t in den einzelnen Fertigungsbereichen | | | | | | | | % tol. in der Fertigung + − | Brutto Elektrodenbedarf % v. Baugew. |
							VA	VB	VS	ZK	SS	MB/ZM	OS	SK		
2		3,3	1,2	1,5	50⌀	142,5	9,1	12,3	7,9	28,8	65,5	10,6	2,7	5,6	11	9,0
5		4,9	1,6	2,2	×3	126,3	8,2	8,9	7,8	25,7	61,5	7,55	2,15	4,5	9,5	8,45
8		6,1	1,9	2,7		117,9	7,75	7,7	7,7	23,9	58,5	6,35	2,0	4,0		7,95
10		7,0	2,2	3,0		113,2	7,5	7,0	7,65	22,9	57,0	5,7	1,85	3,6	8,5	7,6
15		8,8	2,55	3,3		105,1	6,9	6,0	7,5	21,3	53,8	4,8	1,65	3,15		7,0
20		10,5	2,85	3,55		99,6	6,5	5,35	7,4	20,2	51,4	4,35	1,5	2,9		6,6
25		12,0	3,15	3,7		95,6	6,2	4,85	7,3	19,4	49,8	4,05	1,35	2,65		6,35
30	20	13,3	3,3	3,8		92,8	5,9	4,6	7,2	18,9	48,6	3,85	1,25	2,5		6,15
35		14,6	3,5	3,9		90,5	5,65	4,4	7,1	18,4	47,7	3,7	1,2	2,35	7,5	6,0
40		15,9	3,6	4,0		88,8	5,45	4,2	7,05	18,1	47,0	3,6	1,15	2,25		5,8
50		18,0	3,8	4,1		86,1	5,1	3,9	6,9	17,6	46,0	3,45	1,05	2,1		5,55
60		20,0	3,0	4,2		84,2	4,75	3,75	6,75	17,3	45,2	3,45	1,0	2,0		5,3
70		21,7	4,1	4,7		83,0	4,45	3,6	6,65	17,15	44,8	3,45	1,0	1,9		5,15
80		23,2	4,2	5,0		82,0	4,2	3,4	6,55	17,0	44,6	3,45	1,0	1,8	6	5,0
90		24,5	4,4	5,3	80⌀	81,5	4,0	3,35	6,5	16,85	44,6	3,45	1,0	1,75		4,85
100		25,5	4,5	5,5	×5	81,1	3,9	3,3	6,45	16,7	44,6	3,45	1,0	1,7		4,7

Bemerkung:
Wegen der beiderseits relativ geringen Zeitanteile der Fertigungsbereiche MB/ZM wurden diese zusammengelegt.

Dabei beträgt der Anteil MB im Mittel 85%
der Anteil ZM im Mittel 15%

Rührwerkslaternen: s. Tab. 43, S. 80,
Rührwerke: s. Tab. 44, S. 81.

Tabelle 41. Rührwerksbehälter mit Halbrohrbeheizung, ohne Rührwerk
2 bis 100 m³, Blechdicke 25 mm

Merkmal:
Siehe Text-Erläuterungen S. 15 und Abb. 15, S. 58.

Volumen m³	Mittl. Behälter-Wanddicke mm	≈ Baugewicht t	Behälter ⌀ m	zyl. Mantelhöhe m	Halbrohr mm	Gesamtfertigung h/t	Mittelwerte der anteiligen Fertigung in h/t in den einzelnen Fertigungsbereichen								% tol. in der Fertigung + −	Brutto Elektrodenbedarf % v. Baugew.
				Richtwerte			VA	VB	VS	ZK	SS	MB/ZM	OS	SK		
2		3,8	1,2	1,5	50⌀	134,0	8,2	11,5	7,4	26,6	63,5	9,2	2,4	5,2	11	8,9
5		5,5	1,6	2,2	×3	117,4	7,5	8,4	7,25	23,5	58,0	6,7	1,95	4,1	9,5	8,1
8		7,3	1,9	2,7		106,3	6,9	6,9	7,15	21,4	53,5	5,3	1,7	3,45		7,45
10		8,4	2,2	3,0		101,1	6,65	6,25	7,1	20,5	51,0	4,8	1,6	3,2		7,1
15		10,6	2,55	3,3		93,5	6,2	5,4	7,0	19,0	47,8	3,95	1,4	2,75	8,5	6,5
20		12,6	2,85	3,55		88,4	5,75	4,8	6,85	17,9	45,7	3,65	1,25	2,5		6,15
25		14,4	3,15	3,7		84,8	5,5	4,45	6,7	17,2	44,1	3,35	1,15	2,35		5,95
30	25	16,0	3,3	3,8		82,2	5,25	4,2	6,6	16,6	43,0	3,25	1,05	2,25		5,75
35		17,5	3,5	3,9		80,2	5,0	4,05	6,5	16,2	42,2	3,1	1,0	2,15	7,5	5,6
40		19,0	3,6	4,0		78,5	4,8	3,85	6,4	15,9	41,5	3,0	1,0	2,05		5,5
50		21,5	3,8	4,1		76,3	4,4	3,65	6,2	15,5	40,7	2,9	0,95	2,0		5,25
60		23,8	3,9	4,2		74,5	4,1	3,4	6,05	15,2	40,1	2,9	0,90	1,85		5,05
70		25,7	4,1	4,7		73,4	3,9	3,3	5,9	15,0	39,8	2,9	0,85	1,75		4,9
80		27,5	4,2	5,0		72,5	3,65	3,15	5,8	14,8	39,7	2,9	0,85	1,65	6	4,8
90		28,8	4,4	5,3	80⌀	72,0	3,55	3,1	5,7	14,6	39,7	2,9	0,85	1,6		4,65
100		30,0	4,5	5,5	×5	71,6	3,45	3,0	5,65	14,5	39,7	2,9	0,85	1,55		4,55

Bemerkung:
Wegen der beiderseits relativ geringen Zeitanteile der Fertigungsbereiche MB/ZM wurden diese zusammengelegt.

Dabei beträgt der Anteil MB im Mittel 85%
der Anteil ZM im Mittel 15%

Rührwerkslaternen: s. Tab. 43, S. 80,
Rührwerke: s. Tab. 44, S. 81.

Tabelle 42. Rührwerksbehälter mit Halbrohrbeheizung, ohne Rührwerk
2 bis 100 m³, Blechdicke 30 mm

Merkmal:

Siehe Text-Erläuterungen S. 15 und Abb. 15, S. 58.

| Volumen m³ | Mittl. Behälter-Wanddicke mm | ≈ Baugewicht t | Richtwerte | | Halbrohr mm | Gesamtfertigung h/t | Mittelwerte der anteiligen Fertigung in h/t in den einzelnen Fertigungsbereichen | | | | | | | | % tol. in der Fertigung + − | Brutto Elektroden-bedarf % v. Baugew. |
			Behälter ⌀ m	zyl. Mantelhöhe m			VA	VB	VS	ZK	SS	MB/ZM	OS	SK		
2		4,3	1,2	1,5	50 ⌀	126,2	7,6	10,5	7,0	24,5	61,5	8,2	2,1	4,8	11	8,8
5		6,5	1,6	2,2		106,8	6,7	7,6	6,9	20,9	53,5	5,7	1,7	3,8	9,5	7,5
8		8,5	1,9	2,7		96,6	6,15	6,25	6,75	19,0	49,0	4,65	1,5	3,3		6,85
10		9,7	2,2	3,0		91,9	5,85	5,65	6,65	18,1	47,0	4,2	1,4	3,05		6,5
15		12,4	2,55	3,3		83,7	5,5	4,85	6,5	16,6	43,0	3,4	1,25	2,6	8,5	6,0
20		14,8	2,85	3,55		79,2	5,15	4,35	6,4	15,7	41,0	3,15	1,1	2,35		5,7
25		17,1	3,15	3,7		75,4	4,9	3,95	6,25	15,0	39,3	2,85	1,0	2,15		5,5
30	30	19,1	3,3	3,8		73,0	4,65	3,75	6,1	14,5	38,3	2,7	0,95	2,05		5,35
35		21,0	3,5	3,9		71,1	4,45	3,6	6,0	14,2	37,4	2,6	0,90	1,95	7,5	5,2
40		22,6	3,6	4,0		69,6	4,25	3,45	5,85	13,9	36,9	2,55	0,85	1,85		5,1
50		25,6	3,8	4,1		67,4	3,85	3,25	5,65	13,6	36,0	2,5	0,80	1,75		4,95
60		28,0	3,9	4,2		66,2	3,6	3,15	5,45	13,35	35,7	2,5	0,80	1,65		4,8
70		30,0	4,1	4,7		65,6	3,45	3,05	5,3	13,3	35,7	2,5	0,75	1,55		4,7
80		32,0	4,2	5,0		65,1	3,3	2,95	5,2	13,2	35,7	2,5	0,75	1,5	6	4,6
90		33,6	4,4	5,3	80 ⌀	64,7	3,2	2,9	5,1	13,1	35,7	2,5	0,75	1,45		4,5
100		35,0	4,5	5,5	×5	64,3	3,1	2,85	5,0	13,0	35,7	2,5	0,75	1,4		4,4

Bemerkung:

Wegen der beiderseits relativ geringen Zeitanteile der Fertigungsbereiche MB/ZM wurden diese zusammengelegt.

Dabei beträgt der Anteil MB im Mittel 85%
            der Anteil ZM im Mittel 15%

Rührwerkslaternen: s. Tab. 43, S. 80,
Rührwerke: s. Tab. 44, Seite 81.

Tabelle 43. Rührwerkslaternen zu den Rührwerksbehältern

Merkmal:
Einfache, leicht konische Grobblech-Schweißkonstruktion mit 2 Flanschen und einem Mittelsitz.
Einmaliger Schutzanstrich.
Siehe Abb. 16, S. 58.

Baugewicht t	≈ zu Rührwerksbehälter m³ (Richtwerte)	% tol im Baugewicht + −	Zustand: R = Rohling F = Mech. Bearbeitung u. Montage	Gesamtfertigung h/t	VA	VB	ZK	SS	MB/ZM	ZM	OS	% tol in der Fertigung + −	Brutto Elektrodenbedarf % v. Baugew.
0,2	2	50	R	115,0	21,5	28,0	18,0	39,0	8,5			10	7,0
			F	80,0					68,0	7,0	5,0		
0,25	5	45	R	106,0	19,5	25,6	17,1	35,7	8,1				6,5
			F	72,0					61,1	6,1	4,8		
0,3	8	42	R	99,0	18,0	23,7	16,3	33,3	7,7				6,1
			F	67,0					57,0	5,6	4,4		
0,325	10	40	R	96,0	17,45	23,1	15,9	32,1	7,45				5,95
			F	65,0					55,2	5,5	4,3		
0,4	15	33	R	87,0	16,0	20,9	14,7	28,5	6,9				5,5
			F	61,0					51,9	5,05	4,05		
0,475	20	28	R	79,5	14,5	19,0	13,8	25,9	6,3				5,15
			F	58,0					49,5	4,7	3,8		
0,55	25	25	R	73,0	13,3	17,5	12,6	23,8	5,8				4,8
			F	56,0					47,9	4,45	3,65		
0,625	30	22	R	67,5	12,25	16,1	11,6	22,15	5,4				4,55
			F	54,0					46,25	4,25	3,5		
0,675	35	21	R	64,5	11,65	15,3	11,1	21,35	5,1				4,4
			F	53,0					45,4	4,15	3,45		
0,75	40	19	R	60,0	10,7	14,1	10,2	20,3	4,7				4,2
			F	52,0					44,7	3,9	3,4		
0,875	50	16	R	54,0	9,4	12,5	9,1	18,8	4,2				3,9
			F	50,5					43,45	3,8	3,25		
1,0	60	14	R	49,0	8,35	11,1	8,1	17,7	3,75				3,7
			F	49,0					42,35	3,6	3,05		
1,125	70	13	R	45,5	7,6	10,15	7,45	16,95	3,35				3,55
			F	47,5					41,2	3,45	2,85		
1,250	80	12	R	42,5	7,05	9,3	6,8	16,3	3,05				3,4
			F	46,5					40,45	3,35	2,7		
1,375	90	11	R	40,5	6,7	8,8	6,4	15,8	2,8				3,3
			F	45,5					39,7	3,2	2,6		
1,5	100	10	R	39,5	6,6	8,5	6,1	15,6	2,7			5	3,25
			F	45,0					39,3	3,2	2,5		

Bemerkung:
Die Fertigungsbereiche MB/ZM wurden — ausgenommen der Aufbau der Laterne — zusammengelegt.
Dabei beträgt für die mechanische Vorbearbeitung bei R der Anteil MB 90%
der Anteil ZM 10%
Für die mechanische Fertigbearbeitung bei F der Anteil MB 80%
der Anteil ZM 20%
Generell gelten die Werte für die mechanische Bearbeitung von zwei Flanschen und einem Mittelsitz. Bei kurzen Laternen ohne Mittelsitz ermäßigen sich die mechanischen Werte um etwa 20%.

Tabelle 44. Rührwerke zu den Rührwerksbehältern

Merkmal:

Sehr individuelle, auf das Medium abgestimmte, Spezialkonstruktion.
Einmaliger Schutzanstrich bzw. Konservierung.
Siehe Abb. 17 und 18, S. 58.

Baugewicht t	Richtwerte ≈ zu Rührwerksbehälter m³	Richtwerte % tol im Baugewicht + −	Gesamtfertigung h/t	Mittelwerte der anteiligen Fertigung in h/t in den einzelnen Fertigungsbereichen										% tol. in der Fertigung + −	Brutto Elektrodenbedarf % v. Baugew.
				VA	VB	VS	ZK	SS	MB	ZM I	ZM II	OS	SK		
0,5	2	50	325	12,0	20,0	8,0	25,0	40,0	70,0	20,0	110,0	10,0	10,0	50	4,0
0,65	5	42	310	11,9	18,9	7,8	22,8	37,8	68,5	18,9	105,0	8,6	9,8		3,85
0,8	8	36	295	11,8	17,7	7,5	20,7	35,5	67,0	17,7	100,0	7,7	9,4	45	3,6
0,9	10	32	285	11,7	17,3	7,3	19,2	34,0	65,5	17,1	96,4	7,4	9,1		3,5
1,1	15	26	265	11,6	16,1	7,0	16,6	31,0	62,2	15,4	90,0	6,4	8,7	40	3,25
1,3	20	22	250	11,5	15,4	6,8	15,0	28,8	59,6	14,2	84,5	5,8	8,4		3,05
1,55	25	18	240	11,4	14,9	6,5	14,1	27,5	58,0	13,3	81,0	5,2	8,1	35	2,9
1,8	30	15	229	11,2	14,3	6,2	13,3	25,7	55,8	12,3	77,5	4,9	7,8		2,75
2,0	35	13	220	11,1	14,0	5,9	12,8	24,0	54,0	11,5	74,5	4,6	7,6		2,6
2,25	40	12	212	11,0	13,7	5,6	12,3	23,1	52,4	10,7	71,5	4,3	7,4	30	2,5
2,7	50	9	202	10,8	13,3	5,2	11,7	21,5	50,5	9,5	68,5	4,0	7,0		2,35
3,15	60	8	192	10,6	12,8	4,8	11,2	20,4	48,2	8,7	65,0	3,6	6,7		2,25
3,6	70	7	186	10,4	12,5	4,5	10,8	19,4	47,0	8,0	63,5	3,4	6,5	28	2,2
4,1	80	6	181	10,2	12,3	4,3	10,4	18,8	46,0	7,5	62,0	3,2	6,3		2,15
4,5	90	5	178	10,1	12,1	4,1	10,2	18,4	45,5	7,2	61,2	3,1	6,1	25	2,1
5,0	100	5	175	10,0	12,0	4,0	10,0	18,0	45,0	7,0	60,0	3,0	6,0		2,1

Bemerkung:

Im Fertigungsbereich ZM gelten die Werte unter II für den Auf- und Einbau des kompletten Rührwerkaggregats einschließlich des Antriebs und eines Probelaufs im Rührwerkbehälter. Der Antriebs- bzw. Getriebemotor ist im Baugewicht nicht enthalten.

Tabelle 45. Wärmeaustauscher. Einfache Ausführung.
10 bis 600 Rohre, ohne Umlenkbleche

Merkmal:
Siehe Text-Erläuterungen S. 15 und Abb. 19.

Stückzahl Rohre	Gesamtfertigung h/Rohr	Mittelwerte der anteiligen Fertigung in h/Rohr in den einzelnen Fertigungsbereichen								% tol. in der Fertigung + −	Brutto Elektrodenbedart % v. Baugew.
		VA	VB	VS	ZK	SS	MB/ZM	OS	SK		
10	5,30	0,45	0,43	0,12	1,50	1,0	0,80	0,25	0,75	6	3,5
20	3,85	0,38	0,36	0,10	1,12	0,75	0,60	0,14	0,40		3,35
30	3,17	0,32	0,295	0,092	0,90	0,66	0,52	0,10	0,283		3,25
40	2,76	0,285	0,26	0,085	0,78	0,58	0,465	0,08	0,225		3,15
50	2,49	0,255	0,24	0,08	0,70	0,53	0,425	0,07	0,19		3,05
60	2,30	0,24	0,22	0,075	0,655	0,49	0,39	0,063	0,167		3,0
70	2,16	0,226	0,21	0,072	0,62	0,46	0,365	0,06	0,147		2,95
80	2,03	0,215	0,20	0,067	0,59	0,431	0,341	0,055	0,131		2,9
90	1,92	0,205	0,192	0,063	0,56	0,405	0,323	0,052	0,12		2,85
100	1,83	0,195	0,185	0,06	0,54	0,385	0,305	0,05	0,11		2,8
125	1,64	0,18	0,17	0,054	0,495	0,335	0,272	0,044	0,09		2,7
150	1,50	0,166	0,157	0,048	0,467	0,30	0,245	0,04	0,077		2,6
200	1,27	0,14	0,137	0,04	0,415	0,24	0,205	0,033	0,06		2,45
250	1,11	0.12	0,12	0,035	0,38	0,20	0,178	0,028	0,049		2,3
300	1,0	0,105	0,108	0,032	0,355	0,175	0,158	0,025	0,042		2,15
400	0,83	0,083	0,092	0,025	0,316	0,137	0,125	0,02	0,032		1,9
500	0,73	0,069	0,081	0,022	0,295	0,115	0,105	0,017	0,026		1,7
600	0,66	0,06	0,073	0,02	0,28	0,10	0,09	0,015	0,022	4	1,5

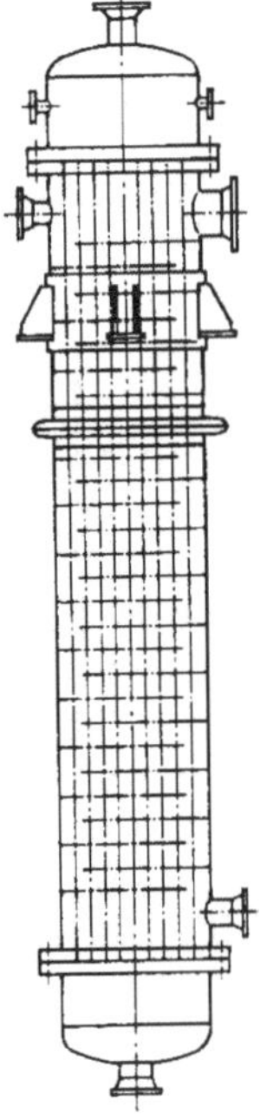

Bemerkung:

Die Fertigungsbereiche MB/ZM sind wegen des relativ geringen Zeitanteils des Fertigungsbereiches ZM, im Mittel $\approx 10\%$, zusammengelegt.

Fertigungsfaktoren bei Änderung von Rohrbündellänge und Rohrdurchmesser: s. Tab. 53, S. 90.

Abb. 19. Wärmeaustauscher
(s. Tab. 45 bis 48, S. 82 bis 85).

Tabelle 46. Wärmeaustauscher, Normalausführung.
10 bis 2000 Rohre, < 10 St. Umlenkbleche

Merkmal:

Siehe Text-Erläuterungen S. 15 und Abb. 19, S. 82.

Stückzahl Rohre	Gesamtfertigung h/Rohr	Mittelwerte der anteiligen Fertigung in h/Rohr in den einzelnen Fertigungsbereichen								% tol. in der Fertigung +	Brutto Elektrodenbedraf % v. Baugew.
		VA	VB	VS	ZK	SS	MB/ZM	OS	SK		
10	6,90	0,60	0,60	0,35	2,0	1,20	1,15	0,25	0,75	8	3,55
20	5,17	0,50	0,50	0,255	1,45	0,925	1,0	0,14	0,40		3,4
30	4,34	0,43	0,43	0,227	1,20	0,77	0,90	0,10	0,283		3,3
40	3,78	0,37	0,37	0,21	1,04	0,67	0,814	0,081	0,225		3,2
50	3,39	0,32	0,34	0,19	0,92	0,61	0,75	0,07	0,19		3,1
60	3,13	0,29	0,32	0,175	0,85	0,565	0,70	0,063	0,167		3,05
70	2,92	0,27	0,303	0,161	0,79	0,53	0,66	0,059	0,147		3,0
80	2,73	0,25	0,287	0,15	0,74	0,493	0,624	0,055	0,131		2,95
90	2,59	0,236	0,27	0,14	0,71	0,467	0,595	0,052	0,12		2,9
100	2,46	0,225	0,26	0,13	0,68	0,44	0,565	0,05	0,11		2,85
125	2,20	0,204	0,24	0,112	0,62	0,38	0,51	0,044	0,09		2,75
150	2,01	0,186	0,217	0,10	0,57	0,345	0,475	0,04	0,077		2,65
200	1,71	0,16	0,185	0,082	0,50	0,28	0,41	0,033	0,06		2,5
250	1,50	0,137	0,165	0,071	0,455	0,235	0,36	0,028	0,049		2,35
300	1,35	0,119	0,148	0,063	0,42	0,208	0,325	0,025	0,042		2,2
400	1,13	0,095	0,123	0,053	0,37	0,165	0,272	0,02	0,032		1,95
500	0,99	0,08	0,105	0,047	0,34	0,138	0,237	0,017	0,026		1,75
600	0,90	0,07	0,094	0,043	0,32	0,12	0,216	0,015	0,022		1,55
700	0,82	0,062	0,083	0,04	0,302	0,105	0,195	0,014	0,019		1,4
800	0,77	0,057	0,075	0,037	0,295	0,096	0,18	0,013	0,017		1,25
1000	0,69	0,05	0,064	0,033	0,275	0,083	0,16	0,011	0,014		1,05
1200	0,64	0,046	0,057	0,03	0,265	0,075	0,145	0,01	0,012		0,9
1500	0,59	0,044	0,052	0,028	0,245	0,067	0,135	0,009	0,01		0,75
2000	0,52	0,04	0,047	0,025	0,20	0,062	0,13	0,008	0,008	5	0,7

Bemerkung:

Die Fertigungsbereiche MB/ZM sind wegen des relativ geringen Zeitanteils des Fertigungsbereiches ZM, im Mittel $\approx$ 10%, zusammengelegt.

Fertigungsfaktoren bei Änderung von Rohrbündellänge und Rohrdurchmesser: s. Tab. 53, S. 90.

6*

Tabelle 47. Wärmeaustauscher, Normalausführung.
10 bis 2000 Rohre, <50 St. Umlenkbleche

Merkmal:
Siehe Text-Erläuterungen S. 15 und Abb. 19, S. 82.

Stückzahl Rohre	Gesamtfertigung h/Rohr	Mittelwerte der anteiligen Fertigung in h/Rohr in den einzelnen Fertigungsbereichen								% tol. in der Fertigung + −	Brutto Elektrodenbedarf % v. Baugew.
		VA	VB	VS	ZK	SS	MB/ZM	OS	SK		
20	6,80	0,605	0,85	0,255	2,25	1,10	1,20	0,14	0,40	8	3,5
30	5,60	0,51	0,76	0,227	1,75	0,90	1,07	0,10	0,283		3,4
40	4,87	0,445	0,70	0,21	1,46	0,78	0,97	0,08	0,225		3,3
50	4,33	0,385	0,63	0,19	1,27	0,695	0,90	0,07	0,19		3,2
60	3,93	0,34	0,56	0,175	1,15	0,635	0,84	0,063	0,167		3,15
70	3,62	0,31	0,51	0,161	1,05	0,592	0,79	0,06	0,147		3,10
80	3,37	0,285	0,47	0,15	0,975	0,554	0,75	0,055	0,131		3,05
90	3,16	0,265	0,43	0,14	0,915	0,523	0,715	0,052	0,12		3,0
100	2,99	0,25	0,405	0,13	0,87	0,49	0,685	0,05	0,11		2,95
125	2,67	0,224	0,355	0,112	0,78	0,435	0,63	0,044	0,09		2,85
150	2,41	0,204	0,314	0,10	0,71	0,39	0,575	0,04	0,077		2,75
200	2,07	0,173	0,26	0,082	0,63	0,322	0,51	0,033	0,06		2,6
250	1,83	0,15	0,225	0,071	0,58	0,272	0,455	0,028	0,049		2,45
300	1,65	0,13	0,20	0,063	0,53	0,245	0,415	0,025	0,042		2,3
400	1,39	0,105	0,165	0,053	0,47	0,190	0,355	0,02	0,032		2,05
500	1,23	0,09	0,144	0,047	0,43	0,161	0,315	0,017	0,026		1,85
600	1,11	0,08	0,125	0,043	0,40	0,14	0,285	0,015	0,022		1,5
700	1,02	0,071	0,11	0,04	0,376	0,125	0,265	0,014	0,019		1,35
800	0,95	0,064	0,10	0,037	0,36	0,113	0,246	0,013	0,017		1,5
1000	0,86	0,057	0,086	0,033	0,336	0,098	0,225	0,011	0,014		1,0
1200	0,79	0,052	0,075	0,03	0,314	0,088	0,209	0,010	0,012		0,85
1500	0,72	0,05	0,07	0,028	0,285	0,079	0,189	0,009	0,010		0,80
2000	0,63	0,046	0,06	0,025	0,235	0,07	0,178	0,008	0,008	5	

Bemerkung:
Die Fertigungsbereiche MB/ZM sind wegen des relativ geringen Zeitanteils des Fertigungsbereiches ZM, im Mittel $\approx 10\%$, zusammengelegt.
Fertigungsfaktoren bei Änderung von Rohrbündellänge und Rohrdurchmesser: s. Tab. 53, S. 90.

Tabelle 48. Wärmeaustauscher, Normalausführung.
10 bis 2000 Rohre, >50 St. Umlenkbleche

Merkmal:
Siehe Text-Erläuterungen S. 15 und Abb. 19, S. 82.

Stückzahl Rohre	Gesamtfertigung h/Rohr	Mittelwerte der anteiligen Fertigung in h/Rohr in den einzelnen Fertigungsbereichen								%.tol. in der Fertigung +/−	Brutto Elektrodenbedarf % v. Baugew.
		VA	VB	VS	ZK	SS	MB/ZM	OS	SK		
50	5,15	0,45	0,84	0,19	1,6	0,75	1,06	0,07	0,19	8	3,3
60	4,65	0,39	0,755	0,175	1,42	0,695	0,985	0,063	0,167		3,25
70	4,25	0,35	0,677	0,161	1,28	0,645	0,93	0,06	0,147		3,2
80	3,94	0,32	0,614	0,15	1,18	0,61	0,88	0,055	0,131		3,15
90	3,67	0,295	0,56	0,14	1,09	0,57	0,843	0,052	0,12		3,1
100	3,42	0,275	0,52	0,13	1,035	0,54	0,805	0,05	0,11		3,05
125	3,05	0,238	0,436	0,112	0,91	0,475	0,745	0,044	0,09		2,95
150	2,76	0,218	0,38	0,10	0,83	0,425	0,69	0,04	0,077		2,85
200	2,38	0,185	0,315	0,082	0,735	0,35	0,62	0,033	0,06		2,7
250	2,12	0,16	0,27	0,071	0,68	0,302	0,56	0,028	0,049		2,55
300	1,91	0,139	0,238	0,063	0,62	0,268	0,515	0,025	0,042		2,4
400	1,63	0,112	0,198	0,053	0,55	0,215	0,45	0,02	0,032		2,15
500	1,44	0,093	0,167	0,047	0,505	0,18	0,405	0,017	0,026		1,95
600	1,30	0,082	0,147	0,043	0,47	0,153	0,368	0,015	0,022		1,75
700	1,20	0,075	0,132	0,04	0,44	0,137	0,343	0,014	0,019		1,6
800	1,12	0,069	0,118	0,037	0,415	0,126	0,325	0,013	0,017		1,45
1000	1,01	0,06	0,10	0,033	0,385	0,107	0,30	0,011	0,014		1,25
1200	0,93	0,056	0,09	0,03	0,357	0,095	0,28	0,010	0,012		1,1
1500	0,85	0,054	0,082	0,028	0,321	0,086	0,26	0,009	0,01		0,95
2000	0,74	0,05	0,071	0,025	0,263	0,075	0,24	0,008	0,008	5	0,90

Bemerkung:
Die Fertigungsbereiche MB/ZM sind wegen des relativ geringen Zeitanteils des Fertigungsbereiches ZM, im Mittel $\approx 10\%$, zusammengelegt.
Fertigungsfaktoren bei Änderung von Rohrbündellänge und Rohrdurchmesser: s. Tab. 53, S. 90.

Tabelle 49.   Wärmeaustauscher, mit U-Rohrbündeln.
20 bis 1000 Rohre, $<$ 25 St. Umlenkbleche

Merkmal:
Siehe Text-Erläuterungen S. 16 und Abb. 20.

Stückzahl Haarnadel-Rohre	Gesamtfertigung h/Rohr	Mittelwerte der anteiligen Fertigung in h/Rohr in den einzelnen Fertigungsbereichen								% tol. in der Fertigung + −	Brutto Elektrodenbedarf % v. Baugew.
		VA	VB	VS	ZK	SS	MB/ZM	OS	SK		
20	8,30	0,62	0,67	0,20	2,75	1,75	1,75	0,16	0,40	10	3,75
30	6,95	0,51	0,605	0,177	2,20	1,55	1,50	0,125	0,283		3,6
40	6,16	0,44	0,53	0,155	1,95	1,4	1,35	0,11	0,225		3,5
50	5,58	0,38	0,47	0,14	1,80	1,25	1,25	0,10	0,19		3,4
60	5,15	0,34	0,425	0,13	1,70	1,13	1,17	0,088	0,167		3,3
70	4,82	0,31	0,39	0,121	1,63	1,03	1,11	0,082	0,147		3,25
80	4,56	0,285	0,365	0,114	1,58	0,95	1,06	0,075	0,131		3,2
90	4,33	0,265	0,345	0,107	1,53	0,874	1,02	0,069	0,12		3,15
100	4,14	0,25	0,325	0.102	1,50	0,803	0,985	0,065	0,11		3,1
125	3,65	0,224	0,283	0,091	1,30	0,696	0,91	0,056	0,09		2,95
150	3,37	0.204	0,257	0,082	1,22	0,625	0,855	0,05	0,077		2,85
200	2,92	0,173	0.22	0,067	1,08	0,505	0,775	0,04	0,06		2,65
250	2,63	0.15	0.192	0.058	0,99	0,437	0,72	0,034	0,049		2,5
300	2,42	0,13	0.175	0.052	0,93	0,386	0,675	0,03	0,042		2.35
400	2,13	0.105	0,145	0,044	0,835	0,328	0,615	0,026	0,032		2,1
500	1,92	0.088	0,125	0,039	0,775	0,285	0.56	0,022	0.026		1,85
600	1,77	0.078	0,108	0,035	0,737	0,255	0,515	0,02	0,022		1,65
700	1.66	0.071	0,097	0,032	0.715	0,233	0,475	0,018	0,019		1,5
800	1.57	0.064	0,088	0,029	0.695	0,215	0,445	0,017	0,017		1,35
1000	1.43	0.057	0,074	0,025	0.65	0.195	0,40	0,015	0.014	6	1,1

Bemerkung:
Die Fertigungsbereiche MB/ZM sind wegen des relativ geringen Zeitanteils des Fertigungsbereiches ZM, im Mittel $\approx$ 10%, zusammengelegt.
Fertigungsfaktoren bei Änderung von Rohrbündellänge und Rohrdurchmesser: s. Tab. 53, S. 90.

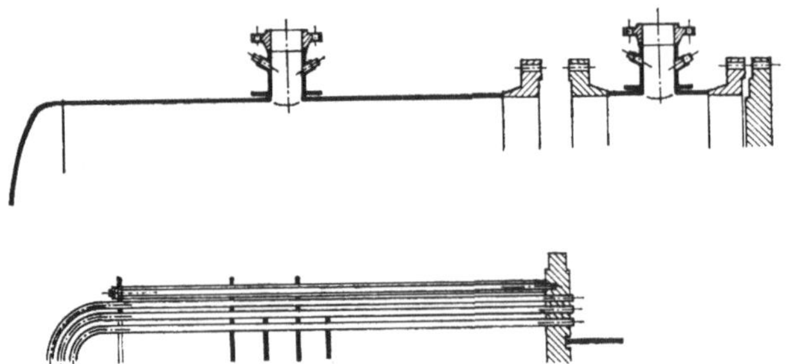

Abb. 20. Wärmeaustauscher mit U-Rohrbündel.

Tabelle 50. Wärmeaustauscher, Schwimmkopfapparate.
30 bis 1000 Rohre, <10 St. Umlenkbleche

Merkmal:

Siehe Text-Erläuterungen S. 16 und Abb. 21.

Stückzahl Rohre	Gesamtfertigung h/Rohr	Mittelwerte der anteiligen Fertigung in h/Rohr in den einzelnen Fertigungsbereichen								% tol. in der Fertigung + | −	Brutto Elektrodenbedarf % v. Baugew.
		VA	VB	VS	ZK	SS	MB/ZM	OS	SK		
30	6,35	0,62	0,77	0,227	2,0	1,0	1,35	0,10	0,283	10	3,2
40	5,50	0,56	0,705	0,21	1,62	0,9	1,20	0,08	0,225		3,1
50	4,92	0,505	0,635	0,19	1,4	0,83	1,10	0,07	0,19		3,0
60	4,47	0,453	0,562	0,175	1,25	0,77	1,03	0,063	0,167		2,95
70	4,11	0,403	0,512	0,161	1,14	0,715	0,972	0,06	0,147		2,9
80	3,82	0,362	0,47	0,15	1,06	0,667	0,925	0,055	0,131		2,85
90	3,58	0,325	0,43	0,14	1,0	0,623	0,89	0,052	0,12		2,8
100	3,39	0,30	0,405	0,13	0,95	0,59	0,855	0,05	0,11		2,75
125	3,01	0,26	0,356	0,112	0,82	0,528	0,80	0,044	0,09		2,65
150	2,74	0,23	0,315	0,10	0,75	0,473	0,755	0,04	0,077		2,55
200	2,36	0,19	0,26	0,082	0,65	0,395	0,69	0,033	0,06		2,4
250	2,10	0,165	0,225	0,071	0,58	0,342	0,64	0,028	0,049		2,25
300	1,91	0,142	0,20	0,063	0,55	0,30	0,588	0,025	0,042		2,1
400	1,63	0,114	0,165	0,053	0,475	0,246	0,525	0,02	0,032		1,85
500	1,44	0,097	0,143	0,047	0,43	0,21	0,47	0,017	0,026		1,65
600	1,30	0,085	0,125	0,043	0,40	0,185	0,425	0,015	0,022		1,45
700	1,19	0,077	0,11	0,04	0,375	0,165	0,39	0,014	0,019		1,3
800	1,11	0,07	0,10	0,037	0,361	0,152	0,36	0,013	0,017		1,15
1000	0,98	0.061	0,086	0,033	0,32	0,135	0.32	0.011	0,014	6	0,95

Bemerkung:

Die Fertigungsbereiche **MB/ZM** sind wegen des relativ geringen Zeitanteils des Fertigungsbereiches ZM, im Mittel ≈ 10%. zusammengelegt.
Fertigungsfaktoren bei Änderung von Rohrbündellänge und Rohrdurchmesser: s. Tab. 53, S. 90.

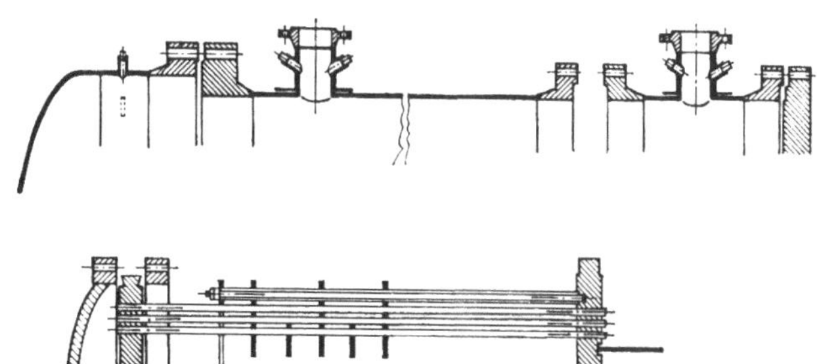

Abb. 21. Wärmeaustauscher —
Schwimmkopfapparate
(s. Tab. 50 bis 52, S. 87 bis 89).

Tabelle 51. Wärmeaustauscher, Schwimmkopfapparate.
30 bis 1000 Rohre, $<$ 50 St. Umlenkbleche

Merkmal:
Siehe Text-Erläuterungen S. 16 und Abb. 21, S. 87.

Stückzahl Rohre	Gesamtfertigung h/Rohr	Mittelwerte der anteiligen Fertigung in h/Rohr in den einzelnen Fertigungsbereichen								% tol. in der Fertigung ±	Brutto Elektrodenbedarf % v. Baugew.
		VA	VB	VS	ZK	SS	MB/ZM	OS	SK		
30	7,80	0,775	0,915	0,227	2,8	1,20	1,5	0,10	0,283	10	3,25
40	6,80	0,705	0,82	0,21	2,3	1,1	1,36	0,08	0,225		3,15
50	6,08	0,64	0,74	0,19	2,0	1,0	1,25	0,07	0,19		3,05
60	5,54	0,59	0,68	0,175	1,8	0,90	1,165	0,063	0,167		3,0
70	5,12	0,54	0,62	0,161	1,66	0,822	1,11	0,06	0,147		2,95
80	4,76	0,49	0,56	0,15	1,55	0,764	1,06	0,055	0,131		2,9
90	4,47	0,446	0,512	0,14	1,47	0,71	1,02	0,052	0,12		2,85
100	4,23	0,41	0,475	0,13	1,4	0,67	0,985	0,05	0,11		2,8
125	3,68	0,334	0,41	0,112	1,2	0,58	0,91	0,044	0,09		2,7
150	3,30	0,285	0,358	0,10	1,07	0,52	0,85	0,04	0,077		2,6
200	2,75	0,225	0,295	0,082	0,85	0,43	0,775	0,033	0,06		2,45
250	2,42	0,19	0,255	0,071	0,737	0,37	0,72	0,028	0,049		2,3
300	2,19	0,165	0,225	0,063	0,665	0,328	0,677	0,025	0,042		2,15
400	1,88	0,132	0,185	0,053	0,573	0,27	0,615	0,02	0,032		1,9
500	1,67	0,111	0,16	0,047	0,517	0,232	0,56	0,017	0,026		1,7
600	1,52	0,097	0,14	0,043	0,483	0,205	0,515	0,015	0,022		1,5
700	1,41	0,088	0,125	0,04	0,46	0,187	0,477	0,014	0,019		1,35
800	1,32	0,081	0,113	0,037	0,44	0,174	0,445	0,013	0,017		1,2
1000	1,18	0,072	0,095	0,033	0,40	0,155	0,40	0,011	0,014	6	1,0

Bemerkung:
Die Fertigungsbereiche MB/ZM sind wegen des relativ geringen Zeitanteils des Fertigungsbereiches ZM, im Mittel $\approx$ 10%, zusammengelegt.
Fertigungsfaktoren bei Änderung von Rohrbündellänge und Rohrdurchmesser: s. Tab. 53, S. 90.

Tabelle 52. Wärmeaustauscher, Schwimmkopfapparate.
30 bis 1000 Rohre, > 50 St. Umlenkbleche

Merkmal:

Siehe Text-Erläuterungen S. 16 und Abb. 21, S. 87.

Stückzahl Rohre	Gesamtfertigung h/Rohr	Mittelwerte der anteiligen Fertigung in h/Rohr in den einzelnen Fertigungsbereichen								% tol. in der Fertigung + −	Brutto Elektrodenbedarf % v. Baugew.
		VA	VB	VS	ZK	SS	MB/ZM	OS	SK		
30	9,50	0,92	1,07	0,227	3,75	1,3	1,85	0,10	0,283	10	3,3
40	8,20	0,825	0,96	0,21	3,0	1,2	1,7	0,08	0,225		3,2
50	7,35	0,77	0,88	0,19	2,6	1,1	1,55	0,07	0,19		3,1
60	6,80	0,715	0,81	0,175	2,43	1,0	1,44	0,063	0,167		3,05
70	6,19	0,66	0,745	0,161	2,147	0,91	1,36	0,06	0,147		3,0
80	5,74	0,598	0,662	0,15	2,01	0,844	1,29	0,055	0,131		2,95
90	5,38	0,545	0,60	0,14	1,89	0,783	1,25	0,052	0,12		2,9
100	5,08	0,50	0,55	0,13	1,8	0,74	1,2	0,05	0,11		2,85
125	4,37	0,403	0,466	0,112	1,52	0,635	1,1	0,044	0,09		2,75
150	3,90	0,335	0,405	0,10	1,35	0,56	1,033	0,04	0,077		2,65
200	3,25	0,26	0,335	0,082	1,085	0,465	0,93	0,033	0,06		2,5
250	2,83	0,216	0,286	0,071	0,92	0,40	0,86	0,028	0,049		2,35
300	2,55	0,186	0,252	0,063	0,817	0,355	0,81	0,025	0,042		2,2
400	2,15	0,147	0,205	0,053	0,665	0,288	0,74	0,02	0,032		1,95
500	1,90	0,123	0,175	0,047	0,585	0,247	0,68	0,017	0,026		1,75
600	1,74	0,108	0,155	0,043	0,542	0,22	0,635	0,015	0,022		1,55
700	1,62	0,098	0,138	0,04	0,515	0,201	0,595	0,014	0,019		1,4
800	1,52	0,090	0,123	0,037	0,495	0,185	0,56	0,013	0,017		1,25
1000	1,36	0,080	0,106	0,033	0,45	0,166	0,5	0,011	0,014	6	1,05

Bemerkung:

Die Fertigungsbereiche MB/ZM sind wegen des relativ geringen Zeitanteils des Fertigungsbereiches ZM, im Mittel $\approx$ 10%, zusammengelegt.

Fertigungsfaktoren bei Änderung von Rohrbündellänge und Rohrdurchmesser: s. Tab. 53, S. 90.

Tabelle 53. Wärmeaustauscher

Betrifft: Maßänderung Rohre
Fertigungsfaktoren zu den Tab. 45 bis 52, S. 82 bis 89, bei Änderung von Rohr-
längen und Rohrdurchmessern.

Rohr-durch-messer mm	Rohrbündellänge in mm Fertigungsfaktor						
	2000	3000	4000	5000	6000	7000	8000
18	0,73	0,77	0,81	0,85	0,90	0,95	1,0
20	0,77	0,81	0,85	0,90	0,95	1,0	1,05
22···30	0,85	0,90	0,95	—	1,05	1,10	1,15
<40	1,04	1,10	1,16	1,22	1,28	1,34	1,40
<50	1,19	1,26	1,33	1,40	1,47	1,54	1,62

Betrifft: Schweißverbindung Rohre
Bei Anwendung der Schweißverbindung — Rohre anwalzen, **schweißen**, gegebenenfalls nachwalzen — ändern sich die Fertigungszeiten und Kosten nur unwesentlich.
Es sind lediglich für die Fertigung eine leichte Verschiebung aus dem Fertigungsbereich ZK in den Fertigungsbereich SS sowie der zusätzliche Elektrodenbedarf zu
berücksichtigen.

Richtwerte für das Schweißen und den Elektrodenbedarf für je 100 Stück Rohre.

Rohrdurchmesser mm	Schweißverbindung h/100 Rohre	Elektrodenbedarf kg/100 Rohre
<20	6,0	≈2,5
<30	6,25—7.25	≈3,5
<40	8.25	≈4.5
<50	9.75	≈5.5

Tabelle 54. Wärmeaustauscher mit U-Rohrbündeln.
20 bis 100 Rohre — Kurzbauweise, Sonderkonstruktion

Merkmal:

In Rohrboden eingewalztes U-Rohr- oder Haarnadel-Rohrbündel, Rohrdurchmesser 22 $\varnothing \cdot 2$ — Rohrbündel mit Umlenkblechen einseitig ausziehbar, kopfseitige Vor- oder Umlenkkammer, diverse Stutzen, 2 feste Kesselstühle.
Einmaliger äußerer Schutzanstrich.
Siehe Abb. 22.

Stückzahl Haarnadelrohre	Heiz- bzw. Kühlfläche m²	Richtwerte Baugewicht t	Richtwerte Baulänge mm	Gesamtfertigung h/Rohr	Mittelwerte der anteiligen Fertigung in h/Rohr in den einzelnen Fertigungsbereichen						% tol. in der Fertigung + −	Brutto Elektrodenbedarf % v. Baugew.
					VA	VB/VS	ZK	SS	MB/ZM	OS		
20	3	0,15	1500	4,25	0,40	0,45	1,75	0,70	0,85	0,10		6,6
25	4	0,225	1000	3,65	0,35	0,39	1,43	0,65	0,75	0,08		5,8
30	6	0,3		3,20	0,32	0,34	1,22	0,60	0,65	0,07		5,2
35	8	0,4		2,90	0,29	0,31	1,11	0,55	0,58	0,06		4,4
40	10	0,475		2,65	0,27	0,29	0,99	0,52	0,52	0,06		3,5
45	12	0,55		2,45	0,25	0,27	0,90	0,50	0,48	0,05	5	3,2
50	14	0,6		2,30	0,24	0,26	0,86	0,46	0,43	0,05		3,0
60	16	0,725		2,10	0,22	0,24	0,81	0,41	0,37	0,05		2,9
70	20	0,8		1,90	0,20	0,22	0,75	0,37	0,32	0,04		2,8
80	25	0,9	3000	1,75	0,19	0,21	0,69	0,34	0,28	0,04		2,7
100	30	1,0	2250	1,60	0,17	0,20	0,65	0,32	0,22	0,04		2,6

Bemerkung:

Aufwendungen im Fertigungsbereich VS fallen in der Regel hier nur von Fall zu Fall an. Gegebenenfalls sind bei der Gesamtvorgabe hierfür bis zu etwa 10 h vorzusehen.
Die Fertigungsbereiche MB/ZM sind wegen des relativ geringen Zeitanteils des Fertigungsbereiches ZM, im Mittel $\approx 10\%$, zusammengelegt.
Bei den Richtwerten „Baulänge" entsprechen die jeweils kleineren Maße etwa der Bündellänge.

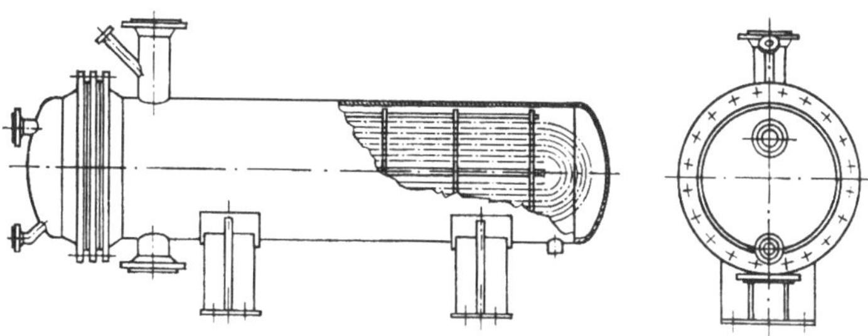

Abb. 22.
Wärmeaustauscher
< 30 m².

2. Behälter für die Lagerung und Speicherung von festen, flüssigen und gasförmigen Medien

Die wirtschaftliche Lagerung und Speicherung von festen, flüssigen und gasförmigen Medien wird, abgesehen von relativ kleinvolumigen Behältern, die nicht im Freien stehen oder lagern und deren Größe und Bauform sich meist schon aus dem zur Verfügung stehenden Aufstellungs- oder Lagerraum ergibt, weitgehend und in bestimmter Rangfolge immer von mehreren Faktoren bestimmt.

In erster Linie entscheidend ist dabei das Medium selbst. Staub oder Granulate, Trink- oder Brauchwasser kann man in der Regel einfacher und gefahrloser lagern oder speichern, als gasförmige oder flüssige Brenn- und Treibstoffe.

Form, Konsistenz und Wichte des Mediums sowie seine Mengen- und Größenordnung in bezug auf Lagerung und Durchsatz bestimmen in etwa schon weitgehend die Art, Größe und Form der in Aussicht genommenen Lager- oder Speicherbehälter.

Sehr wichtig und von Einfluß auf die bauliche Konzeption sind auch die geographische Lage und der Standort der vorgesehenen Anlage.

Daneben können atmosphärische Bedingungen wie Wärme, Kälte oder Luftfeuchtigkeit, aber auch chemische Einflüsse, wie etwa giftige Dämpfe und Abgase bestimmter Industrien, kostenverursachende Fakten schaffen, die bei der Wahl und Entscheidung zum einen oder anderen Behältertyp bei Außenanlagen ausschlaggebend sind. Schwierige atmosphärische Bedingungen schaffen neben dem augenblicklich höheren Aufwand bei der Erstellung von Körpern mit relativ großen Oberflächen einen nicht unerheblichen, sich immer steigernden Instandhaltungsaufwand über Jahre.

Neben der Berücksichtigung eventuell notwendiger Isolierungen als Schutz gegen Ein- oder Abstrahlungen, können sich hier auch mehrschichtige Spezialanstriche als Schutz gegen korrodierende Einflüsse als notwendig erweisen und damit kostenträchtig wirken.

Diese Überlegungen lassen den Schluß zu, möglichst Behälter mit der günstigsten Form, d. h. der kleinsten Oberfläche, einzusetzen.

Alle Vorteile technischer und damit letztlich auch kommerzieller Vergleiche liegen hier eindeutig beim Kugelbehälter. Bei dieser Körperform entsprechen größtmögliche Volumen geringsten Oberflächen. Die Oberfläche einer Kugel beträgt nur etwa 87 % der Oberfläche eines zylindrischen Behälters mit gleichem geometrischem Volumen, wenn Zylinderdurchmesser gleich Zylinderhöhe oder Länge ist. Dieses Verhältnis wird, immer gleiches geometrisches Volumen vorausgesetzt, um so günstiger für den Kugelbehälter und damit um so ungünstiger für den zylindrischen Behälter, je negativer das Verhältnis Zylinderdurchmesser zur Zylinderhöhe oder -länge ist. Beträgt z. B. das Verhältnis 1:5, d. h. hat der zylindrische Behälter einen Durchmesser von 5 m bei 25 m Länge, dann beträgt die Oberfläche des Kugelbehälters mit gleichem geometrischem Volumen nur noch etwa 70 % der Oberfläche des zylindrischen Behälters.

Die weitaus kleinere Kugeloberfläche bewirkt damit einen im gleichen Verhältnis geringeren Werkstoffaufwand. Ebenfalls werkstoffeinsparend wirkt sich das günstigere Tragvermögen der zweiachsig gekrümmten Kugelwand gegenüber der einfach gekrümmten Zylinderwand aus. Es wird also nicht nur an Oberfläche gespart, sondern auch in noch stärkerem Maße an Blechdicke und damit weiterem Gewicht.

Einen weiteren Vorteil der Kugelform gegenüber der Zylindrischen ist der geringere Instandhaltungsaufwand auf Grund der kleineren Oberfläche.

Der wesentlich geringere Platzbedarf des Kugelbehälters gegenüber dem gleich großen liegenden zylindrischen Behälter, er beträgt im Mittel etwa 65 %, wirkt sich besonders günstig bei wertvollen Grundstücken aus. Außerdem kann man Kugelbehälter auf wenig Platz beanspruchenden Stützgerüsten, im Gegensatz zum zylindrischen Behälter auf Kesselstühlen, in jeder Richtung unterfahren oder den Standortplatz weitgehend noch anderweitig nutzen.

Für Kugelbehälter gibt es zwei besonders markante Arten der Abstützung.

Beim reinen Gasbehälter, bei dem im wesentlichen nur das Eigengewicht der Kugel und ihr Zubehör zu tragen sind, überwiegt die Diagonal- oder Schrägabstützung.

Kugelbehälter, die Flüssigkeiten oder zu Flüssigkeiten komprimierte Gase speichern, werden in der Regel, da hier zum Eigengewicht der Kugel zusätzlich noch das höhere Gewicht des Behälterinhalts kommt, vertikal abgestützt.

Daneben gibt es in Sonderfällen Pratzen-, Ring- oder Schalenauflagen.

Gasbehälter sind meist mit einer fahrbaren Außenleiter ausgerüstet, wogegen bei Flüssigkeitsbehältern feste spiralförmige Treppen oder einfache Leitern überwiegen.

Trotz der Möglichkeit weiterer Varianten, Abweichungen also von den hier besprochenen beiden Standardtypen mit ihren ausgesprochenen Merkmalen, sind die beiden nachfolgenden **Tab. 64/65,** S. 109 **und** 112, für Hochdruck-Kugelbehälter nach diesen herausgestellten Gesichtspunkten angelegt und zu bewerten.

Bei Sonderauflagerung und damit Wegfall des Stützgerüstes, sind Gewichts- und Fertigungsfaktoren zu beachten.

Unterschiedliche Sonderwünsche bezüglich der Begehungseinrichtungen, d. h. zusätzliche fahrbare Leiter im Kugelinnern, zweite fahrbare Leiter für den unteren Bereich der Außenhaut, zusätzliche feste Außen- oder Innenleiter, oder aber auch Wegfall einer dieser Einrichtungen an der Standardausführung, können mit Hilfe der **Tab. 66,** S. 114, berücksichtigt und die summarischen Werte der beiden Standardausführungen damit korrigiert werden.

Alle großräumigen Behälter wie Hochbehälter, ND-Gasbehälter ab 100 m³, Hochdruck-Kugelbehälter und Lagertanke ab etwa 100 bis 200 m³, werden werkstattseitig nur zur Montage hergerichtet bzw. vorgefertigt. Dabei werden Behälter-Mantelbleche maßhaltig zugeschnitten und angearbeitet, im Einzelfall Stutzen, wie die an den Polen der Kugelbehälter, eingebaut, geschweißt u. U. mit dem Polblech geglüht, daß gesamte übrige Material aber wie Stütz- oder Führungsgerüste, Dachgesparre, Bühnen, Treppen, Leitern u. a. mehr montagegerecht und in transportablen Größen vorgefertigt.

Die Feststellung bei Kugelbehältern, daß größtmöglichen Volume geringsten Oberflächen entsprechen, gilt abgewandelt und sinngemäß auch für zylindrische Lagerbehälter.

Unter der Voraussetzung gleicher geometrischer Volumen entsprechen hier größere Durchmesser mit kürzeren Baulängen kleineren Oberflächen und damit niedrigeren Baugewichten als kleinere Durchmesser mit größeren Baulängen, die entsprechend größere Oberflächen und damit höhere Baugewichte ergeben.

Da auch hier alles in einer vernünftigen Relation zueinander stehen sollte, der Durchmesserbereich der Böden außerdem nach oben begrenzt ist, sollte bei der Planung und Konstruktion von Behältern immer versucht werden, über die goldene Mitte hinaus nach oben hin den wirtschaftlich günstigsten Durchmesser und damit das effektivste Baugewicht zu ermitteln. In den **Tab. 56, 57, 59 und 60,** S. 96 bis 99, 103, 104 wurde versucht, dem entgegen zu kommen und den Berechnungen die wirtschaftlichsten und gängigsten Größen zugrunde zu legen. Es ist aber auch hier ohne weiteres möglich, bei der tabellarischen Kostenermittlung gegebenenfalls zu interpolieren und mit einem eventuell höheren Baugewicht in ein z. B. höheres Volumen bei gleicher Blechdicke auszuweichen.

In der **Tab. 58,** S. 99, „Kesselstühle" ist zu beachten: Das Baugewicht von Kesselstühlen steht, unter allgemein üblichen Blechdicken, in bestimmter Relation zum zugeordneten Behälter- oder Kesseldurchmesser. Mit dieser fast exakten Gewichtsfestlegung und der meist offenen Frage, ob zwei oder mehr Kesselstühle benötigt und eingesetzt werden, ergab sich die Konsequenz, Kesselstühle tabellarisch nicht paarweise, sondern als Einzelstücke festzulegen. Die Summe der Stundenvorgabe wird somit von der Stückzahl der Kesselstühle bestimmt.

Die tabellarische Untergliederung in „lose" bzw. „fest", entspricht neben offener konstruktiver Gestaltung dem individuellen Bedarf und damit kalkulatorischer Notwendigkeit.

Montage-Richtwerte sind der **Tab. 144,** S. 205, zu entnehmen.

Tabelle 55. Großraum-Lagerbehälter — Hochbehälter, < 4000 m³

Merkmal:

Große bis überdimensionale Speicherbehälter für feste und flüssige Medien
Unterschiedliche Körperform, auch mit Konen- bzw. Kugelabschnitten und Kugelzonen.
Stütz- oder Traggerüst bzw. Pratzen, Begehungseinrichtung wie Leitern und Bühnenumgang.
| Gesamte werkstattmäßige Herrichtung und Vorfertigung zur Endmontage auf der Baustelle.

Ohne Schutzanstrich.
Siehe Abb. 23 bis 25, S. 95.

Baugewicht t	≈ Behältergröße m³	≈ Blechdicke mm	Teilvorfertigung h/t	Mittelwerte der anteiligen Fertigung in h/t in den einzelnen Fertigungsbereichen							% tol. in der Fertigung +/−	Brutto-Elektrodenbedarf % vom Baugewicht	
				VA	VB	VS	ZK	SS	MB/ZM	OS		Werkstatt	Baustelle
10	<	5	36	6,2	11,0	3,6	6,0	7,0	1,3	0,9		0,7	1,4
15	300	|	32	5,2	10,0	3,0	5,25	6,5	1,2	0,85	15	|	|
20	<	|	29	4,8	9,3	2,3	4,8	5,9	1,1	0,8		0,65	1,3
25	400	10	27	4,5	8,9	2,0	4,35	5,45	1,05	0,75	12	|	|
30	<	6	26	4,3	8,7	1,85	4,2	5,25	1,0	0,7	10		
40	600	15	24	4,0	8,25	1,6	3,8	4,75	0,95	0,65	8		
50	750	10	23	3,8	8,05	1,45	3,6	4.6	0,9	0,6	6	0,6	1,2
75	1000	18	21,5	3,6	7,6	1,3	3,35	4,3	0,85	0,5	|	|	|
100	1250	15	20	3,3	7,2	1,15	3,1	4,0	0,8	0,45			
150	2000	|	18	2,9	6,6	1.0	2,7	3,7	0,7	0,4	5	0,55	1,1
200	2750	|	16	2,55	5,8	0,9	2,4	3,35	0,65	0,35	|	|	|
250	4000	20	14	2,2	5,2	0,7	2,0	3,0	0,6	0,3		0,5	1,0

Bemerkung:

Behälter mit wesentlichen Einbauten bzw. mit x-teiligen Böden   Fertigungsfaktor < 1,50.

Betrifft:

Anstrich, Ölen
Einseitiger einmaliger Grund-Schutzanstrich auf vorbehandelten Oberflächen 1,75—1,5 h/t
Einseitiger einmaliger Grund-Schutzanstrich einschließlich Handentrostung 2,0 —2,0 h/t
Jeder weitere einseitige Anstrich   1,75—1,25 h/t
Einseitig einfach abölen   i. M. 1,0   h/t
zweiseitig einfach abölen   1,75—1,5 h/t

Die Fertigungsbereiche MB/ZM sind wegen des relativ geringen Zeitanteils des Fertigungsbereiches ZM, im Mittel ≈ 10%, zusammengelegt.

Montage-Richtwerte: s. Tab. 144, S. 205.

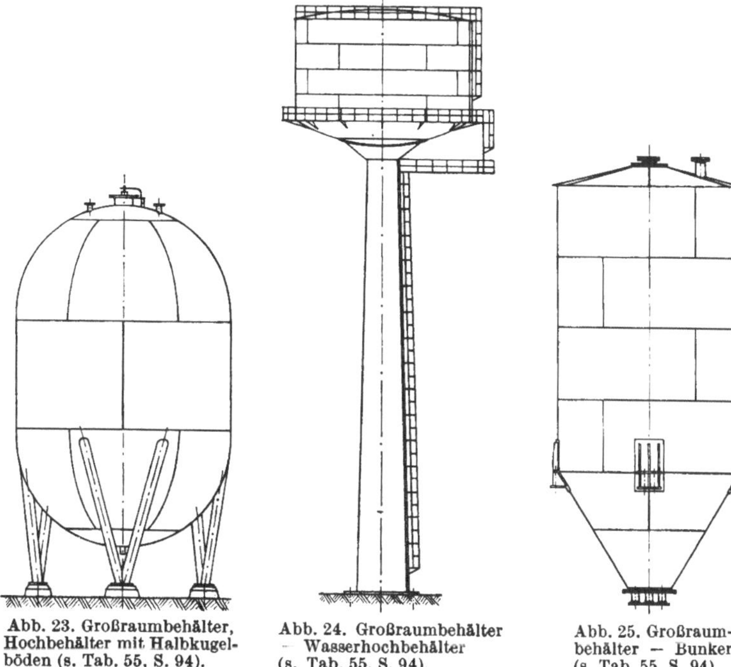

Abb. 23. Großraumbehälter,
Hochbehälter mit Halbkugel-
böden (s. Tab. 55, S. 94).

Abb. 24. Großraumbehälter
– Wasserhochbehälter
(s. Tab. 55, S. 94).

Abb. 25. Großraum-
behälter – Bunker
(s. Tab. 55, S. 94).

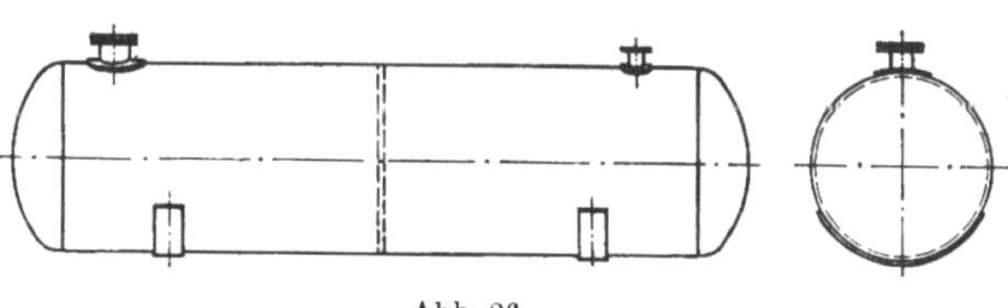

Abb. 26.

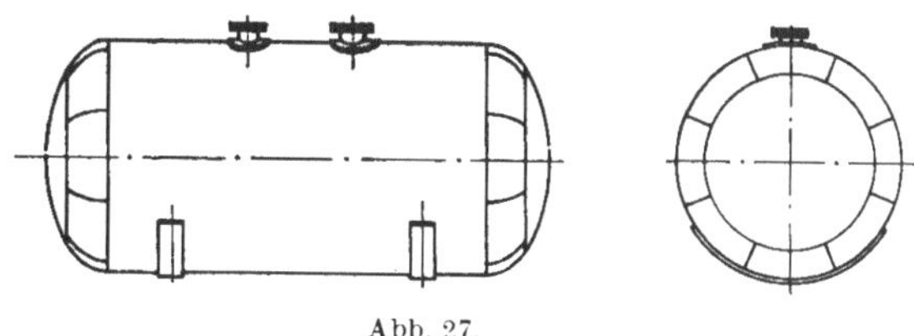

Abb. 27.

Abb. 26 und 27. Liegende Behälter (s. Tab. 56, S. 96).

Tabelle 56. Lagerbehälter, 5 bis 500 m³

Merkmal:

Lagerung flüssiger Medien
Liegender, einwandiger zylindrischer Hochdruckbehälter mit Mannloch sowie diversen kleineren Meß- und Regelstutzen, 2 bis 3 Sattelblechen (Auflage Kesselstühle), gegebenenfalls innere Flachstahl-Versteifungsringe.
Ohne Kesselstühle. — Kesselstühle: s. Tab. 58, S. 101.
Einmaliger äußerer Schutzanstrich.
Siehe Abb. 26 und 27, S. 95.

Geometrisches Volumen m³	Richtwerte		Gesamtfertigung h/t	Mittelwerte der anteiligen Fertigung in h/t in den einzelnen Fertigungsbereichen								% tol. in der Fertigung + −	Brutto Elektrodenbedarf % v. Baugew.
	Mittl. Behälter-Blechdicke mm	≈ Baugewicht t		VA	VB	VS	ZK	SS	MB/ZM	OS	SK		
5	8	1,45	68,0	6,0	8,5	3,1	12,8	21,5	3,5	6,1	6,5	12	2,5
	10	1,75	59,5	5,0	7,5	2,55	11,0	20,1	2,9	5,05	5,4		2,35
	12	2,1	53,1	4,2	6,6	2,15	10,05	19,0	2,4	4,2	4,5		2,2
	16	2,7	45,3	3,3	5,85	1,7	8,7	17,0	1,9	3,3	3,55		2,1
	20	3,3	40,8	2,7	5,2	1,4	8,0	16,3	1,6	2,7	2,9		2,05
	25	4,0	37,4	2,25	4,65	1,15	7,5	15,6	1,35	2,5	2,4	10	2,0
10	8	1,85	63,5	5,8	8,25	2,7	12,5	20,5	3,0	5,55	5,2	12	2,35
	10	2,3	54,1	4,7	7,15	2,2	10,75	18,2	2,4	4,5	4,2		2,2
	12	2,8	47,7	3,85	6,35	1,8	9,55	17,0	2,0	3,7	3,45		2,1
	16	3,5	41,5	3,1	5,65	1,45	8,5	15,5	1,6	2,95	2,75		2,0
	20	4,1	38,4	2,65	5,1	1,25	7,8	15,3	1,4	2,55	2,35		
	25	4,85	35,8	2,25	4,6	1,05	7,35	15,2	1,2	2,15	2,0		1,95
	30	6,5	32,4	1,7	3,95	0,8	6,8	15,1	0,9	1,65	1,5	10	
15	8	2,3	59,0	5,6	7,75	2,4	12,0	18,9	2,6	5,5	4,25	12	2,2
	10	2,85	50,5	4,5	6,9	1,95	10,3	16,9	2,1	4,45	3,4		2,05
	12	3,4	44,8	3,8	6,1	1,65	9,3	15,6	1,8	3,7	2,85		1,95
	16	4,25	39,0	3,05	5,4	1,3	8,25	14,3	1,45	2,95	2,3		1,85
	20	5,2	35,2	2,5	4,85	1,1	7,6	13,6	1,2	2,45	1,9		
	25	6,1	32,8	2,15	4,35	0,95	7,1	13,5	1,05	2,1	1,6		
	30	7,7	29,5	1,7	3,8	0,75	6,65	12,8	0,85	1,65	1,3		1,8
	35	9,5	27,5	1,4	3,5	0,6	6,3	12,6	0,7	1,35	1,05	10	
20	8	2,65	55,7	5,1	7,55	2,25	11,8	18,0	2,45	4,8	3,75	11	2,1
	10	3,2	48,7	4,25	6,7	1,85	10,25	16,5	2,05	4,0	3,1		2,0
	12	3,8	43,6	3,6	6,05	1,6	9,2	15,4	1,75	3,4	2,6		1,9
	16	4,8	37,3	2,85	5,35	1,25	8,1	13,6	1,4	2,7	2,05		1,8
	20	6,0	33,1	2,3	4,75	1,0	7,4	12,7	1,15	2,15	1,65		
	25	7,1	30,9	1,95	4,2	0,85	7,05	12,6	1,0	1,85	1,4		
	30	8,8	28,2	1,6	3,7	0,7	6,55	12,2	0,8	1,5	1,15		1,75
	35	10,8	26,4	1,4	3,4	0,6	6,1	12,0	0,7	1,25	0,95	9	
25	8	3,1	52,5	4,85	7,4	2,1	11,4	16,8	2,25	4,45	3,25	11	2,0
	10	3,75	45,8	4,0	6,55	1,75	9,9	15,3	1,9	3,7	2,7		1,9
	12	4,4	41,0	3,4	5,85	1,5	8,8	14,35	1,65	3,15	2,3		1,8
	16	5,4	36,1	2,8	5,2	1,2	7,95	13,1	1,35	2,6	1,9		1,7
	20	6,7	32,2	2,25	4,6	1,0	7,3	12,3	1,1	2,1	1,55		
	25	7,8	30,2	1,95	4,1	0,85	6,9	12,2	1,0	1,85	1,35		
	30	9,7	27,1	1,6	3,6	0,7	6,3	11,5	0,8	1,5	1,1		1,65
	35	12,0	25,1	1,3	3,3	0,6	5,9	11,15	0,7	1,25	0,9	9	

Tabelle 56　　(Fortsetzung)

Geometrisches Volumen m³	Mittl. Behälter-Blechdicke mm	Richtwerte Baugewicht t	Gesamtfertigung h/t	Mittelwerte der anteiligen Fertigung in h/t in den einzelnen Fertigungsbereichen								% tol. in der Fertigung +/−	Brutto Elektrodenbedarf % v. Baugew.
				VA	VB	VS	ZK	SS	MB/ZM	OS	SK		
30	8	3,5	50,5	4,6	7,25	2,0	11,2	16,0	2,15	4,4	2,9	11	1,95
	10	4,2	44,4	3,85	6,4	1,65	9,85	14,8	1,8	3,65	2,4		1,85
	12	5,0	39,6	3,25	5,7	1,4	8,75	13,8	1,55	3,1	2,05		1,75
	16	6,2	34,5	2,65	5,05	1,15	7,75	12,45	1,25	2,55	1,65		1,65
	20	7,7	30,7	2,15	4,4	0,95	7,15	11,6	1,05	2,05	1,35		
	25	8,8	29,0	1,9	4,0	0,85	6,8	11,5	0,95	1,8	1,2		
	30	10,7	26,5	1,6	3,45	0,7	6,25	11,2	0,8	1,5	1,0		1,6
	35	13,3	24,2	1,3	3,15	0,6	5,7	10,75	0,65	1,25	0,8	9	
40	8	4,1	47,5	4,15	6,85	1,85	10,8	15,4	1,95	3,9	2,6	11	1,85
	10	5,0	41,1	3,4	6,1	1,5	9,3	13,85	1,6	3,2	2,15		1,75
	12	5,8	37,5	2,95	5,6	1,3	8,5	13,1	1,4	2,8	1,85		1,7
	16	7,4	31,9	2,3	4,8	1,05	7,5	11,5	1,1	2,2	1,45		1,6
	20	9,0	28,8	1,9	4,3	0,85	6,9	10,9	0,9	1,85	1,2		
	25	10,6	26,8	1,65	3,8	0,75	6,45	10,7	0,8	1,6	1,05		
	30	13,0	24,4	1,45	3,3	0,6	5,9	10,3	0,7	1,3	0,85		1,55
	35	16,0	22,2	1,1	2,95	0,5	5,3	10,0	0,6	1,05	0,7	9	
50	8	5,0	44,7	3,8	6,5	1,6	10,4	14,7	1,8	3,5	2,4	10	1,8
	10	6,0	39,2	3,2	5,85	1,35	9,1	13,3	1,5	2,9	2,0		1,7
	12	7,0	35,4	2,8	5,3	1,15	8,2	12,4	1,3	2,5	1,75		1,65
	16	8,7	30,6	2,25	4,65	0,95	7,25	11,0	1,05	2,05	1,4		1,55
	20	10,7	27,2	1,85	4,05	0,8	6,5	10,3	0,85	1,7	1,15		
	25	12,5	25,4	1,6	3,6	0,7	6,2	10,1	0,75	1,45	1,0		1,5
	30	15,0	23,4	1,35	3,15	0,6	5,65	9,9	0,65	1,25	0,85		
	35	18,5	21,2	1,1	2,8	0,5	5,15	9,4	0,55	1,0	0,7	8	
60	8	6,0	41,5	3,5	6,2	1,45	9,7	13,6	1,65	3,2	2,2	10	1,7
	10	6,9	37,7	3,05	5,65	1,25	8,8	12,8	1,45	2,8	1,9		1,65
	12	8,0	33,9	2,65	5,1	1,1	7,95	11,8	1,25	2,4	1,65		1,6
	16	9,8	29,5	2,2	4,4	0,9	7,1	10,5	1,05	2,0	1,35		1,45
	20	12,1	26,2	1,8	3,85	0,75	6,45	9,75	0,85	1,65	1,1		
	25	14,5	24,0	1,55	3,4	0,65	5,95	9,35	0,75	1,4	0,95		
	30	17,4	21,9	1,3	2,95	0,55	5,4	9,05	0,65	1,2	0,8		1,4
	35	21,0	20,1	1,1	2,65	0,45	4,95	8,75	0,55	1,0	0,65	8	
80	8	7,5	38,5	3,05	5,8	1,25	9,3	12,9	1,45	2,9	1,85	10	1,6
	10	8,7	34,3	2,65	5,25	1,0	8,25	11,8	1,25	2,5	1,6		1,55
	12	10,0	31,2	2,3	4,75	0,95	7,5	11,0	1,1	2,2	1,4		1,5
	16	12,2	27,2	1,9	4,2	0,8	6,75	9,65	0,9	1,85	1,15		1,35
	20	15,2	23,9	1,55	3,6	0,65	6,1	8,8	0,75	1,5	0,95		
	25	18,2	21,5	1,3	3,1	0,55	5,5	8,35	0,65	1,25	0,8		
	30	22,0	19,4	1,1	2,7	0,45	5,0	7,9	0,55	1,05	0,65		1,3
	35	26,0	18,1	0,95	2,45	0,4	4,6	7,75	0,5	0,9	0,55	8	
100	8	9,0	36,2	2,85	5,45	1,1	8,8	12,2	1,35	2,8	1,65	9	1,55
	10	10,4	32,6	2,5	5,0	0,95	7,95	11,1	1,2	2,45	1,45		1,45
	12	12,0	29,5	2,2	4,55	0,85	7,25	10,2	1,05	2,15	1,25		1,4
	16	15,0	25,0	1,75	3,9	0,7	6,4	8,7	0,85	1,7	1,0		1,3
	20	18,3	22,1	1,45	3,35	0,6	5,75	8,05	0,7	1,4	0,8		1,25
	25	22,0	19,9	1,25	2,9	0,5	5,15	7,6	0,6	1,2	0,7		
	30	26,0	18,2	1,05	2,55	0,45	4,7	7,3	0,55	1,0	0,6		1,2
	35	31,0	16,8	0,9	2,3	0,4	4,35	7,0	0,5	0,85	0,5	7	

Tabelle 56 (Fortsetzung)

Geometrisches Volumen m³	Mittl. Behälter-Blechdicke mm	≈ Baugewicht t	Gesamtfertigung h/t	Mittelwerte der anteiligen Fertigung in h/t in den einzelnen Fertigungsbereichen								% tol. in der Fertigung ±	Brutto Elektrodenbedarf % v. Baugew.
				VA	VB	VS	ZK	SS	MB/ZM	OS	SK		
150	10	15,0	27,9	2,0	4,35	0,85	7,2	9,4	0,95	2,1	1,05	9	1,35
	12	17,0	25,4	1,8	4,0	0,75	6,5	8,7	0,85	1,85	0,95		1,3
	16	21,2	21,5	1,45	3,4	0,65	5,7	7,35	0,7	1,5	0,75		1,2
	20	26,0	18,9	1,2	2,95	0,55	5,1	6,65	0,6	1,25	0,6		1,15
	25	31,5	16,9	1,0	2,55	0,45	4,6	6,25	0,5	1,05	0,5		—
	30	37,0	15,6	0,85	2,3	0,4	4,15	6,1	0,45	0,9	0,45		1,1
	35	43,0	14,7	0,75	2,1	0,35	3,85	6,05	0,4	0,8	0,4	7	—
200	10	20,0	24,0	1,8	3,85	0,75	6,35	7,9	0,85	1,65	0,85	8	1,2
	12	22,0	22,6	1,65	3,6	0,7	6,0	7,6	0,8	1,5	0,75		—
	16	27,3	19,2	1,35	3,1	0,6	5,2	6,4	0,65	1,25	0,65		1,1
	20	34,0	16,7	1,1	2,65	0,5	4,6	5,8	0,55	1,0	0,5		
	25	40,5	15,3	0,95	2,35	0,4	4,2	5,65	0,45	0,85	0,45		
	30	48,0	14,2	0,8	2,15	0,35	3,9	5,45	0,4	0,75	0,4		1,05
	35	57,0	13,5	0,7	2,0	0,35	3,7	5,4	0,35	0,65	0,35	6	—
250	10	24,5	21,9	1,6	3,5	0,7	5,75	7,2	0,8	1,6	0,75	8	1,15
	12	27,0	20,8	1,5	3,3	0,65	5,55	6,9	0,75	1,45	0,7		—
	16	33,0	17,9	1,25	2,9	0,55	4,9	5,9	0,6	1,2	0,6		1,05
	20	41,5	15,6	1,0	2,5	0,45	4,35	5,35	0,5	0,95	0,5		—
	25	50,0	14,3	0,85	2,25	0,4	4,0	5,15	0,45	0,8	0,4		1,0
	30	58,5	13,4	0,75	2,05	0,35	3,75	5,05	0,4	0,7	0,35		—
	35	70,0	12,8	0,65	1,95	0,35	3,6	5,0	0,35	0,6	0,3	6	—
300	12	32,0	19,4	1,4	3,1	0,65	5,25	6,3	0,7	1,4	0,6	7	1,1
	16	40,0	16,7	1,15	2,7	0,55	4,55	5,5	0,6	1,15	0,5		1,05
	20	49,5	14,9	0,95	2,4	0,45	4,1	5,15	0,5	0,95	0,4		—
	25	59,5	13,8	0,8	2,15	0,4	3,85	5,0	0,45	0,8	0,35		1,0
	30	69,5	13,1	0,7	2,05	0,35	3,65	4,95	0,4	0,7	0,3		—
	35	82,0	12,5	0,6	1,95	0,35	3,5	4,9	0,35	0,6	0,25	5	—
400	12	42,0	17,4	1,25	2,8	0,55	4,75	5,7	0,6	1,25	0,5	6	1,05
	16	52,5	15,2	1,0	2,5	0,45	4,2	5,15	0,5	1,0	0,4		—
	20	64,5	14,1	0,85	2,3	0,4	3,9	5,0	0,45	0,85	0,35		—
	25	78,0	13,2	0,7	2,1	0,35	3,75	4,9	0,4	0,7	0,3		1,0
	30	91,0	12,5	0,6	2,0	0,3	3,5	4,9	0,35	0,6	0,25		—
	35	108,0	12,0	0,5	1,9	0,3	3,4	4,9	0,3	0,5	0,2	4	—
500	12	52,0	16,1	1,1	2,6	0,5	4,45	5,35	0,55	1,15	0,4	5	—
	16	65,0	14,6	0,9	2,4	0,4	4,05	5,1	0,45	0,95	0,35		—
	20	80,0	13,6	0,75	2,2	0,35	3,8	5,0	0,4	0,8	0,3		—
	25	97,0	12,7	0,65	2,0	0,3	3,6	4,9	0,35	0,65	0,25		1,0
	30	113,0	12,1	0,55	1,9	0,25	3,45	4,9	0,3	0,55	0,2		—
	35	133,0	11,7	0,5	1,85	0,25	3,25	4,9	0,25	0,5	0,2	3	—

Bemerkung:

Wegen der beiderseits relativ geringen Zeitanteile der Fertigungsbereiche MB/ZM wurden diese zusammengelegt.
Dabei beträgt der Anteil MB im Mittel 75%
der Anteil ZM im Mittel 25%

Gewichtstoleranzen wegen Maßverschiebungen (Durchmesser und Länge) $< \pm 5\%$ sind für die Fertigung und Kostenermittlung unwichtig.

Behälter mit mehrteiligen Böden (große Volumen)

Böden	2 teilg	$<$ 7teilig	$<$ 12teilig
Fertigungsfaktor	1,3—1,2	1,4—1,25	1,45—1,35

Bei glatten Behältern ohne jegliche Versteifungen und Verstärkungen ist für die Kostenermittlung die doppelte Minustoleranz aus dem Streubereich der Fertigung zu berücksichtigen.
Fertigungsfaktoren bei mehreren Behältern:
Stückzahl: 3 = Faktor 0,95
5 = Faktor 0,90
10 = Faktor 0,85.

Tabelle 57. Lagerbehälter mit Doppelmantel $<$3 m³

Merkmal:

Einsatz vorwiegend in der Getränkeindustrie.
Liegender Druckbehälter mit Doppelmantel im zylindrischen Teil, Mannloch mit schwenkbarem Deckel und etwa 8 Stück diverse Meß- und Regelstutzen $<$NW 100.
Ohne Kesselstühle.
Kesselstühle: s. Tab. 58, S. 101.
Einmaliger äußerer Schutzanstrich.
Siehe Abb. 28, S. 100.

Baugewicht t	V m³	⌀ m	≈ Baulänge m	Blechdicke mm			Gesamtfertigung h/t	Mittelwerte der anteiligen Fertigung in h/t in den einzelnen Fertigungsbereichen								% tol. in der Fertigung + —	Brutto Elektrodenbedarf % v. Baugew.
				Ma	Bo	Do Ma		VA	VB	VS	ZK	SS	MB	ZM	OS		
0,45	0,8	0,8 … 0,9	1,75	6	6	5	200	13,9	21,5	15,7	56,5	69,0	12,4	5,0	6,0		5,2
0,5	1,0	0,9 … 1,0	1,75	6	7	5	190	13,2	20,2	14,9	53,7	65,8	11,6	5,0	5,6	15	5,1
0,55	1,2	1,0 … 1,1	1,75	6	7	5	182	12,6	19,1	14,3	51,5	63,0	11,1	5,0	5,4		5,0
0,7	1,5	1,1 … 1,2	1,75	6	8	5	158	11,2	16,8	12,5	44,0	54,5	9,5	4,4	5,1		4,3
0,85	2,0	1,2 … 1,3	2,0	6	8	5	145	10,4	15,5	11,5	40,5	49,5	8,5	4,3	4,8	12	4,0
1,15	3,0	1,3 … 1,4	2,25	6	8	5	125	9,4	14,2	10,0	35,0	41,0	7,0	4,0	4,4		3,5

Bemerkung:

Herrichten (Schleifen, Runden) zur inneren Auskleidung, z. B. Gummieren, Emaillieren: Fertigungsfaktor 1,10.
Bei Ausführung mit einem angeflanschten Boden: Gewichtsfaktor 1,15—1,12, Fertigungsfaktor 1,20.

7*

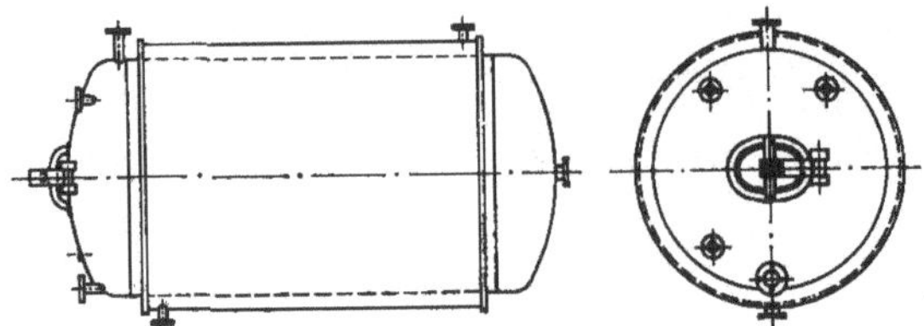

Abb. 28. Liegender Doppelmantelbehälter (s. Tab. 57, S. 99).

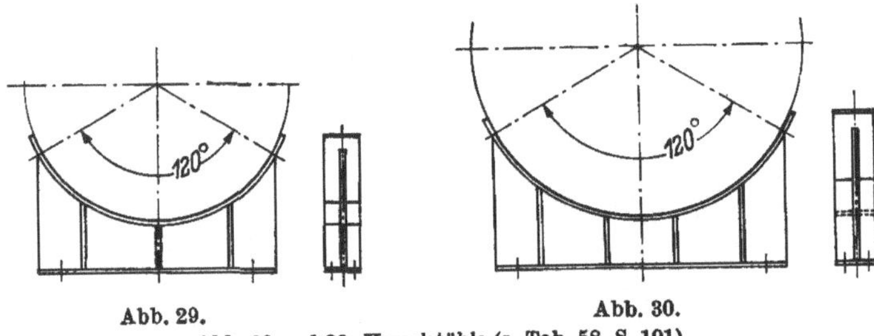

Abb. 29.   Abb. 30.

Abb. 29 und 30. Kesselstühle (s. Tab. 58, S. 101).

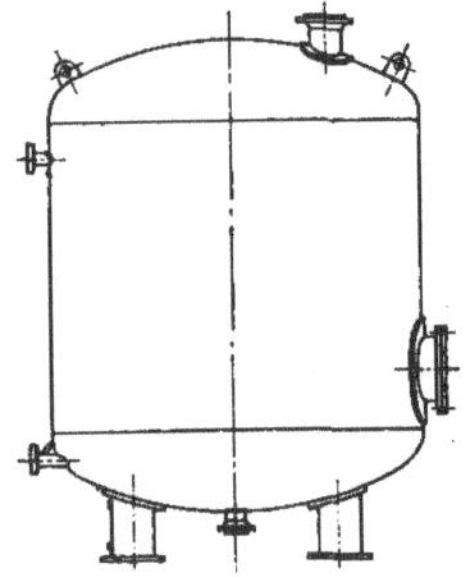

Abb. 31. Stehender Behälter,
Type A — geschlossene Ausführung
(s. Tab. 59, S. 103).

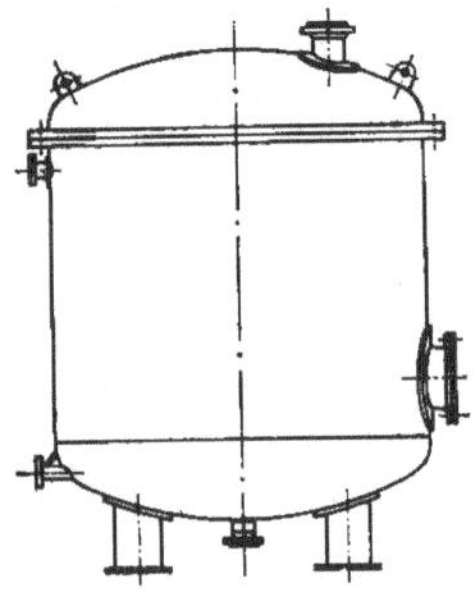

Abb. 32. Stehender Behälter,
Type B — geflanschte offene Ausführung
(s. Tab. 59, S. 103).

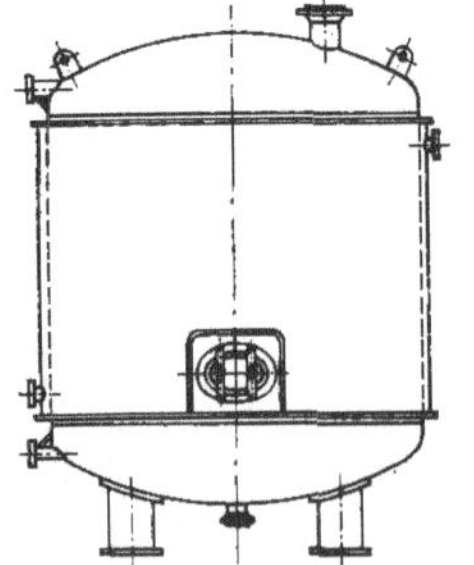

Abb. 33. Doppelmantelbehälter,
Type A — geschlossene Ausführung
(s. Tab. 60, S. 104).

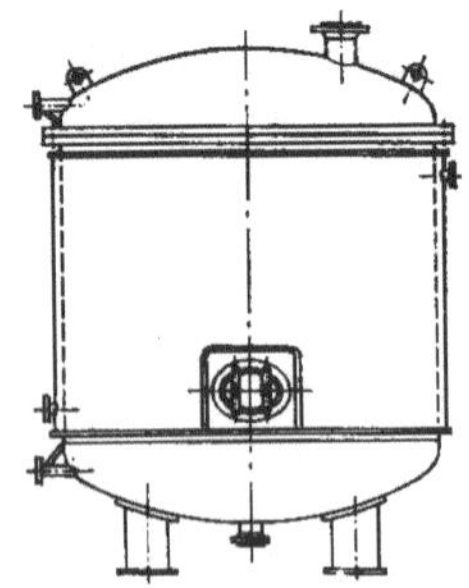

Abb. 34. Doppelmantelbehälter,
Type B — geflanschte offene Ausführung
(s. Tab. 60, S. 104).

Tabelle 58. Kesselstühle für Lagerbehälter

Merkmal:

Einfache mittelschwere bis schwere Schweißkonstruktion, Boden, Steg- und Sattelblech, beidseitig Stegblech, je drei bis vier Versteifungsrippen.
Ohne Ankerschrauben.
Einmaliger Schutzanstrich.
Ausführung L: lose zum Behälter
Ausführung F: an Behälter angeschweißt.
Siehe Abb. 29 und 30, S. 100.

Baugewicht t/St.	Richtwerte		Anordnung L=Lose F=Fest am Behälter	Gesamtfertigung h/t	Mittelwerte der anteiligen Fertigung in h/t in den einzelnen Fertigungsbereichen					% tol. in der Fertigung	Brutto Elektrodenbedarf % v. Baugew.	
	entspr. ≈ Behälter Ø m	Blechdicke mm			VA	VB	ZK	SS	OS		L	F
0,025	0,6		L	340	60	80	60	120	20	15	16	
			F	460	60	80	120	180	20			20
0,03	0,7		L	310	53,5	70	56,5	113	17		15	
			F	420	53,5	70	109,5	170	17			19
0,035	0,8	10/12	L	285	47,5	62	52,5	108	15		14,5	
			F	390	47,5	62	100,5	165	15			18,6
0,04	0,9		L	260	43	55	48,5	100	13,5		13,5	
			F	360	43	55	93,5	155	13,5			17,7
0,045	1,0		L	240	38	48	45	96,5	12,5		13	
			F	330	38	48	85	146,5	12,5			16,9
0,06	1,15		L	210	32	40,5	40	88	9,5		11,8	
			F	290	32	40,5	73	135	9,5			15,7
0,075	1,3		L	185	27	33,5	35,5	81	8,0		11	
			F	255	27	33,5	62,5	124	8,0			14,5
0,1	1,45		L	160	22	27,5	31,5	72,5	6,5		9,8	
			F	225	22	27,5	54	115	6,5			13,6
0,125	1,6	12/16	L	140	18,5	225	28	65,5	5,5		8,8	
			F	198	18,5	22,5	48	103,5	5,5			12,3
0,155	1,75		L	122	15,5	18,7	24,5	58,5	4,8		7,9	
			F	172	15,5	18,7	41	92	4,8			11,1
0,185	1,9		L	110	13,5	16,3	21,7	54,2	4,3		7,0	
			F	155	13,5	16,3	36,4	84,5	4,3			10,3
0,22	2,05		L	100	11,8	14,8	19,5	50,0	3,9		6,8	
			F	140	11,8	14,8	32,0	77,5	3,9			9,5
0,255	2,2	16/20	L	93	10,6	13,7	17,7	47,5	3,5		6,5	
			F	130	10,6	13,7	29,5	72,7	3,5			8,9
0,29	2,35		L	88	9,7	13,4	16,6	45	3,3		6,15	
			F	122	9,7	13,4	27,1	68,5	3,3			8,5
0,325	2,5		L	83	8,9	13,1	15,4	42,5	3,1		5,8	
			F	116	8,9	13,1	25,4	65,5	3,1			8,2

(Fortsetzung nächste Seite)

Tabelle 58 (Fortsetzung)

Baugewicht t/St.	entspr. $\approx$ Behälter $\varnothing$ m	Blechdicke mm	Anordnung L = Lose F = Fest am Behälter	Gesamtfertigung h/t	VA	VB	ZK	SS	OS	% tol. in der Fertigung + −	Brutto Elektrodenbedarf % v. Baugew. L	F
0,37	2,65		L	79	8,2	12,8	14,6	40,5	2,9		5,6	
			F	110	8,2	12,8	23,9	62,2	2,9			7,9
0,415	2,8		L	75	7,6	12,5	13,6	38,6	2,7		5,3	
			F	105	7,6	12,5	22,7	59,5	2,7			7,6
0,46	2,95		L	72	7,2	12,2	13,1	37	2,5		5,15	
			F	100	7,2	12,2	21,5	56,6	2,5			7,25
0,505	3,1	20/22	L	69,5	6,85	11,9	12,7	35,65	2,4		4,95	
			F	96	6,85	11,9	20,55	54,3	2,4			7,0
0,55	3,25		L	67,5	6,55	11,8	12,35	34,5	2,3		4,85	
			F	93	6,55	11,8	19,65	52,7	2,3			6,8
0,6	3,4		L	65,5	6,3	11,7	12,0	33,3	2,2		4,65	
			F	90	6,3	11,7	19,0	50,8	2,2			6,65
0,65	3,55		L	64	6,2	11,5	11,7	32,5	2,1		4,6	
			F	87,5	6,2	11,5	18,5	49,2	2,1			6,5
0,7	3,7		L	62,5	6,1	11,4	11,5	31,5	2,0		4,45	
			F	85	6,1	11,4	18,1	47,4	2,0			6,3
0,75	3,85		L	61	6,0	11,3	11,25	30,5	1,95		4,3	
			F	83	6,0	11,3	17,65	46,1	1,95			6,2
0,8	4,0		L	60	5,9	11,2	11,0	30,0	1,9		4,25	
			F	81	5,9	11,2	17,0	45,0	1,9			6,1
0,875	4,25	20/25	L	58	5,7	10,8	10,5	29,2	1,8		4,15	
			F	78,5	5,7	10,8	16,4	43,8	1,8			5,95
0,96	4,5		L	56	5,6	10,4	10,0	28,3	1,7		4,05	
			F	76	5,6	10,4	15,6	42,7	1,7			5,9
1,05	4,75		L	54	5,4	10,1	9,7	27,2	1,6		3,9	
			F	74	5,4	10,1	14,9	42	1,6			5,85
1,15	5,0		L	52	5,3	9,7	9,3	26,2	1,5		3,75	
			F	72	5,3	9,7	14,5	41,0	1,5	8 .		5,8

Bemerkung:
Kesselstühle für konische Behälter: Fertigungsfaktor 1,20.
Alle Werte gelten für 1 Stück Kesselstuhl.

Tabelle 59. Lagerbehälter, einwandig, 0,5 bis 45 m³

Merkmal:

Einsatz vorwiegend in der Getränkeindustrie.
Einwandiges Standgefäß, einteilig, geschlossen bzw. zweiteilig, geflanscht, offen, mit 3—5 Rohrfüßen, Mannloch und <5 Stück div. Meß- und Regelstutzen <NW 100.
Einmaliger äußerer Schutzanstrich.
Siehe Abb. 31 und 32, S. 100.

Baugewicht t	Volumen m³	Behälter ⌀ m	zyl. Ma. Höhe m	Blechdicke mm Ma	Blechdicke mm Bo	Gesamtfertigung h/t	VA	VB	VS	ZK	SS	MB	ZM	OS	% tol. in der Fertigung +/−	Brutto Elektrodenbedarf % v. Baugew.	Gewicht	Fertigung
		Richtwerte					Mittelwerte der anteiligen Fertigung in h/t in den einzelnen Fertigungsbereichen										Faktoren bei Ausführung mit angeflanschtem oberem Boden	
0,25	0,5	0,8	1,0			235	18,0	27,0	15,5	65,0	69,0	22,0	7,5	11,0	12	4,5		
0,35	1,0	0,9	1,15	5	6	180	13,9	20,6	12,5	49,2	52,7	16,0	6,7	8,4	12	3,6	1,22	
0,45	1,5	1,0	1,3			152	11,8	17,4	11,2	41,0	44,0	13,1	6,4	7,1		3,2		1,3
0,55	2,4	1,2	1,55			139	10,9	16,6	10,5	36,5	39,6	11,8	6,1	7,0	10	3,0		1,3
0,7	3,3	1,4	1,8	6	7	121	9,5	15,1	9,2	31,1	34,0	10,1	5,4	6,6		2,75	1,16	
0,85	4,2	1,5	2,0			111	8,7	14,0	8,4	28,7	31,6	8,3	5,2	6,1		2,6		
1,0	5,1	1,6	2,2			103	8,0	13,3	7,8	26,6	29,5	7,2	4,8	5,8		2,45	1,14	
1,15	6,0	1,7	2,4	7	8	96	7,5	12,7	7,25	24,6	27,4	6,4	4,65	5,5	8	2,35		
1,3	7,0	1,8	2,55			90	7,1	12,1	6,8	22,9	25,7	5,8	4,4	5,2		2,25	1,11	
1,45	8,0	1,9	2,7			85	6,7	11,7	6,3	21,5	24,2	5,45	4,15	5,0		2,15		1,2
1,75	10,0	2,2	3,0	8	9	76	6,0	10,5	5,7	19,0	21,5	4,8	3,8	4,7		2,05		
2,15	12,5	2,4	3,15			68	5,4	9,6	4,9	17,1	19,3	4,2	3,3	4,2	6	1,95		
2,85	17,0	2,7	3,4			57	4,4	8,3	4,0	14,1	16,0	3,65	2,7	3,85		1,8		
3,55	21,5	3,0	3,6	11	13	49	3,9	7,4	3,4	11,9	13,2	3,3	2,3	3,6		1,65	1,08	
4,3	26,0	3,2	3,75			43	3,5	6,5	2,9	10,4	11,2	3,1	2,0	3,4	5	1,5		1,15
5,75	35,0	3,5	3,9	12	14	36	3,0	5,3	2,2	8,9	9,5	2,7	1,5	2,9		1,4		
7,25	45,0	3,7	4,0			32	2,75	4,7	1,8	8,0	8,5	2,45	1,2	2,6	4	1,3		

Bemerkung:

Herrichten (Schleifen, Runden) zur inneren Auskleidung, z. B.
Gummieren, Emaillieren: Fertigungsfaktor 1,16.
Bei angeflanschter Ausführung: Fertigungsfaktor 1,12[1].

[1] Nach Anwendung der speziellen Gewichts- und Fertigungsfaktoren.

Tabelle 60. Lagerbehälter mit Doppelmantel, 0,5 bis 45 m³

Merkmal:

Einsatz vorwiegend in der Getränkeindustrie.
Einteiliges geschlossenes bzw. zweiteiliges offenes Standgefäß mit Doppelmantel und 3—6 Rohrfüßen, Mannloch mit schwenkbarem Deckel und <5 Stück div. Meß- und Regelstutzen <NW 100.
Einmaliger äußerer Schutzanstrich.
Siehe Abb. 33 und 34, S. 100.

Baugewicht t	Volumen m³	Behälter ⌀ m	zyl. Ma. Höhe m	Blechdicke mm			Gesamtfertigung h/t	Mittelwerte der anteiligen Fertigung in h/t in den einzelnen Fertigungsbereichen								% tol. in der Fertigung + −	Brutto Elektrodenbedarf % v. Baugew.	Faktoren bei Ausführung mit angeflanschtem oberem Boden	
				Ma	Bo	Do Ma		VA	VB	VS	ZK	SS	MB	ZM	OS			Gewicht	Fertigung
0,4	0,5	0,8…0,9	1,0				230	16,0	25,0	17,0	65,0	80,0	15,0	5,0	7,0	15	5,5		
0,5	1,0	0,9…1,0	1,15				200	13,9	21,5	15,7	56,5	69,0	12,4	5,0	6,0		4,7	1,15	
0,6	1,5	1,0…1,1	1,3	5	6		180	12,5	18,5	14,2	51,0	62,5	11,0	5,0	5,3		4,5		1,20
0,8	2,4	1,2…1,3	1,55			5	150	10,8	16,2	12,0	41,0	51,5	9,1	4,4	5,0	12	3,85	1,12	
1,0	3,3	1,4…1,5	1,8	6	7		135	9,9	15,0	11,0	37,5	45,0	7,9	4,0	4,7		3,45		
1,2	4,2	1,5…1,6	2,0				123	9,2	14,0	10,0	33,9	41,0	6,7	3,8	4,4		3,2	1,10	
1,4	5,1	1,6…1,7	2,2				114	8,7	13,5	9,2	31,5	37,5	5,8	3,6	4,2		3,0		
1,6	6,0	1,7…1,8	2,4	7	8		106	8,2	12,6	8,3	29,2	35,0	5,2	3,45	4,05	10	2,85	1,08	
1,8	7,0	1,8…1,9	2,55			6	100	7,6	12,0	7,5	27,9	33,0	4,8	3,35	3,85		2,7		1,15
2,0	8,0	1,9…2,0	2,7				95	7,2	11,5	7,0	26,2	31,7	4,5	3,15	3,75		2,6		
2,5	10,0	2,2…2,3	3,0				84	6,4	10,5	5,9	23,5	27,7	3,8	2,8	3,4		2,35		
3,0	12,5	2,4…2,5	3,15	8	9		76	5,7	9,9	5,1	21,3	25,1	3,3	2,45	3,15	8	2,25		
4,0	14,0	2,7…2,8	3,4				65	4,7	8,5	4,2	18,0	21,8	3,0	2,0	2,8		2,15	1,06	
5,0	21,5	3,0…3,1	3,6	11	13		58	4,2	7,6	3,6	16,1	19,5	2,7	1,7	2,6		2,1		
6,0	26,0	3,2…3,3	3,75			8	53	3,8	7,0	3,0	14,9	17,8	2,5	1,5	2,5	6	2,05		1,10
8,0	35,0	3,5…3,6	3,9				46	3,4	6,1	2,4	13,0	15,5	2,2	1,2	2,2		1,95		
10,0	45,0	3,7…3,8	4,0	12	14		42	3,0	5,5	2,0	12,0	14,5	2,0	1,0	2,0	5	1,85		

Bemerkung:

Herrichten (Schleifen, Runden) zur inneren Auskleidung, z. B.
Gummieren, Emaillieren: Fertigungsfaktor 1,10.
Bei geflanschter Ausführung: Fertigungsfaktor 1,08[1].

[1] Nach Anwendung der speziellen Gewichts- und Fertigungsfaktoren.

Tabelle 61. Niederdruck-Gasbehälter $<$ 50 m³

Merkmal:

Speicherung von Gasen unter Niederdruck bis etwa 800 mm/WS
Einhübiger Kleinbehälter, Becken/Glocke, teleskopierend mit Führungsgerüst, Mannloch,
diverse Meß- und Regelstutzen, Begehungseinrichtung.
Einmaliger äußerer Schutzanstrich.
Siehe Abb. 35.

Behältergröße m³	≈ Baugewicht t	≈ Behälter ⌀ m	Gesamtfertigung h/t	Mittelwerte der anteiligen Fertigung in h/t in den einzelnen Fertigungsbereichen							% tol. in der Fertigung + −	Brutto Elektrodenbedarf % v. Baugew.
				VA	VB	VS	ZK	SS	MB/ZM	OS		
5	1,75	2,5	250	35	45	8,5	90	50	12	9,5	12	2,6
10	2,75	2,6	170	23	30	6,0	60	36,5	8	7	10	2,0
15	3,5	2,7	145	18	24	5,5	51	33,5	7	6	9	1,9
20	4,25	2,8	128	15,5	20	5,0	45	30,5	6,5	5,5	8	1,8
25	4,75	3,0	120	14	18,5	4,5	42	30	6	5	7	
30	5,25	3,25	116	13,5	18	4.2	40,5	29,5	5.5	4.8	6	1,75
40	6,25	4,0	110	13	17,5	4.0	37	29	5	4,5	5	1,7
50	7,25	5,0	105	12,5	17	3.8	35	28	4,5	4,2		

Bemerkung:

Die Fertigungsbereiche MB/ZM sind wegen des relativ geringen Zeitanteils des Fertigungsbereichs ZM, im Mittel ≈ 10%, zusammengelegt.

Bei Teil-Vorfertigung (zum Zusammenbau auf Montage): Fertigungsfaktor 0,65—0,60.

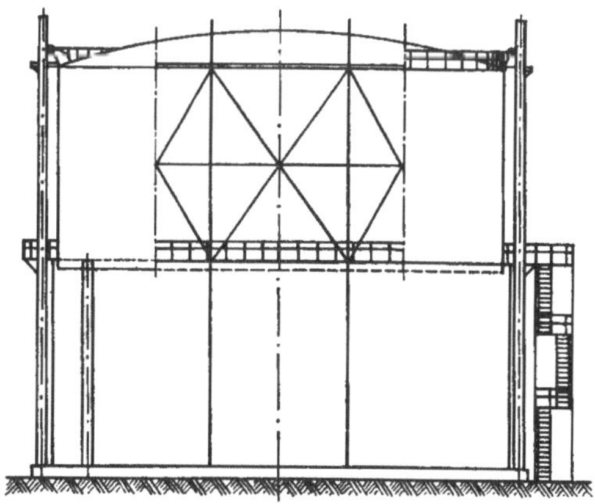

Abb. 35. Einhübiger Niederdruck-Gasbehälter
(s. Tab. 61 und 62, S. 106).

Tabelle 62. Niederdruck-Gasbehälter, 50 bis 200000 m³

Merkmal:

Speicherung von Gasen unter Niederdruck bis etwa 800 mm/WS
Ein- bis vierhübiger Klein- bis Großbehälter, Becken/Glocke, Becken/Teleskope/Glocke, teleskopierend mit Führungsgerüst, Mannloch, diverse Meß- und Regelstutzen, Begehungseinrichtung.

|Gesamte werkstattmäßige Herrichtung und Vorfertigung zur Endmontage auf der Baustelle.

Ohne Schutzanstrich.
Siehe Abb. 35, 36 und 37, S. 105 und 107.

Behältergröße m³	≈ Baugewicht t	≈ Behälter ⌀ m	Hubzahl	Teilvorfertigung h/t	Mittelwerte der anteiligen Fertigung in h/t in den einzelnen Fertigungsbereichen							% tol. in der Fertigung ±	Brutto Elektrodenbedarf % v. Baugew.	
					VA	VB	VS	ZK	SS	MB/ZM	OS		Werkstatt	Baustelle
50	7,25	5		58	12,5	17,0	3,8	10,5	8,5	4,5	1,2		0,75	1,6
100	11	6		49	9,5	14,5	3,5	9,1	8,1	3,3	1,0			
200	20	7		46	9,0	13,4	3,3	8,6	7,8	3,0	0,9		0,7	1,5
400	30	8		41	7,9	11,7	2,9	8,0	7,3	2,4	0,8			
600	40	9	1	37	6,9	10,7	2,6	7,4	6,7	2,0	0,7			
800	50	10,5		34	6,1	9,8	2,4	6,9	6,4	1,8	0,6		0,65	1,35
1000	65	12		31,5	5,5	9,0	2,2	6,5	6,2	1,6	0,5			
1500	80	14		28,5	4,6	8,2	1,9	6,1	5,9	1,35	0,45	+10		
2000	105	17		26,0	4,0	7,5	1,8	5,6	5,5	1,2	0,4	−5	0,6	1,25
3000	130	19	1/2	24,0	3,4	7,0	1,6	5,3	5,2	1,1				
5000	185	23		22,5	3,0	6,6	1,5	5,1	5,0	1,0	0,3			
10000	275	30	2	21,7	2,75	6,45	1,4	4,9	4,8	0,9			0,55	1,15
50000	900	48	3	20,5	2,6	6,3	1,3	4,7	4,6	0,8	0,2			
100000	1500	58		19,5	2,45	6,2	1,25	4,4	4,35	0,7	0,15			
150000	2150	68	4	18,5	2,3	6,1	1,2	4.1	4,1	0,6	0,1		0,5	1.0
200000	2900	80		17,5	2,1	5,9	1.1	3.9	3,9	0,5				

Bemerkung:

Anstrich, Ölen (Lange Zwischenlagerung, Seetransport usw.):

Einseitiger einmaliger Grund-Schutzanstrich auf vorbehandelte Oberflächen	2,0−1,75 h/t
Einseitiger einmaliger Grund-Schutzanstrich einschließlich Handentrostung bzw. Säuberung	3,0−2,5 h/t
Jeder weitere einseitige Anstrich	2,0−1,5 h/t
Bei beiderseitigem Anstrich Faktor 1,75−1,5	
einseitig einfach abölen	1,25−1,0 h/t
zweiseitig einfach abölen	2,0−1,75 h/t

Die Fertigungsbereiche MB/ZM sind wegen des relativ geringen Zeitanteils des Fertigungsbereichs ZM, im Mittel ≈ 10%, zusammengelegt.

Montage-Richtwerte: s. Tab. 144, S. 205.

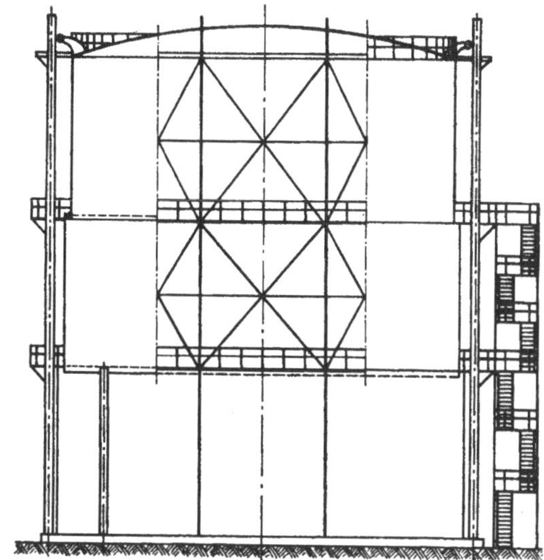

Abb. 36. Zweihübiger Niederdruck-Gasbehälter (s. Tab. 62, S. 106).

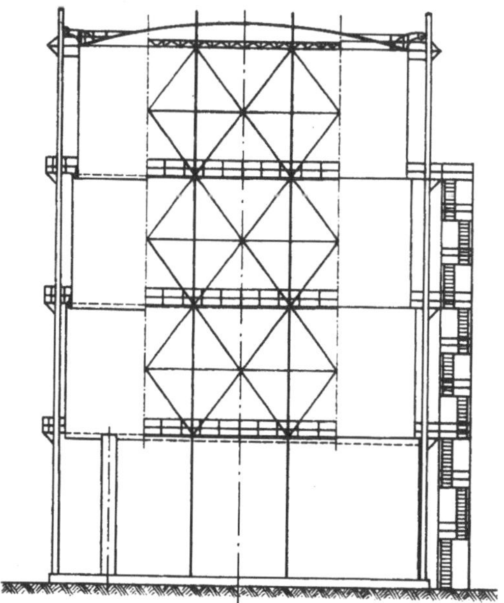

Abb. 37. Dreihübiger Niederdruck-Gasbehälter (s. Tab. 62, S. 106).

Tabelle 63. Hochdruck-Kugelbehälter

Richtwerte bei Zonen- oder Meridianeinteilung:
a) Anzahl der Kugelbleche bei bestimmtem Behälter-Durchmesser.
b) Schweißnahtlänge an der Kugeloberfläche bei bestimmten geometrischen Volumen.
   (Ohne Stützgerät und Anbauteile).

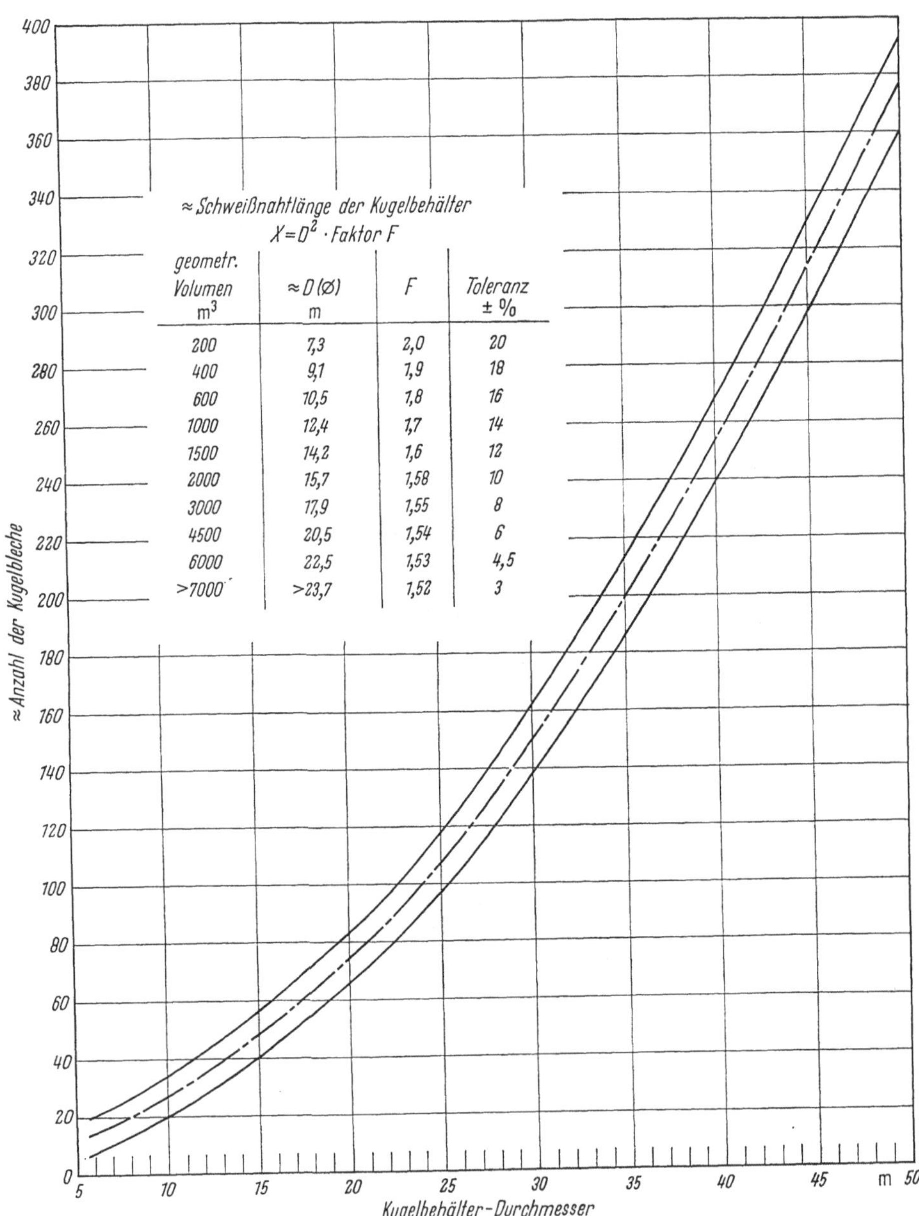

geometr. Volumen m³	≈ D (∅) m	F	Toleranz ± %
200	7,3	2,0	20
400	9,1	1,9	18
600	10,5	1,8	16
1000	12,4	1,7	14
1500	14,2	1,6	12
2000	15,7	1,58	10
3000	17,9	1,55	8
4500	20,5	1,54	6
6000	22,5	1,53	4,5
>7000	>23,7	1,52	3

Tabelle 64. Hochdruck-Kugelbehälter, 600 bis 50000 m³
Speicherung von gasförmigen Medien unter Hochdruck

Merkmal:

Kugelförmiger Blechmantel, Rohr-Stützgerüst, paarweise diagonal und tangential unterhalb Äquatorlinie anlaufend, Mannlöcher, sowie diverse Meß- und Regelstutzen, Begehungseinrichtung wie fahrbare Außenleiter, Polpodest, senkrechte Innenleiter.

|Gesamte werkstattmäßige Herrichtung und Vorfertigung zur Endmontage auf der Baustelle.

Ohne Schutzanstrich.
Siehe Abb. 38 und 39, S. 111.

Geometrisches Volumen m³	Kugelmantel Blechdicke mm	≈ Baugewicht t			Teil-Vorfertigung h/t	Mittelwerte der anteiligen Fertigung in h/t in den einzelnen Fertigungsbereichen							% tol. in der Fertigung ±	Brutto Elektrodenbedarf % v. Baugew.	
		Kugelmantel Km	Gewichtsfaktor F	Kpl. Anlage A = Km·F		VA	VB	VS	ZK	SS	MB/ZM	OS		Werkstatt	Baustelle
600	10	27,7	1,25	34	35	10,7	8,2	2,1	5,3	4,8	2,7	1,2	16		2,9
	12	33	1,24	41	30	9,1	7,0	1,8	4,6	4,2	2,3	1,0		0,40	
	16	44,3	1,23	54	24	7,0	6,0	1,4	3,7	3,3	1,8	0,8			
	20	55,5	1,22	68	20	5,7	5,1	1,2	3,1	2,7	1,5	0,7	11	0,32	
800	10	33,4	1,24	42	31,5	9,8	7,4	1,9	4,75	4,2	2,45	1,0	14		2,75
	12	40,5	1,23	50	27	8,2	6,5	1,6	4,1	3,6	2,1	0,9		0,36	
	16	53,5	1,22	65	21,6	6,4	5,3	1,25	3,3	2,9	1,7	0,75			
	20	67,5	1,21	82	17,8	5,1	4,5	1,05	2,7	2,4	1,45	0,6		0,29	
	25	84,0	1,20	101	15	4,2	3,9	0,85	2,25	2,05	1,25	0,5	9	0,25	
1000	10	38,8	1,23	48	29,1	9,2	6,75	1,8	4,4	3,9	2,1	0,95	13		2,6
	12	46,5	1,22	57	25	7,7	5,9	1,5	3,8	3,4	1,9	0,8		0,33	
	16	62	1,21	75	20	5,95	4,9	1,2	3,0	2,7	1,6	0,65			
	20	77,5	1,20	93	16,8	4,85	4,35	0,95	2,5	2,2	1,4	0,55		0,26	
	25	97	1,19	116	13,9	3,95	3,8	0,75	2,0	1,8	1,15	0,45		0,23	
	30	117	1,18	139	12,1	3,35	3,45	0,65	1,7	1,55	1,0	0,4	7	0,20	
1250	10	45	1,22	55	26	8,5	5,8	1,6	3,9	3,4	2,0	0,8	12		2,5
	12	53,8	1,21	65	23,3	7,4	5,3	1,4	3,55	3,0	1,9	0,75		0,29	
	16	72	1,20	85	19	5,85	4,65	1,1	2,8	2,4	1,6	0,6			
	20	89,5	1,19	106	15,8	4,7	4,1	0,9	2,3	2,0	1,3	0,5		0,22	
	25	112	1,18	132	13,2	3,8	3,65	0,7	1,9	1,7	1,05	0,4		0,20	
	30	135	1,17	158	11,5	3,25	3,35	0,6	1,6	1,45	0,9	0,35	7	0,18	
1500	12	61	1,20	74	22	7,1	5,0	1,25	3,3	2,9	1,7	0,75	11		2,45
	16	81,5	1,19	97	17,7	5,5	4,35	1,0	2,6	2,25	1,4	0,6		0,26	
	20	102	1,18	120	14,8	4,55	3,85	0,8	2,1	1,85	1,15	0,5		0,20	
	25	127	1,17	149	12,5	3,7	3,5	0,65	1,7	1,55	1,0	0,4		0,18	
	30	152	1,16	177	11	3,15	3,25	0,55	1,5	1,35	0,85	0,35	6	0,16	
1750	12	68	1,19	81	20,2	6,8	4,7	1,05	2,9	2,65	1,5	0,6	10		2,4
	16	91	1,18	107	16,4	5,2	4,0	0,90	2,4	2,10	1,25	0,55		0,23	
	20	113	1,17	132	14,0	4,3	3,7	0,70	2,0	1,75	1,1	0,45		0,18	
	25	142	1,16	165	11,8	3,5	3,35	0,6	1,65	1,45	0,9	0,35		0,16	
	30	170	1,15	195	10,5	3,0	3,15	0,55	1,4	1,3	0,8	0,3	6	0,14	
2000	12	74	1,18	88	18,6	6,2	4,25	1,0	2,7	2,5	1,4	0,55	9		2,35
	16	98,5	1,17	115	15,4	4,95	3,8	0,8	2,2	2,0	1,2	0,45		0,21	
	20	123	1,16	143	13,0	4,0	3,5	0,65	1,8	1,65	1,0	0,40		0,16	
	25	154	1,15	177	11,1	3,3	3,2	0,55	1,5	1,35	0,85	0,35		0,14	
	30	185	1,14	210	10,0	2,9	3,05	0,5	1,3	1,2	0,75	0,30	6	0,12	

(Fortsetzung nächste Seite)

Tabelle 64　(Fortsetzung)

Spaltengruppen: Spalten *Kugelmantel km / Gewichtsfaktor F / Kpl. Anlage A = Km·F* gehören zu „≈ Baugewicht t"; Spalten *VA … OS* zu „Mittelwerte der anteiligen Fertigung in h/t in den einzelnen Fertigungsbereichen"; Spalten *Werkstatt / Baustelle* zu „Brutto Elektrodenbedarf % v. Baugew."

Geometrisches Volumen m³	Kugelmantel Blechdicke mm	Kugelmantel km	Gewichtsfaktor F	Kpl. Anlage A = Km·F	Teil-Vorfertigung h/t	VA	VB	VS	ZK	SS	MB/ZM	OS	% tol. in der Fertigung ±	Werkstatt	Baustelle
3000	16	129	1,16	150	13,8	4,75	3,4	0,7	1,8	1,7	1,05	0,4	7	0,15	
	20	161	1,15	185	11,8	3,9	3,15	0,6	1,5	1,4	0,9	0,35		0,13	2,3
	25	202	1,14	230	10,2	3,2	3,0	0,5	1,25	1,15	0,8	0,3		0,12	
	30	241	1,13	275	9,1	2,75	2,85	0,45	1,1	1,0	0,7	0,25	5	0,10	
4000	16	156	1,16	181	12,3	4,3	3,3	0,6	1,5	1,4	0,8	0,4	6	0,13	
	20	195	1,15	225	10,9	3,75	3,05	0,55	1,3	1,2	0,7	0,35		0,12	
	25	244	1,14	278	9,5	3,1	2,9	0,45	1,1	1,05	0,6	0,3		0,11	2,25
	30	293	1,13	330	8,5	2,7	2,75	0,4	0,95	0,9	0,55	0,25		0,09	
	35	342	1,12	385	7,7	2,4	2,55	0,35	0,85	0,8	0,5		4		
6000	16	205	1,15	235	11,5	4,1	3,2	0,5	1,4	1,25	0,7	0,35	6	0,11	
	20	257	1,14	290	10,2	3,55	3,0	0,45	1,2	1,1	0,6	0,3			
	25	320	1,13	360	9,0	3,0	2,9	0,4	1,0	0,95	0,5	0,25		0,10	2,2
	30	384	1,12	430	7,9	2,6	2,65	0,35	0,85	0,8	0,45	0,2		0,08	
	35	448	1,11	500	7,1	2,3	2,45	0,30	0,75	0,7	0,4		4		
10000	20	360	1,14	415	9,5	3,3	3,0	0,40	1,0	0,95	0,60	0,25	6	0,10	
	25	450	1,13	510	8,4	2,8	2,9	0,35	0,85	0,80	0,50	0,20		0,08	
	30	540	1,12	605	7,4	2,55	2,55	0,3	0,75	0,70	0,40	0,15		0,07	2,15
	35	630	1,11	700	6,7	2,25	2,35	0,25	0,70	0,65	0,35		4	0,065	
15000	20	470	1,13	530	9,0	3,3	3,0	0,35	0,85	0,80	0,50	0,20	6	0,09	
	25	590	1,12	660	7,9	2,8	2,9	0,3	0,70	0,65	0,40	0,15		0,07	2,15
	30	707	1,11	785	6,95	2,55	2,55	0,23	0,60	0,55	0,35	0,12		0,06	
	35	825	1,10	910	6,25	2,25	2,35	0,2	0,55	0,50	0,30	0,10	4	0,055	
20000	20	570	1,13	645	8,5	3,25	2,95	0,3	0,75	0,70	0,40	0,15	6	0,08	
	25	715	1,12	800	7,4	2,75	2,75	0,25	0,60	0,55	0,35			0,06	2,15
	30	855	1,11	950	6,6	2,5	2,5	0,2	0,50	0,50	0,30	0,10		0,05	
	35	1000	1,10	1100	6,0	2,2	2,35		0,45	0,45	0,25		4	0,045	
25000	25	825	1,11	915	7,0	2,6	2,7	0,25	0,55	0,50	0,30		5	0,06	
	30	995	1,10	1090	6,3	2,4	2,5	0,20	0,45	0,40	0,25	0,10		0,05	2,10
	35	1160	1,09	1265	5,75	2,15	2,35	0,18	0,40	0,35	0,22		4	0,045	
30000	25	935	1,11	1040	6,7	2,55	2,65	0,25	0,50	0,40	0,25	0,10	5	0,05	
	30	1120	1,10	1230	5,9	2,2	2,4	0,21	0,43	0,36	0,22			0,04	2,10
	35	1310	1,09	1430	5,4	2,0	2,2	0,19	0,4	0,33	0,20	0,08		0,035	
	40	1490	1,08	1610	4,9	1,8	2,0	0,18	0,36	0,31	0,18	0,07	4		
40000	25	1130	1,10	1250	5,8	2,15	2,35	0,25	0,40	0,35	0,21	0,09	4	0,04	
	30	1350	1,09	1475	5,2	1,85	2,25	0,2	0,35	0,3	0,18	0,07			2,05
	35	1580	1,08	1700	4,8	1,65	2,15	0,18	0,32	0,28	0,15	0,06		0,035	
	40	1810	1,07	1940	4,4	1,5	2,0	0,15	0,3	0,25		0,05	4		
50000	25	1320	1,10	1450	5,1	1,80	2,2	0,20	0,35	0,3	0,18	0,07	4	0,035	
	30	1570	1,09	1725	4,6	1,55	2,1	0,17	0,30	0,27	0,15	0,06			2,0
	35	1840	1,08	2000	4,25	1,4	2,0	0,15	0,27	0,24	0,14	0,05		0,03	
	40	2100	1,07	2275	4,0	1,3	1,9		0,25	0,22	0,13		4		

Bemerkung:

Gewichtsstreuung der kompletten Anlage:

$\leqq$ 2000 m³ geometrisches Volumen $+-5\%$
$\leqq$ 4000 m³ geometrisches Volumen $+-4\%$
$\leqq$ 6000 m³ geometrisches Volumen $+-3\%$
$\geqq$ 10000 m³ geometrisches Volumen $+-2\%$

Bei Schalenauflage:	Gewichtsfaktor:	Fertigungsfaktor:
$<$1000 m³ geometrisches Volumen	0,90—0,85	0,85—0,80
$>$1000 m³ geometrisches Volumen	0,95—0,90	
Bei Pratzen- oder Ringauflage:	im Mittel 0,90	0,90—0,85

Die Fertigungsbereiche MB/ZM sind wegen des relativ geringen Zeitanteils des Fertigungsbereichs ZM, im Mittel $\approx 10\%$, zusammengelegt.

Montage-Richtwerte: s. Tab. 144, S. 205.

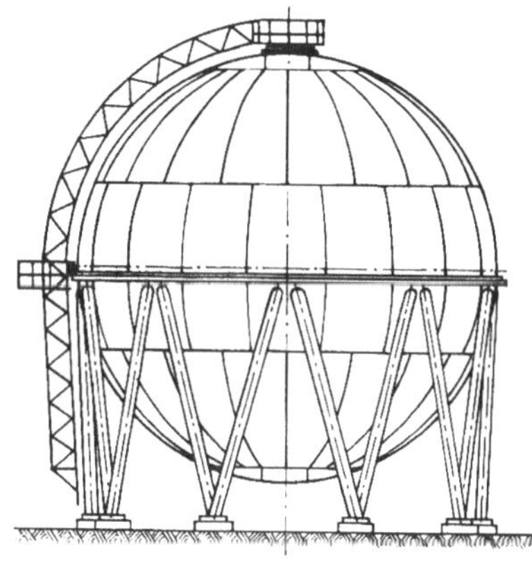

Abb. 38. Hochdruck-Kugelbehälter
(s. Tab. 64, S. 109).

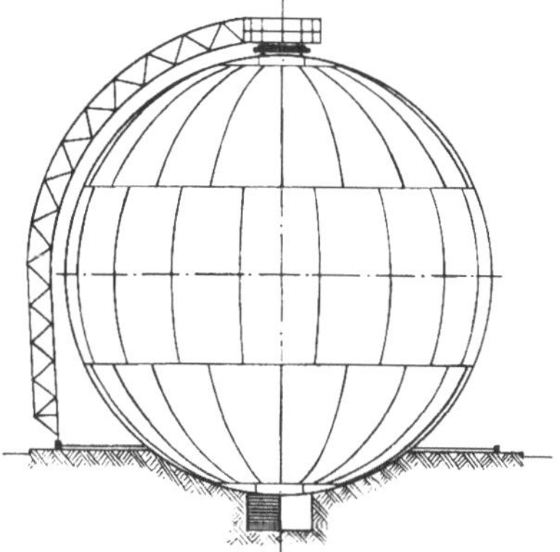

Abb. 39. Hochdruck-Kugelbehälter —
Schalenauflage (s. Tab. 64, S. 109).

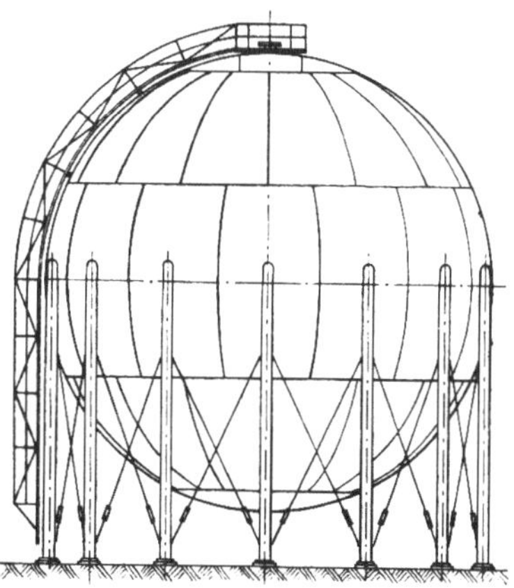

Abb. 40. Hochdruck-Kugelbehälter
(s. Tab. 65, S. 112).

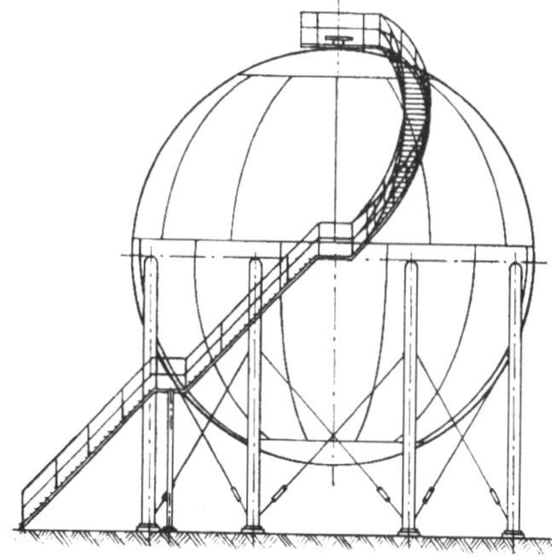

Abb. 41. Hochdruck-Kugelbehälter
(s. Tab. 65, S. 112).

Tabelle 65. Hochdruck-Kugelbehälter, 500 bis 6000 m³
Speicherung von flüssigen Medien unter Hochdruck

Merkmal:

Kugelförmiger Blechmantel, Rohr-Stützgerüst, Einzelvertikale tangential unterhalb Äquatorlinie anlaufend, Mannlöcher, sowie diverse Meß- und Regelstutzen, Begehungseinrichtung wie spiralförmige Außentreppe, gegebenenfalls Korbleiter, Polpodest, senkrechte Innenleiter.

| Gesamte werkstattmäßige Herrichtung und Vorfertigung zur Endmontage auf der Baustelle.

Ohne Schutzanstrich.
Siehe Abb. 40 und 41, S. 111.

Geometrisches Volumen m³	Kugelmantel Blechdicke mm	≈ Baugewicht t Kugelmantel Km	Gewichtsfaktor F	Kpl. Anlage A = Km·F	Teil-Vorfertigung h/t	VA	VB	VS	ZK	SS	MB/ZM	OS	% tol. in der Fertigung ±	Brutto Elektrodenbedarf % v. Baugew. Werkstatt	Baustelle
	10	24,3	1,42	34,5	33,0	9,0	8,4	2,1	5,4	6,0	0,9	1,2	18		
	12	29,2	1,35	39,5	29,8	8,0	7,8	1,9	4,8	5,4	0,8	1,1		0,45	
	16	39,0	1,28	50,0	24,3	6,45	6,4	1,55	3,9	4,4	0,7	0,9			2,95
500	20	48,8	1,24	60,5	20,8	5,55	5,55	1,3	3,35	3,7	0,6	0,75		0,35	
	25	61,0	1,22	74,5	17,3	4,6	4,7	1,1	2,8	3,05	0,5	0,65		0,3	
	30	73,0	1,21	88,5	15,3	4,0	4,1	0,95	2,5	2,7	0,45	0,6		0,28	
	35	85,5	1,20	102,5	14,0	3,55	3,85	0,85	2,3	2,5	0,4	0,55	7	0,26	
	10	27,7	1,35	37,5	31,5	8,5	7,9	2,1	5,2	5,75	0,85	1,2	16		
	12	33,0	1,30	43,0	28,0	7,6	7,0	1,8	4,75	5,1	0,75	1,0		0,42	
	16	44,3	1,25	55,5	22,5	6,1	6,0	1,4	3,7	3,9	0,6	0,8			
600	20	55,5	1,22	68,0	19,0	5,1	5,1	1,2	3,1	3,3	0,5	0,7		0,33	2,9
	25	69,0	1,21	83,5	15,8	4,2	4,3	0,95	2,55	2,75	0,45	0,6		0,28	
	30	83,0	1,20	100,0	13,7	3,6	3,7	0,85	2,2	2,4	0,4	0,55		0,25	
	35	96,5	1,19	115,0	12,8	3,2	3,6	0,75	2,1	2,3	0,35	0,5	6	0,22	
	10	33,4	1,32	44,0	28,8	8,1	7,3	1,9	4,7	5,0	0,8	1,0	14		
	12	40,5	1,25	50,5	25,5	7,1	6,5	1,6	4,2	4,5	0,7	0,9		0,38	
	16	53,5	1,22	65,0	20,4	5,6	5,3	1,25	3,4	3,55	0,55	0,75			
800	20	67,5	1,21	82,0	16,7	4,5	4,5	1,0	2,75	2,9	0,45	0,6		0,30	2,75
	25	84,0	1,20	101,0	14,4	3,8	4,0	0,85	2,35	2,5	0,4	0,5		0,25	
	30	101,0	1,19	120,0	12,7	3,25	3,6	0,7	2,1	2,25	0,35	0,45		0,22	
	35	117,5	1,18	139,0	11,7	2,9	3,4	0,65	1,9	2,1		0,4	6	0,20	
	12	46,5	1,22	57,0	23,5	6,75	5,9	1,5	3,8	4,1	0,65	0,8	13		
	16	62,0	1,21	75,0	18,7	5,25	4,9	1,2	3,0	3,2	0,5	0,65		0,34	
	20	77,5	1,20	93,0	15,7	4,3	4,35	0,95	2,5	2,65	0,4	0,55		0,27	
1000	25	97,0	1,19	116,0	13,3	3,55	3,85	0,75	2,1	2,25	0,35	0,45		0,23	2,6
	30	117,0	1,18	138,0	11,7	3,0	3,45	0,65	1,9	2,0		0,4		0,20	
	35	136,0	1,17	159,0	10,7	2,65	3,3	0,6	1,7	1,8	0,3	0,35		0,18	
	40	155,0	1,16	180,0	9,9	2,4	3,2	0,5	1,55	1,65		0,3	5	0,17	
	12	53,8	1,21	65,0	21,7	6,5	5,3	1,4	3,45	3,7	0,6	0,75	12	0,3	
	16	72,0	1,20	86,5	17,4	5,0	4,65	1,1	2,7	2,9	0,45	0,6			
	20	89,5	1,19	106,5	14,7	4,1	4,1	0,9	2,25	2,45	0,4	0,5		0,23	
1250	25	112,0	1,18	132,0	12,4	3,4	3,65	0,7	1,9	2,0	0,35	0,4		0,2	2,5
	30	135,0	1,17	158,0	10,8	2,9	3,35	0,6	1,6	1,7		0,35		0,18	
	35	157,0	1,16	182,0	10,0	2,55	3,2	0,55	1,5	1,6	0,3	0,3		0,17	
	40	179,0	1,15	206,0	9,4	2,3	3,1	0,5	1,4	1,5			5	0,16	

Tabelle 65 (Fortsetzung)

Geometrisches Volumen m³	Kugelmantel Blechdicke mm	Kugelmantel Km	Gewichtsfaktor F	Kpl. Anlage A = Km·F	Teil-Vorfertigung h/t	VA	VB	VS	ZK	SS	MB/ZM	OS	% tol. in der Fertigung ±	Brutto Elektrodenbedarf % v. Baugew. Werkstatt	Baustelle
1500	12	61,0	1,20	73,0	20,4	6,3	5,0	1,25	3,15	3,4	0,55	0,75	11	0,27	
	16	81,5	1,19	97,0	16,3	4,8	4,35	1,0	2,45	2,65	0,45	0,6			
	20	102,0	1,18	120,0	13,8	3,9	3,85	0,8	2,1	2,25	0,4	0,5		0,21	
	25	127,0	1,17	149,0	11,8	3,25	3,5	0,65	1,75	1,9	0,35	0,4		0,18	2,45
	30	152,0	1,16	176,0	10,4	2,8	3,2	0,55	1,55	1,65		0,35		0,16	
	35	178,0	1,15	205,0	9,5	2,45	3,05	0,5	1,4	1,5	0,3			0,15	
	40	203,0	1,14	232,0	8,9	2,2	2,95	0,45	1,3	1,4		0,3	5	0,14	
1750	12	68,0	1,19	81,0	19,0	6,1	4,7	1,05	2,95	3,1	0,5	0,6	10	0,24	
	16	91,0	1,18	107,0	15,3	4,7	4,0	0,9	2,3	2,45	0,4	0,55			
	20	113,0	1,17	132,0	13,0	3,85	3,7	0,7	1,9	2,05	0,35	0,45		0,19	
	25	142,0	1,16	165,0	11,0	3,1	3,35	0,6	1,6	1,7	0,3	0,35		0,16	2,4
	30	170,0	1,15	195,0	9,9	2,7	3,1	0,55	1,45	1,55		0,3			
	35	199,0	1,14	227,0	9,0	2,35	2,95	0,45	1,3	1,4	0,25			0,14	
	40	227,0	1,13	257,0	8,4	2,15	2,85	0,4	1,2	1,3		0,25	5	0,13	
2000	12	74,0	1,18	87,0	18,2	5,85	4,55	1,0	2,8	2,95	0,5	0,55	9	0,22	
	16	98,5	1,17	115,0	14,5	4,5	3,85	0,8	2,2	2,3	0,4	0,45			
	20	123,0	1,16	143,0	12,4	3,65	3,55	0,65	1,85	1,95	0,35	0,4		0,17	
	25	154,0	1,15	177,0	10,6	3,0	3,2	0,55	1,55	1,65	0,3	0,35		0,14	2,35
	30	185,0	1,14	211,0	9,5	2,6	3,05	0,5	1,35	1,45		0,3		0,13	
	35	216,0	1,13	244,0	8,7	2,3	2,85	0,45	1,25	1,35	0,25				
	40	247,0	1,12	276,0	8,1	2,1	2,7	0,4	1,15	1,25		0,25	5	0,12	
3000	16	129,0	1,16	150,0	12,7	4,15	3,4	0,7	1,8	1,9	0,35	0,4	7	0,16	
	20	161,0	1,15	185,0	10,8	3,4	3,1	0,6	1,5	1,55	0,3	0,35		0,14	
	25	202,0	1,14	230,0	9,3	2,8	2,9	0,5	1,25	1,3	0,25	0,3		0,12	
	30	241,0	1,13	272,0	8,4	2,45	2,8	0,45	1,10	1,10		0,25		0,10	2,3
	35	282,0	1,12	316,0	7,6	2,15	2,65	0,4	1,0	1,0	0,2				
	40	322,0		361,0	7,0	1,95	2,5	0,35	0,9	0,9		0,2	4	0,09	
4000	16	156,0	1,16	181,0	11,6	3,85	3,3	0,6	1,55	1,6	0,3	0,4	6	0,13	
	20	195,0	1,15	224,0	10,1	3,2	3,05	0,55	1,35	1,35	0,25	0,35		0,12	
	25	244,0	1,14	278,0	8,8	2,7	2,85	0,45	1,15	1,15		0,3		0,11	
	30	293,0	1,13	331,0	7,8	2,35	2,7	0,4	0,95	0,95					2,25
	35	342,0	1,12	383,0	7,1	2,1	2,5	0,35	0,85	0,85	0,2	0,25		0,09	
	40	390,0		438,0	6,6	1,9	2,4	0,3	0,8	0,8		0,2	4	0,08	
6000	20	257,0	1,14	293,0	9,4	3,1	3,0	0,45	1,15	1,15	0,25	0,3	6	0,11	
	25	320,0	1,13	360,0	8,3	2,65	2,8	0,4	1,0	1,0		0,25		0,10	
	30	384,0		430,0	7,3	2,3	2,55	0,35	0,85	0,85	0,2	0,2			2,2
	35	448,0	1,12	502,0	6,5	2,0	2,35	0,3	0,75	0,75		0,15		0,08	
	40	512,0		573,0	6,0	1,8	2,2	0,25	0,7	0,7			4	0,07	

Bemerkung:

Gewichtsstreuung der kompletten Anlage:
$\leqq$1000 m³ geometrisches Volumen ±5%
$\leqq$3000 m³ geometrisches Volumen ±4%
$\leqq$6000 m³ geometrisches Volumen ±3%

Bei Schalen-, Pratzen- oder Ringauflage: Gewichtsfaktor: Fertigungsfaktor:
<6000 m³ goemetrisches Volumen   im Mittel 0,90   im Mittel 0,90

Die Fertigungsbereiche MB/ZM sind wegen des relativ geringen Zeitanteils des Fertigungsbereichs ZM, im Mittel ≈10%, zusammengelegt.

Montage-Richtwerte: s. Tab. 144, S. 205.

Tabelle 66.   Leitern und Treppen für Kugelbehälter

Merkmal:
- A. Rohrkonstruktion mit mechanischem Antrieb
- B. Blech-Profilstahlkonstruktion — Treppenstufen, Gitterroste
- C — D. Einfache normale Rohr-Profilstahlkonstruktion

Ohne Schutzanstich
Siehe Abb. 38 bis 41, Seite 111.

Baugewicht t	Gesamtfertigung h/t	Mittelwerte der anteiligen Fertigung in h/t in den einzelnen Fertigungsbereichen							% tol. in der Fertigung +/−	Brutto Elektrodenbedarf % v. Baugew.
		VA	VB	VS	ZK	SS	MB	ZM		

A. Fahrbare Leitern, außen und innen

Baugewicht t	Gesamtfertigung h/t	VA	VB	VS	ZK	SS	MB	ZM	% tol.	Brutto Elektroden
1,0	205	35,0	27,0	27,0	55,0	28,0	20,0	13,0		2,0
2,0	170	30,0	22,0	22,0	49,0	22,0	15,0	10,0		1,6
4,0	140	26,0	19,2	19,2	41,0	17,0	11,1	6,5		1,2
6,0	120	22,9	17,2	17,2	35,0	13,6	9,1	5,0	+10	1,0
8,0	105	20,0	15,7	15,7	30,0	12,0	7,5	4,1	− 5	0,9
10,0	95	18,5	14,4	14,4	26,8	11,0	6,4	3,5		0,85
12,5	85	16,5	13,0	13,0	24,0	10,0	5,5	3,0		0,8
15,0	76	15,0	11,5	11,5	21,0	9,5	5,0	2,5		0,75

B. Spiralförmige Außentreppen mit Polpodest

Baugewicht t	Gesamtfertigung h/t	VA	VB	VS	ZK	SS	MB	ZM	% tol.	Brutto Elektroden
1,0	200	35,0	40,0	30,0	60,0	35,0	—	—		2,7
2,0	155	29,0	31,0	22,5	46,5	26,0	—	—		2,0
3,0	130	25,0	25,5	19,5	39,0	21,0	—	—	+10	1,65
4,0	110	22,0	21,5	15,7	32,8	18,0	—	—	− 5	1,4
5,0	95	19,5	18,2	13,5	27,8	16,0	—	—		1,25
6,0	85	17,8	16,0	12,0	24,5	14,7	—	—		1,15

C. Außenleitern mit Rückenschutz und Polpodest

Baugewicht t	Gesamtfertigung h/t	VA	VB	VS	ZK	SS	MB	ZM	% tol.	Brutto Elektroden
0,75	120	17,5	17,5	—	40,0	45,0	—	—		3,0
1,0	110	15,0	15,0	—	39,0	41,0	—	—		2,7
1,5	100	12,5	12,5	—	37,0	38,0	—	—	±5	2,5
2,0	95	11,0	11,0	—	36,0	37,0	—	—		2,4
2,5	90	9,5	9,5	—	35,0	36,0	—	—		2,3

D. Vertikale Innenleitern

Baugewicht t	Gesamtfertigung h/t	VA	VB	VS	ZK	SS	MB	ZM	% tol.	Brutto Elektroden
0,25	75	15,0	18,0	—	22,0	20,0	—	—		
0,5	70	14,0	17,0	—	20,5	18,5	—	—	±5	1,75
0,75	65	13,0	15,5	—	19,0	17,5	—	—		
1,0	60	12,0	14,5	—	17,5	16,0	—	—		

Bemerkung:
A—D. In montagegerechten Größen zur Baustelle.

Tabelle 67. Drucklose Lagertanke

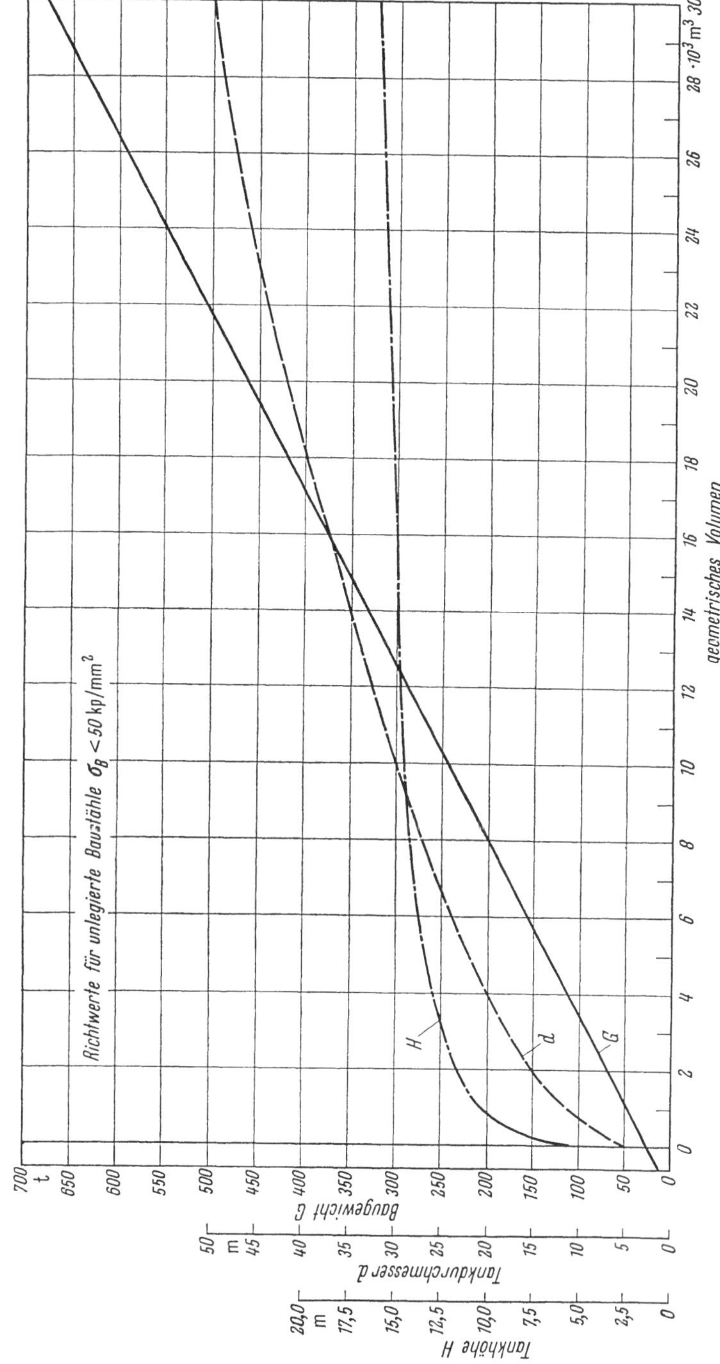

Tabelle 68.   Lagertanke $<150\ \mathrm{m^3}$

Merkmal:
Lagerung von flüssigen Medien
Stehender, druckloser Festdachtank ohne Bodenheizung, Mannloch, diverse Meß- und Regel-
stutzen, Begehungseinrichtung wie Innen- und Außenleiter, Dachgeländer.
Bodenheizung: s. Tab. 69, S. 117.
Einmaliger äußerer Schutzanstrich.
Siehe Abb. 42.

| Geometrisches Volumen m³ | ≈ Baugewicht t | Richtwerte | | tol. in den Baumaßen + − | Gesamtfertigung h/t | Mittelwerte der anteiligen Fertigung in h/t in den einzelnen Fertigungsbereichen | | | | | | | % tol in der Fertigung + − | Brutto Elektroden bedarf % Baugew. |
		≈ Tank ⌀ m	≈ zyl. Tankhöhe m			VA	VB	VS	ZK	SS	MB/ZM	OS		
50	5,5	4,25	3,75	10	60	7,0	13,3	2,7	14,0	19,0	1,3	2,7		2,0
75	7,5	4,75	4,5		52	5.7	11,9	2,2	11,9	16,7	1,1	2,5	+15	1,9
100	9,0	5,0	5,2		49	5,2	11,0	2,0	11,3	16,1	1,0	2,4	−10	1.85
125	10.0	5,25	5.8		47	5.0	10,2	1,9	10,9	15,8	0,85	2,35		1,8
150	11,0	5,6	6,3	7	46	4,9	9,7	1,8	10,8	15,7	0,8	2,3		

Bemerkung: betr. Fertigung:
Bei Gewichtsfaktor 0.9 = Fertigungsfaktor 1,10
Bei Gewichtsfaktor 0.95 = Fertigungsfaktor 1,05
Bei Gewichtsfaktor 1.1 = Fertigungsfaktor 0,95

Wegen der beiderseits relativ geringen Zeitanteile der Fertigungsbereiche MB/ZM wurden diese zusammengelegt.
Dabei beträgt der Anteil MB im Mittel 80%
der Anteil ZM im Mittel 20%

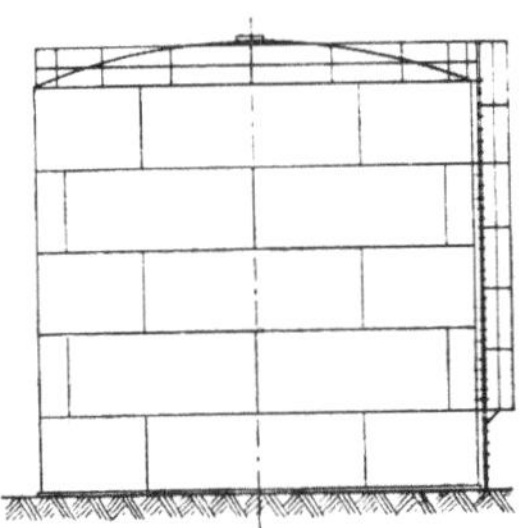

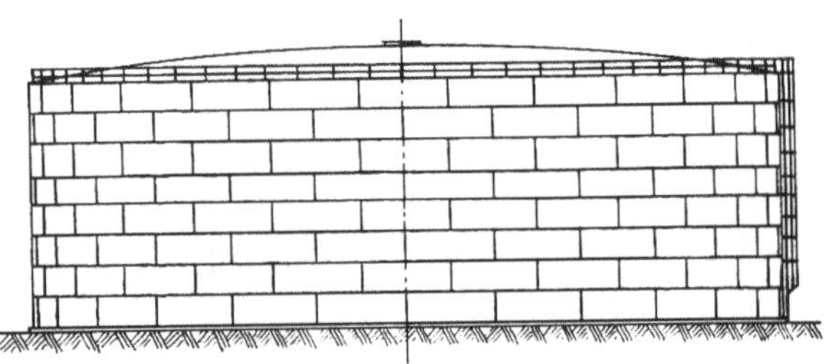

Abb. 42. Lagertank − 1 000 m³.   Abb. 43. Lagertank − 30 000 m³ (s. Tab. 68 und Tab. 70, S. 118).

Tabelle 69. Rohr-Heizschlangen für Lagertanke <150 m³

Merkmal:

Boden-Rohrschlange NW 50 mit Ein- und Auslaufstutzen, Bodenunterstützung und Verlaschung, komplett mit Einbau.

$\approx$ Baugewicht t	Richtwerte		Gesamtfertigung h/t	Mittelwerte der anteiligen Fertigung in h/t in den einzelnen Fertigungsbereichen							% tol in der Fertigung + —	Brutto Elektrodenbedarf % v. Baugew.
	Rohr Nennweite mm	entsprechend $\approx$ der Tankgröße m³		VA	VB	VS	ZK	SS	MB/ZM	OS		
0,25		50	245	18,0	90,0	30,0	45,0	40,0	16,0	6,0		3,2
0,325		75	232	16,0	87,0	29,5	42,0	38,5	13,2	5,8	+10	3,1
0,4	50	100	225	14,5	85,0	29,0	41,4	38,0	11,4	5,7	— 5	3,0
0,425		125	222	14,3	84,0	28,6	41,0	37,6	10,9	5,6		
0,45		150	220	14,1	83,0	28,3	41,0	37,6	10,5	5,5		2,95

Bemerkung:

Wegen der beiderseits relativ geringen Zeitanteile der Fertigungsbereiche MB/ZM wurden diese zusammengelegt.

Dabei beträgt der Anteil MB im Mittel 80%

der Anteil ZM im Mittel 20%

Tabelle 70. Lagertanke, 100 bis 30000 m³

Merkmal:
Lagerung von flüssigen Medien
Stehender druckloser Festdachtank ohne Bodenheizung, Mannloch, diverse Meß- und Regelstutzen,
Begehungseinrichtung wie Innen- und Außenleiter, Dachgeländer.
Bodenheizung: s. Tab. 71, S. 119.
Ohne Schutzanstrich.

|Gesamte werkstattmäßige Herrichtung und Vorfertigung zur Endmontage auf der Baustelle.

Siehe Abb. 42 und 43, S. 116.

Geometrisches Volumen m³	Baugewicht t	≈ Tank Ø m	≈ zyl. Tankhöhe m	% tol. in den Baumaßen	Teil/Vorfertigung h/t	Mittelwerte der anteiligen Fertigung in h/t in den einzelnen Fertigungsbereichen:						% tol. in der Fertigung	Brutto Elektrodenbedarf % v. Baugew.	
						VA	VB	VS	ZK	SS	MB/ZM		Werkstatt	Baustelle
100	10,0	5,0	5,2		24,5	5,0	10,0	1,8	3,7	3,0	1,0			
200	12,0	6,0	7,3		23,5	4,85	9,5	1,75	3,6	2,85	0,95		0,2	
300	14,0	7,0	8,0		22,7	4,7	9,1	1,7	3,55	2,75	0,9			1,65
400	17,0	7,75	8,7		22,2	4,6	8,9	1,65	3,5	2,7	0,85	+12		
500	18,5	8,5	9,0		21,7	4,45	8,75	1,6	3,45	2,65	0,8	−10		
600	21,0	9,0	9,5		21,2	4,35	8,6	1,6	3,35	2,55	0,75			
800	25,0	10,0	10,2		20,4	4,2	8,25	1,55	3,25	2,45	0,7		0,19	1,6
1000	30,0	11,0	10,5		19,7	4,05	8,1	1,45	3,1	2,35	0,65			
1500	40,0	13,5	11,0	±7	18,3	3,75	7,6	1,3	2,9	2,2	0,55	+8		1,55
2000	52,0	15,0	11,5		17,0	3,5	7,2	1,15	2,65	2,0	0,5	−6	0,18	
3000	74,0	17,5	12,5		15,1	3,0	6,8	1,0	2,25	1,65	0,4	+6	0,15	1,5
4000	97,0	20,0	13,0		13,6	2,55	6,55	0,85	1,95	1,4	0,3	−5	0,13	1,45
5000	118,0	22,0	13,5		12,4	2,2	6,3	0,75	1,7	1,2	0,25	+6	0,11	
												−5		1,4
6000	140,0	23,8	13,8		11,5	2,0	6,05	0,65	1,5	1,05	0,25		0,10	
8000	185,0	27,0	14,2		10,1	1,6	5,7	0,55	1,25	0,8	0,2		0,08	1,35
10000	230,0	30,0	14,5		9,2	1,4	5,5	0,45	1,05	0,65	0,15		0,065	1,3
15000	340,0	36,0	14,9		8,2	1,25	5,05	0,4	0,9	0,5	0,1	+5	0,05	
20000	455,0	42,0	15,3		7,6	1,15	4,8	0,35	0,8	0,4	0,1	−4	0,04	
25000	565,0	46,5	15,6		7,2	1,05	4,65	0,3	0,75	0,35	0,1		0,035	1,25
30000	680,0	50,0	16,0		6,8	1,0	4,45	0,25	0,7	0,3	0,1		0,03	

Bemerkung: betr. Fertigung:
    Bei Gewichtsfaktor   0,9 = Fertigungsfaktor 1,10
    Bei Gewichtsfaktor 0,95 = Fertigungsfaktor 1,05
    Bei Gewichtsfaktor   1,1 = Fertigungsfaktor 0,95

Betr. Anstrich — Ölen (Lange Zwischenlagerung — Seetransport usw.):
Einseitiger einmaliger Grund-Schutzanstrich auf vorbehandelter
Oberfläche   = 1,75—1,5 h/t
Einseitiger einmaliger Grund-Schutzanstrich einschließlich
Handentrostung bzw. Säuberung   = 2,75—2,25 h/t
Jeder weitere Anstrich   = 1,5—1,25 h/t
Bei beiderseitigem Anstrich   = Faktor 1,75—1,5
Einseitig einfach abölen   = 1,0—0,75 h/t
zweiseitig einfach abölen   = 1,75—1,5 h/t

Wegen der beiderseits relativ geringen Zeitanteile der Fertigungsbereiche MB/ZM wurden diese
zusammengelegt.
Dabei beträgt der Anteil MB im Mittel 80%
                der Anteil ZM im Mittel 20%

Montage-Richtwerte: s. Tab. 144, S. 205.

Tabelle 71. Rohr-Heizschlangen für Lagertanke, 100 bis 30 000 m³

Merkmal:

Boden-Rohrschlangen ≈ NW 50 — NW 80 mit Ein- und Auslaufstutzen, Bodenunterstützung und Verlaschung.
| Werkstattmäßige Herrichtung und Vorfertigung zur Endmontage auf der Baustelle.

≈ Baugewicht t	Richtwerte		Teil/Vorfertigung h/t	Mittelwerte der anteiligen Fertigung in h/t in den einzelnen Fertigungsbereichen						% tol in der Fertigung	Brutto Elektroden-bedarf % v. Baugew.	
	Rohr Nennweiten mm	entsprechend ≈ der Tankgröße m³		VA	VB	VS	ZK	SS	MB/ZM		Werk-statt	Bau-stelle
0,4	50	100	200,0	14,5	85,0	29,0	30,0	30,0	11,5		1,8	
0,5		200	190,0	13,9	82,5	27,8	28,1	28,1	9,6			
0,6		300	185,0	13,5	81,0	27,2	27,5	27,5	8,3		1,7	1,2
0,7		400	180,0	13,0	79,0	26,6	26,9	26,9	7,6			
0,8		500	175,0	12,5	77,5	26,0	26,0	26,1	6,9			
0,9		600	168,0	12,1	74,8	25,0	24,6	25,0	6,5		1,65	
1,0		800	159,0	11,7	70,8	23,7	23,2	23,7	5,9		1,55	1,0
1,2		1 000	150,0	11,3	67,5	22,5	21,5	22,0	5,2		1,5	
1,5		1 500	130,0	10,1	57,3	19,3	19,1	19,7	4,5		1,35	
1,8		2 000	115,0	9,1	50,0	16,8	17,2	17,9	4,0	+10	1,25	
2,25		3 000	95,0	7,9	39,8	13,5	15,0	15,7	3,1	− 5	1,1	0,8
2,75		4 000	82,0	7,0	33,0	11,1	13,8	14,5	2,6		1,05	
3,25		5 000	73,0	6,5	27,7	9,8	13,0	13,7	2,3			
3,75		6 000	67,0	6,1	24,6	8,8	12,3	13,1	2,1		1,0	
4,5		8 000	60,0	5,6	20,8	7,4	11,8	12,6	1,8			0,7
5,25		10 000	55,0	5,1	18,4	6,5	11,3	12,1	1,6		0,95	
7,0		15 000	51,0	4,75	16,2	5,9	10,9	11,8	1,45			
8,5		20 000	48,0	4,4	15,0	5,4	10,5	11,5	1,2			
10,25		25 000	46,5	4,1	14,6	5,2	10,3	11,2	1,1		0,9	0,6
12,0	80	30 000	45,0	4,0	14,0	5,0	10,0	11,0	1,0			

Bemerkung:

Wegen der beiderseits relativ geringen Zeitanteile der Fertigungsbereiche MB/ZM wurden diese zusammengelegt.

Dabei beträgt der Anteil MB im Mittel 80%
der Anteil ZM im Mittel 20%.

3. Behälter für den Transport von festen, flüssigen und gasförmigen Medien

Für den Transport von festen, flüssigen und gasförmigen Medien als industrielle Massengüter steht in den drei klassischen Förder- oder Zustellbereichen Straße, Schiene und Wasser nach wie vor der konventionelle liegende zylindrische Behälter erstrangig zur Verfügung.

Das ändert nichts, auch unter Berücksichtigung transporttechnischer und damit zugleich wirtschaftlicher Gesichtspunkte, am gelegentlichen oder auch für bestimmte Güter speziellen Dauereinsatz von klein- bis großräumigen Sonderbehältern und Transportern. Hierbei spielen auch die individuellen Eigenheiten der drei bekannten Zustellbereiche eine wesentliche Rolle.

Dabei ist in erster Linie an die Lieferung verflüssigter Gase mit transportablen Klein-Kugelbehältern im Transportbereich Schiene — Straße, von Haus zu Haus etwa, sowie auch an großräumige und doppelwandige Spezial-Schifftransporter für die Belieferung großer Industrien gedacht.

Die in den Transportbereichen Straße, Schiene und Wasser zum Einsatz kommenden Behälter der nachfolgenden **Tab. 72 bis 74,** S. 121 bis 126, berücksichtigen in ihrer baulichen Konzeption schon die natürlichen und gegebenen Begrenzungen und Beschränkungen bezüglich der Ausmaße und Volumen sowie der zulässigen Straßen- und Schienenbelastungen, vor allem aber bestimmte Vorschriften und Sicherheitsauflagen, die unumgänglich sind.

Im Straßenverkehr gelangen aus diesen Gründen nur relativ leichtgewichtige Behälter mit einem geometrischen Volumen von etwa 8 bis 35 m³ für den Transport von flüssigen und staubförmigen Gütern zu einem allerdings begrenzten Einsatz.

Einen ungleich größeren Güterumschlag erreichen schienengebundene Fahrzeuge, sogenannte Kesselwagen, insbesondere wenn im Zug als Kette gekoppelt.

Befördert werden hier in ebenfalls verhältnismäßig leichten aufgesattelten Behältern mit geometrischen Volumen von etwa 15 bis 100 m³ fast alle normal- und zähflüssigen Stoffe, vor allem für die chemische Industrie.

Inanspruchnahme und effektive Nutzung dieser wesentlich wirtschaftlicheren Transportmöglichkeit setzt natürlich einen Gleisanschluß voraus.

Im dritten Transportbereich Wasser tragen sowohl Binnenschiffe als auch Hochseetransporter entsprechend ihrer Raumkapazität eine mehr oder weniger große Behälterbatterie, d. h. ein- oder mehrlagig eine Reihe von Einzelbehältern mit einem geometrischen Volumen zwischen etwa 60 bis 600 m³. Aus räumlichen Gründen können dabei die im Bug des Schiffes liegenden Behälter eine gewisse Konizität aufweisen.

Die bemerkenswert höheren Wand- oder Blechdicken dieser Schiffbehälter stehen in natürlicher Relation zu den hier wesentlich größeren Behälterdurchmessern, die bis zu etwa 6 m betragen.

Befördert auf dem Wasserwege werden für Großabnehmer oder Industrie Flüssiggase, Öle, Säuren und Laugen.

Tabelle 72. Eisenbahn-Transportbehälter, 15 bis 100 m³

Merkmal:

A. Liegender zylindrischer Druckbehälter mit Mannloch, Dom-, Regel- und Entleerungsstutzen, Sattel-Auflageleisten.
Ohne Sonnenschutzdach.
Einmaliger äußerer Schutzanstrich.
Siehe Abb. 44, S. 122.
B. Wie unter A, jedoch mit Sonnenschutzdach.
Siehe Abb. 45, S. 122.
Fertigungsfaktor unter „Bemerkung" beachten.

| Geometrisches Volumen m³ | Richtwerte | | | Mittelwerte der anteiligen Fertigung in h/t in den einzelnen Fertigungsbereichen | | | | | | | | % tol in der Fertigung ± | Brutto Elektrodenbedarf % v. Baugew. |
	Mittl. Behälter Blechdicke mm	≈ Baugewicht t	Gesamtfertigung h/t	VA	VB	VS	ZK	SS	MB/ZM	OS	SK		
15	6	2,3	84,0	10,9	7,6	2,4	28,2	18,6	6,5	5,5	4,3	13	2,1
	8	2,9	68,8	8,65	6,3	1,9	23,1	15,9	5,15	4,4	3,4	|	1,85
	10	3,5	59,8	7,15	5,75	1,6	20,0	14,5	4,3	3,65	2,85	11	1,75
20	8	3,5	60,6	7,25	5,85	1,7	20,4	14,35	4,5	3,7	2,85	12	1,7
	10	4,1	54,4	6,25	5,35	1,45	18,2	13,6	3,9	3,2	2,45	|	1,65
	12	4,7	49,9	5,5	5,0	1,3	16,6	13,15	3,4	2,8	2,15	10	1,6
25	8	4,0	56,9	6,6	5,8	1,6	19,0	13,7	4,2	3,5	2,5	12	1,6
	10	4,7	50,8	5,7	5,25	1,4	16,8	12,9	3,6	3,0	2,15	|	1,55
	12	5,5	45,5	4,9	4,75	1,2	15,0	12,1	3,1	2,6	1,85	10	1,5
30	8	4,5	53,9	6,35	5,7	1,55	17,6	13,1	3,9	3,45	2,25	12	1,55
	10	5,3	47,9	5,4	5,15	1,35	15,5	12,3	3,35	2,95	1,9	|	1,5
	12	6,2	42,8	4,7	4,65	1,15	13,7	11,5	2,9	2,55	1,65	10	1,45
40	8	5,5	48,0	5,4	5,25	1,4	15,65	12,1	3,35	2,95	1,9	12	1,5
	10	6,4	43,3	4,7	4,9	1,2	14,0	11,4	2,9	2,55	1,65	|	1,45
	12	7,5	38,9	4,05	4,4	1,05	12,5	10,75	2,5	2,2	1,45	10	1,4
60	8	7,4	43,2	4,25	5,1	1,15	14,15	11,6	2,55	2,6	1,8	11	1,45
	10	8,7	38,3	3,65	4,55	1,0	12,5	10,65	2,2	2,2	1,55	|	1,4
	12	10,2	34,0	3,15	4,0	0,85	11,05	9,8	1,9	1,9	1,35	|	1,35
	14	11,8	30,7	2,8	3,65	0,75	9,9	9,1	1,65	1,65	1,2	9	1,25
80	10	11,0	34,6	3,0	4,2	0,85	11,6	9,85	1,8	2,0	1,3	11	1,3
	12	13,0	30,5	2,6	3,7	0,75	10,15	8,95	1,55	1,7	1,1	|	1,2
	14	15,0	27,5	2,3	3,25	0,65	9,15	8,3	1,35	1,5	1,0	9	1,15
100	10	13,5	31,8	2,55	3,9	0,75	11,0	9,1	1,5	1,9	1,1	10	1,2
	12	15,8	28,3	2,25	3,5	0,65	9,8	8,2	1,3	1,65	0,95	|	1,15
	14	18,0	26,0	2,05	3,25	0,6	8,95	7,7	1,15	1,45	0,85	8	1,1

Bemerkung:
Wegen der beiderseits relativ geringen Zeitanteile der Fertigungsbereiche MB/ZM wurden diese zusammengelegt.
Dabei beträgt der Anteil MB im Mittel 85%
          der Anteil ZM im Mittel 15%

Bei der Ausführung mit Sonnenschutzdach sind folgende Fertigungsfaktoren anzuwenden:
Geometrisches Volumen $<30\ m^3$ = Faktor 1,20
                       $40\ m^3$ = Faktor 1,25
                       $<60\ m^3$ = Faktor 1,30

Fertigungsfaktoren bei mehreren Behältern:
Stückzahl: 3 = Faktor 0,95
            5 = Faktor 0,90
           10 = Faktor 0,85
           20 = Faktor 0,80

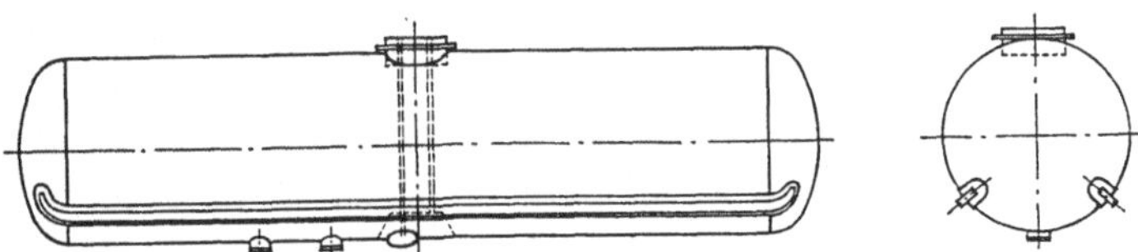

Abb. 44. Eisenbahn-Transportbehälter ohne Sonnenschutzdach,
Type A(s. Tab. 72, S. 121).

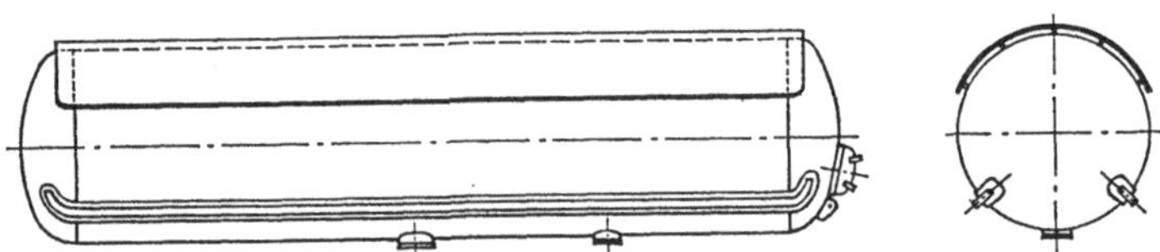

Abb. 45. Eisenbahn-Transportbehälter mit Sonnenschutzdach,
Type B (s. Tab. 72, S. 121).

Tabelle 73. Liegende Schiffsbehälter für Flüssiggas-Tanker, 60 bis 600 m³

Merkmal:

Liegende zylindrische Behälter mit Dom-, Mannloch- sowie diversen kleineren Meß- und Regelstutzen — Sumpfboden — Schwallbleche — Innenleiter — innenliegende spezielle Rohrleitungen — Schleißbleche bzw. Pratzen oder Randauflage — einmaliger äußerer Schutzanstrich. Siehe Abb. 46 und 47, S. 125.

Liegende konische Behälter — An- und Einbauten sowie Ausführung wie zylindrische Behälter. Für die Fertigung bzw. Kalkulation untenstehende Bemerkungen beachten. Siehe Abb. 48, S. 125.

Tabelle gilt für Behälter mit einteiligen Böden.
Bei mehrteiligen Böden Bemerkungen auf S. 125 beachten.

Geometrisches Volumen m³	Richtwerte Mittl. Behälter Blechdicke mm	≈ Baugewicht t	Gesamtfertigung h/t	Mittelwerte der anteiligen Fertigung in h/t in den einzelnen Fertigungsbereichen								% tol in der Fertigung + —	Brutto Elektrodenbedarf % v. Baugew.
				VA	VB	VS	ZK	SS	MB/ZM	OS	SK		
60	8	6,0	100	6,15	14,5	2,5	27,2	41,0	3,15	3,0	2,5	15	4,0
	10	8,0	78	4,8	11,65	2,0	20,9	32,0	2,4	2,35	1,9	—	3,15
	12	10,0	65	4,0	10,0	1,7	17,1	26,5	1,9	1,9	1,0	12	2,65
80	8	8,5	83,5	5,15	12,5	2,1	23,5	33,0	2,55	2,6	2,1	14	3,35
	10	10,0	72,8	4,6	11,0	1,9	20,0	29,0	2,2	2,25	1,85	—	3,0
	12	12,5	60,5	3,85	9,5	1,6	16,5	24,0	1,75	1,85	1,45	—	2,5
	16	16,5	48,8	3,15	7,7	1,25	13,0	18,7	1,4	1,45	1,15	11	2,05
100	8	11,0	73,8	4,7	11,5	1,8	21,0	28,2	2,4	2,25	1,95	12	3,0
	10	12,0	68,8	4,45	10,8	1,75	19,2	26,5	2,2	2,1	1,8	—	2,85
	12	15,0	57,0	3,75	9,2	1,45	15,65	22,0	1,75	1,75	1,45	—	2,4
	16	19,0	46,1	3,0	7,55	1,2	12,5	17,9	1,4	1,4	1,15	—	2,0
	20	25,0	36,5	2,4	6,05	0,95	9,8	14,2	1,05	1,15	0,9	10	1,75
150	10	17,0	60,2	3,9	9,3	1,6	17,2	23,0	1,8	1,9	1,5	11	2,5
	12	20,0	52,3	3,4	8,25	1,4	14,7	20,0	1,6	1,65	1,3	—	2,2
	16	25,0	42,7	2,8	6,85	1,15	11,8	16,4	1,3	1,35	1,05	—	1,85
	20	32,0	34,5	2,25	5,6	0,9	9,5	13,3	1,0	1,1	0,85	—	1,7
	25	40,0	29,1	1,85	4,8	0,75	8,0	11,3	0,8	0,9	0,7	9	1,65
200	10	22,0	54,3	3,5	8,4	1,5	15,7	20,5	1,6	1,8	1,3	10	2,3
	12	25,0	48,6	3,15	7,75	1,35	13,7	18,5	1,4	1,6	1,15	—	2,1
	16	32,0	38,9	2,55	6,25	1,1	10,9	14,8	1,1	1,3	0,9	—	1,75
	20	40,0	32,0	2,1	5,25	0,85	8,9	12,2	0,9	1,05	0,75	—	
	25	50,0	27,4	1,7	4,7	0,7	7,5	10,6	0,75	0,85	0,6	—	
	30	62,0	24,3	1,4	4,2	0,6	6,4	9,9	0,6	0,7	0,5	—	1,6
	35	78,0	22,4	1,15	3,95	0,5	5,65	9,7	0,45	0,6	0,4	—	
	40	92,0	21,4	1,0	3,8	0,45	5,3	9,6	0,4	0,5	0,35	8	
250	10	27,0	49,7	3,1	7,9	1,45	14,5	18,5	1,4	1,6	1,25	10	2,15
	12	30,0	45,5	2,85	7,35	1,35	13,0	17,1	1,3	1,45	1,10	—	1,95
	16	38,0	36,7	2,3	6,0	1,05	10,45	13,8	1,05	1,15	0,9	—	1,7
	20	47,0	30,6	1,9	5,1	0,85	8,6	11,6	0,85	0,95	0,75	—	
	25	58,0	26,6	1,6	4,6	0,7	7,3	10,3	0,7	0,8	0,6	—	
	30	72,0	23,8	1,3	4,15	0,6	6,25	9,8	0,55	0,65	0,5	—	1,6
	35	88,0	22,2	1,1	3,95	0,5	5,6	9,65	0,45	0,55	0,4	—	
	40	104,0	21,3	0,95	3,8	0,45	5,3	9,6	0,4	0,45	0,35	8	

(Fortsetzung nächste Seite)

Tabelle 73 (Fortsetzung)

Geometrisches Volumen m³	Mittl. Behälter-Blechdicke mm	Baugewicht t	Gesamtfertigung h/t	Mittelwerte der anteiligen Fertigung in h/t in den einzelnen Fertigungsbereichen								% tol. in der Fertigung ±	Brutto Elektrodenbedarf % v. Baugew.
				VA	VB	VS	ZK	SS	MB/ZM	OS	SK		
300	12	35,0	43,2	2,65	7,2	1,35	12,4	16,0	1,25	1,3	1,05	9	1,9
	16	45,0	34,5	2,1	5,85	1,05	9,85	12,8	1,0	1,0	0,85		1,65
	20	55,0	29,2	1,75	5,0	0,85	8,25	11,0	0,8	0,85	0,7		
	25	67,0	25,7	1,45	4,55	0,7	7,1	10,0	0,65	0,7	0,55		
	30	82,0	23,4	1,25	4,15	0,6	6,15	9,7	0,5	0,6	0,45		1,6
	35	99,0	22,0	1,05	3,9	0,5	5,55	9,65	0,45	0,5	0,4		
	40	115,0	21,2	0,95	3,8	0,45	5,25	9,55	0,4	0,45	0,35	7	
400	12	46,0	39,1	2,35	6,9	1,25	11,3	14,1	1,05	1,25	0,9	8	1,8
	16	58,0	32,0	1,95	5,7	1,0	9,1	11,7	0,8	1,0	0,75		
	20	70,0	27,6	1,65	4,95	0,8	7,7	10,4	0,65	0,85	0,6		
	25	85,0	24,7	1,35	4,5	0,7	6,7	9,7	0,55	0,7	0,5		1,6
	30	101,0	23,0	1,2	4,15	0,6	5,95	9,6	0,45	0,6	0,45		
	35	120,0	21,8	1,0	3,9	0,5	5,5	9,6	0,4	0,5	0,4		
	40	138,0	21,0	0,9	3,8	0,45	5,15	9,55	0,35	0,45	0,35	6	
500	12	56,0	36,2	2,2	6,7	1,2	10,5	12,8	0,95	1,05	0,8	7	1,75
	16	70,0	30,0	1,8	5,6	0,95	8,5	10,9	0,75	0,85	0,65		
	20	85,0	26,3	1,5	4,9	0,8	7,2	10,0	0,65	0,7	0,55		
	25	103,0	24,0	1,25	4,45	0,7	6,35	9,65	0,55	0,6	0,45		1,6
	30	120,0	22,6	1,1	4,15	0,6	5,8	9,6	0,45	0,5	0,4		
	35	140,0	21,6	0,95	3,9	0,5	5,45	9,6	0,4	0,45	0,35		
	40	162,0	20,7	0,85	3,75	0,45	5,1	9,5	0,35	0,4	0,3	5	
600	16	83,0	28,5	1,65	5,5	0,95	8,1	10,2	0,7	0,8	0,6	6	
	20	100,0	25,4	1,4	4,8	0,8	6,9	9,7	0,6	0,7	0,5		
	25	120,0	23,6	1,2	4,4	0,7	6,1	9,65	0,55	0,6	0,4		1,6
	30	140,0	22,3	1,05	4,1	0,6	5,65	9,6	0,45	0,5	0,35		
	35	160,0	21,4	0,95	3,9	0,5	5,4	9,5	0,4	0,45	0,3		
	40	185,0	20,6	0,85	3,75	0,45	5,1	9,4	0,35	0,4	0,3	4	

Bemerkung:

Allgemein: Wegen der beiderseits relativ geringen Zeitanteile der Fertigungsbereiche MB/ZM wurden diese zusammengelegt.

Dabei beträgt der Anteil MB im Mittel 75%
der Anteil ZM im Mittel 25%.

Konische Behälter = generell Fertigungsfaktor 1,25

Fertigung: Differenziert in den einzelnen Fertigungsbereichen:

VA 1,25		SS 1,4	
VB 1,2		MB/ZM 1,0	
VS 1,0		OS 1,05	
ZK 1,2		SK 1,0	

Behälter mit mehrteiligen Böden: (gültig für zylindrische und konische Behälter)

Böden	2teilig	$<$ 7teilig	$<$ 12teilig
Fertigungsfaktor je nach Behälter- größe	1,1 | 1,05	1,2 | 1,15	1,3 | 1,2

Fertigungsfaktoren bei mehreren Behältern:

Stückzahl 3 = Faktor 0,95
Stückzahl 5 = Faktor 0,90
Stückzahl 10 = Faktor 0,85

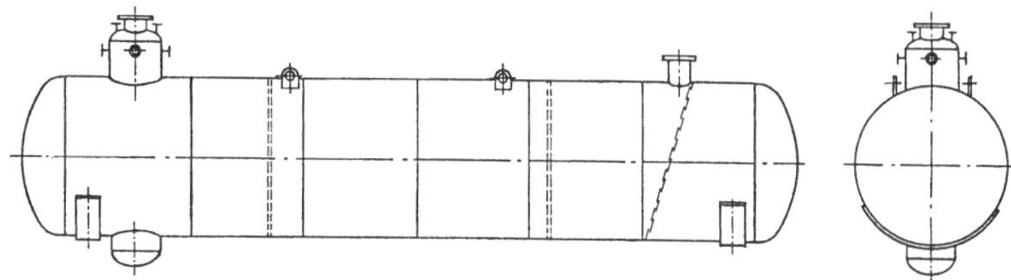

Abb. 46. Schiffsbehälter, Type A (s. Tab. 73, S. 123).

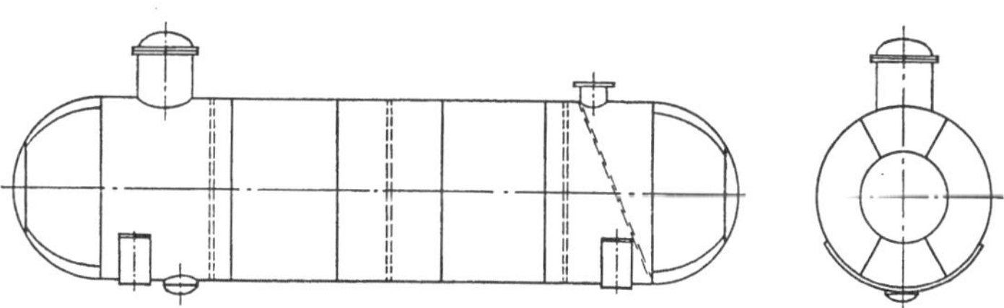

Abb. 47. Schiffsbehälter, Type A (s. Tab. 73, S. 123).

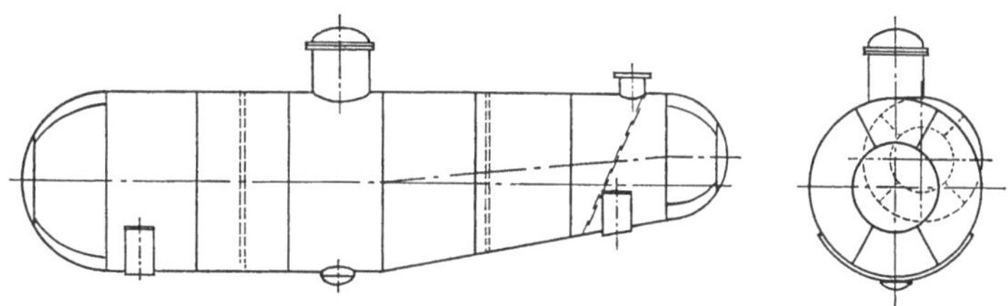

Abb. 48. Schiffsbehälter, Type B (s. Tab. 73, S. 123).

Tabelle 74. Straßenverkehr-Transportbehälter, 8 bis 35 m³

Merkmal:

A) Liegende zylindrische Druckbehälter mit Mannloch — div. Meß- und Regelstutzen bzw. Flansche — Schwallbleche — Tragkonstruktion zur Auflagerung auf L.K.W. — einmaliger äußerer Schutzanstrich — ohne Sonnenschutzdach.
Siehe Abb. 49;

B) Wie unter A, jedoch mit Sonnenschutzdach.
Siehe Abb. 50.

Fertigungsfaktor unter „Bemerkung" beachten.

Geometrisches Volumen m³	Richtwerte		Mittl. Behälter Blechdicke mm	Gesamtfertigung h/t	Mittelwerte der anteiligen Fertigung in h/t in den einzelnen Fertigungsbereichen								% tol. in der Fertigung	Brutto Elektrodenbedarf % v. Baugew.
	$\approx$ Baugewicht t	$\approx \varnothing$ und Länge m			VA	VB	VS	ZK	SS	MB/ZM	OS	SK		
8	2,2		7	105	10,2	17,5	3,7	26,3	30,5	7,3	5,0	4,5		3,4
10	2,5			97	9,1	16,4	3,4	25,0	28,0	6,6	4,5	4,0		3,0
12	2,9	1,5—2,5 $\varnothing$ 5,0—10,0 lang		90	7,95	15,5	3,05	23,8	26,2	5,9	4,1	3,5		2,85
15	3,5			83	6,9	14,5	2,7	22,6	24,6	5,1	3,6	3,0	+12	2,7
20	4,3			75	6,0	13,2	2,4	21,0	22,5	4,3	3,1	2,5	−10	2,5
25	5,2			69	5,25	12,3	2,1	19,7	21,2	3,65	2,7	2,1		2,35
30	6,0			65	4,75	11,8	1,9	18,8	20,2	3,25	2,5	1,8		2,25
35	7,0		11	62	4,4	11,5	1,8	18,0	19,5	2,9	2,3	1,6		2,2

Bemerkung:

Wegen der beiderseits relativ geringen Zeitanteile der Fertigungsbereiche MB/ZM wurden diese zusammengelegt.
Dabei beträgt der Anteil MB im Mittel 85%
           der Anteil ZM im Mittel 15%

Bei der Ausführung mit Sonnenschutzdach (Abb. 50) ist der Fertigungsfaktor 1,10 anzuwenden.

Fertigungsfaktoren bei mehreren Behältern:
         Stückzahl: 3 = Faktor 0,95
                   5 = Faktor 0,90

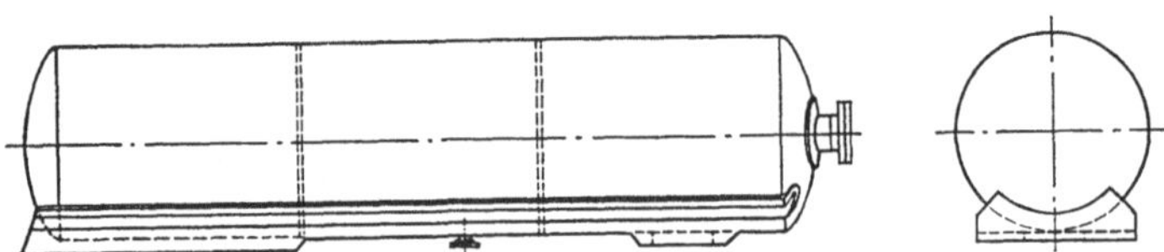

Abb. 49. Straßenverkehr-Transportbehälter ohne Sonnenschutzdach, Type A.

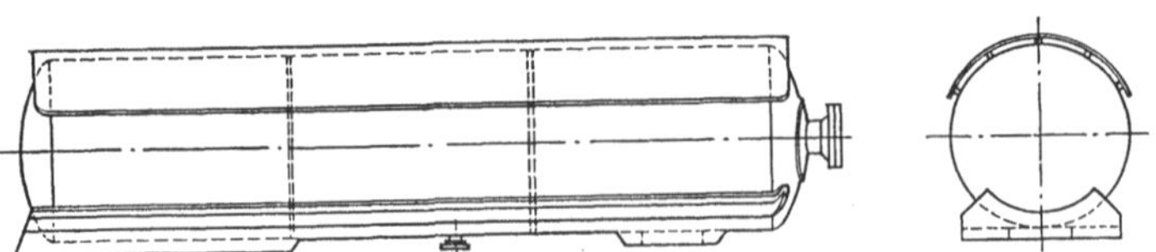

Abb. 50. Straßenverkehr-Transportbehälter mit Sonnenschutzdach, Type B.

4. Vakuum-Apparate — Behälter — Einrichtungen

Zur Durchführung bestimmter Verfahren im Unterdruck, also im stark luft- oder gas-verdünnten Raum, im sogenannten Vakuum, werden in vielen Industrie- und Versorgungs-bereichen, zunehmend aber auch in Entwicklung und Forschung, Vakuum-Apparate und -Anlagen eigenster Prägung eingesetzt.

Einsatz und Verwendung zum Beispiel von Transformatoren, Hoch- und Niederspannungs-kabeln, isolierenden Bauelementen und Baustoffen, vielen Chemikalien, Farben und Kunst-stoffen, aber auch bestimmten Lebensmitteln und Gütern des täglichen Bedarfs, sind ohne den Zwischen- oder abschließenden Prozeß der Trocknung, Ausdampfung oder Eindickung, der Filterung, Entgasung oder Destillation im Vakuum kaum oder nicht möglich.

Dasselbe gilt ohne Einschränkung für eine unabhängig davon, oder aber auch nachfolgend, stattfindende Füllung von Anlagen oder Tränkung von Stoffen mit bestimmten Medien.

Die Erschmelzung reiner Metalle in Vakuum-Öfen sei hier nur der Ordnung halber er-wähnt, kalkulatorisch sind diese Spezialanlagen nicht erfaßt.

Weltraumforschung und Flugtechnik erproben und testen in Vakuum-Apparaten, hoch-wertigen Simulationskammern aus zumeist Edelstahl, Satelliten unter weltraumähnlichen Bedingungen. Das Anwendungsgebiet der Vakuumtechnik, seiner Apparate, Anlagen und Einrichtungen ist also außerordentlich groß und vielschichtig.

Grenzen in der Anwendung und damit auch der konstruktiven Entwicklung sind kaum abzusehen.

Vielseitig wie in der Anwendung sind auch die Formen und Größen der Vakuum-Apparate. Gebaut werden sie immer individuell nach dem Zweck und den Erfordernissen, oft angepaßt an die räumlichen Verhältnisse und die speziellen Erfordernisse nach der Art der Beheizung und den sich daraus ergebenden Konsequenzen.

Die Größe und damit der Nutzraum der Apparate schwankt zwischen etwa 2 bis 500 m³ geometrisches Volumen.

Vakuum-Apparate, selbst größte Trockenschränke, werden relativ dünnwandig gebaut. Sie müssen nur dem atmosphärischen Außendruck genügen. Die Gefahr der Einbeulung wird durch äußere Ring- oder netzartig angebrachte Profilversteifungen behoben.

Zylindrische oder Ring-Gefäße werden in der Regel über diese Profilversteifungen mit Heißwasser oder Dampf beheizt.

Für die Vakuumbezeichnung haben sich in der Technik folgende Bereiche eingebürgert:

Grobvakuum von   760 — 1   Torr
Feinvakuum von   1 —10^{-3} Torr
Hochvakuum von 10^{-3}—10^{-6} Torr und mehr.

Das letztere trifft vor allem für die Weltraumforschung zu.

Nach diesen von Fall zu Fall unterschiedlichen Erfordernissen werden Konstruktionen und Zubehör ausgelegt.

Die Kostenfaktoren der nachfolgenden **Tab. 75 bis 87, S. 128 bis 140**, sind unter Beachtung vorerwähnter Fakten zu verstehen und anzuwenden.

Großräumige Trockenschränke werden unter Berücksichtigung der Transportmöglichkeiten mehrteilig zum Aufstellungsort, der Montagestelle, gebracht. Die hier notwendige End- oder Fertigmontage ist in den Tabellenwerten für die Fertigung nicht eingeschlossen. Richtwerte für die Montage sind der **Tab. 144, S. 205**, zu entnehmen. In der Fertigung berücksichtigt dagegen sind fertigungstechnisch notwendige Probemontagen bei der Herstellung, soweit sie im Rahmen des Notwendigen und Möglichen liegen, so zum Beispiel die Probemontage der seitlichen oder vertikalen Türverfahrung bei Schränken.

Tabelle 75. Vakuum-Kondensatoren $<20\ \mathrm{m^2}$

Merkmal:

Wassergekühlter Spezial-Kondensator für Fein- bis Hochvakuum zum Niederschlagen abgesaugter Feuchtigkeitsdämpfe.

Einfache leichte Bauart, Zweikammer-Kondensattopf zur Umführung und zum Ablassen des Kondensats.

Einmaliger äußerer Schutzanstrich.

Siehe Abb. 51.

| Stückzahl Rohre | Richtwerte | | | Gesamtfertigung h/Rohr | Mittelwerte der anteiligen Fertigung in h/Rohr in den einzelnen Fertigungsbereichen | | | | | | % tol. in der Fertigung + — | Brutto Elektrodenbedarf % v. Baugew. |
	Kühlfläche m²	Rohr Ø u. Länge mm	≈ Baugewicht t		VA	VB/VS	ZK	SS	MB/ZM	OS		
20	1,5	22 · 1,5 ≈ 1000	0,2	2,90	0,37	0,45	1,20	0,42	0,41	0,05		3,1
40	2,5		0,25	1,75	0,21	0,27	0,73	0,27	0,24	0,03		
55	3,5		0,3	1,40	0,17	0,21	0,58	0,22	0,20	0,02		3,0
45	4,0		0,35	1,85	0,23	0,28	0,77	0,28	0,26	0,03		2,8
55	5,0	22 · 1,5 ≈ 1500	0,4	1,65	0,22	0,25	0,67	0,25	0,23	0,03	5	
65	6,0		0,425	1,55	0,20	0,23	0,64	0,23	0,22	0,03		
80	7,5		0,5	1,45	0,19	0,22	0,60	0,22	0,20	0,02		2,6
110	10,0		0,625	1,40	0,18	0,21	0,59	0,21	0,19	0,02		
130	12,0		0,725	1,35	0,17	0,20	0,58	0,20	0,18	0,02		
160	15,0		0,95	1,30	0,16	0,19	0,56	0,19	0,18	0,02		2,5
210	20,0		1,15	1,25	0,15	0,18	0,55	0,18	0,17	0,02		

Bemerkung:

Wegen den relativ geringen Zeitanteilen in den Fertigungsbereichen VS und ZM sind diese nicht gesondert und spezifiziert ausgewiesen, sondern den Fertigungsbereichen VB bzw. MB zugerechnet.

Dabei beträgt der Anteil VS am Mittelwert VB/VS $\approx 7{,}5\%$
der Anteil ZM am Mittelwert MB/ZM $\approx 10{,}0\%$

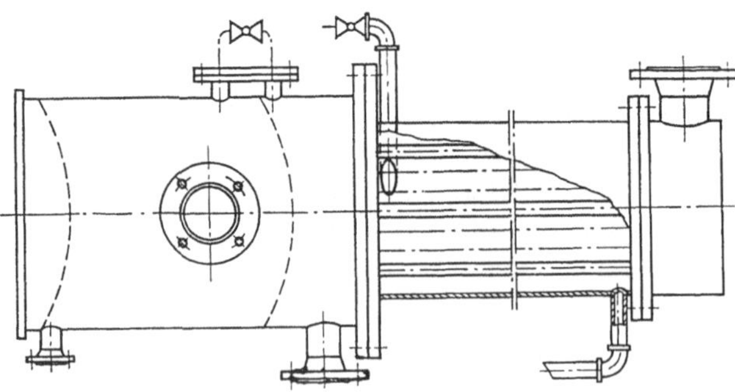

Abb. 51. Vakuum-Kondensator.

Tabelle 76. Außenbeheizte Vakuum-Ölbehälter/Massebehälter, 5 bis 100 m³

Merkmal:

Einteiliges geschlossenes Standgefäß mit Standzarge, Doppelmantel im zylindrischen Teil (65%) und Profilstahl-Bodenheizschlange, Mannloch und diverse Meß- und Regelstutzen. Einmaliger äußerer Schutzanstrich.
Siehe Abb. 52.

Baugewicht t	Richtwerte Volumen m³	% tol. im Volumen	Gesamtfertigung h/t	Mittelwerte der anteiligen Fertigung in h/t in den einzelnen Fertigungsbereichen VA	VB	VS	ZK	SS	MB	ZM	OS	% tol. in der Fertigung + I	Brutto Elektrodenbedarf % v. Baugew.
2	5	20	175	16,0	19,0	13,0	48,0	60,0	10,0	4,0	5,0	10	7,5
3	10	15	140	13,0	16,5	11,5	38,0	47,0	7,0	3,0	4,0		5,65
4	15	10	120	11,0	14,5	10,8	33,0	39,5	5,3	2,5	3,4		4,6
5	20	7	105	9,3	13,0	9,9	28,7	34,7	4,3	2,1	3,0		3,9
6,5	25	5	96	8,3	11,5	9,0	26,5	32,5	3,8	1,8	2,6		3,55
8	32	4	86	6,9	9,8	7,9	23,7	30,9	3,1	1,5	2,2		3,2
10	40		80	6,0	9,0	7,3	22,0	29,5	2,9	1,3	2,0		2,95
12	50		75	5,3	8,3	6,8	20,5	28,5	2,7	1,1	1,8		2,8
14	60		70	4,7	7,7	6,2	19,0	27,2	2,5	1,0	1,7		2,55
17	70	3	64	4,0	6,9	5,5	17,1	25,7	2,3	0,9	1,6		2,35
19	80		61	3,7	6,6	5,1	16,1	25,0	2,2	0,8	1,5		2,2
21	90		58	3,4	6,4	4,85	15,0	24,1	2,1	0,75	1,4		2,1
24	100		55	3,0	6,0	4,5	14,0	23,5	2,0	0,7	1,3	5	2,0

Bemerkung:

Gefäße können auch für Ölkühlung eingesetzt werden.

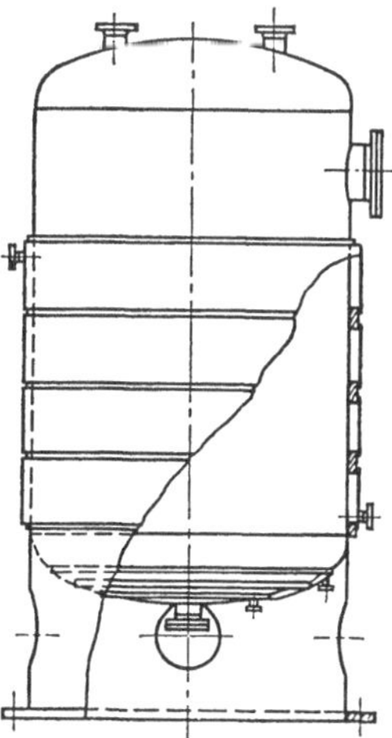

Abb. 52. Außenbeheizter Vakuum-Ölbehälter (Massebehälter).

Tabelle 77. Außenbeheizte Vakuum-Ölbehälter/Massebehälter, 5 bis 100 m³

Merkmal:

Zweiteiliges offenes Standgefäß mit Standzarge, geflanschter oberer Kümpelboden, Doppelmantel im zylindrischen Teil (65%) und Profilstahl-Bodenheizschlange, Mannloch und diverse Meß- und Regelstutzen.
Einmaliger äußerer Schutzanstrich.
Siehe Abb. 53.

Baugewicht t	Richtwerte Volumen m³	% tol. im Volumen +−	Gesamtfertigung h/t	Mittelwerte der anteiligen Fertigung in h/t in den einzelnen Fertigungsbereichen VA	VB	VS	ZK	SS	MB	ZM	OS	% tol. in der Fertigung +−	Brutto Elektrodenbedarf % v. Baugew.
2,25	5	22	195,0	15,5	18,0	16,0	50,0	57,0	28,0	5,0	5,5	12	7,75
3,5	10	16	151,0	12,3	15,3	13,6	39,0	43,0	20,0	3,7	4,1		5,75
4,5	15	11	129,0	10,3	13,5	12,0	32,8	37,5	16,3	3,1	3,5		4,7
5,5	20	8	115,0	8,9	12,0	10,9	29,2	34,0	14,2	2,7	3,1		4,0
7,0	25	6	103,0	7,8	10,5	9,8	26,3	31,7	11,9	2,3	2,7		3,65
8,5	32	5	94,5	6,8	9,5	8,9	24,5	30,4	10,1	2,0	2,3		3,3
10,5	40		88,0	6,0	8,7	8,3	22,7	29,3	9,1	1,8	2,1		3,05
13,0	50		81,0	5,1	8,0	7,5	21,0	28,2	7,9	1,5	1,8		2,9
15,0	60		76,0	4,6	7,4	6,9	19,7	27,3	7,1	1,3	1,7		2,65
18,0	70	4	70,0	4,05	6,8	6,25	18,0	25,9	6,15	1,25	1,6		2,45
20,0	80		66,0	3,7	6,4	5,8	16,8	25,0	5,6	1,2	1,5		2,3
22,0	90		63,0	3,4	6,2	5,45	16,0	24,3	5,1	1,1	1,45		2,2
25,0	100		60,0	3,1	6,0	5,2	15,0	23,5	4,8	1,0	1,4	6	2,1

Bemerkung:

Gefäße können auch für Ölkühlung eingesetzt werden.

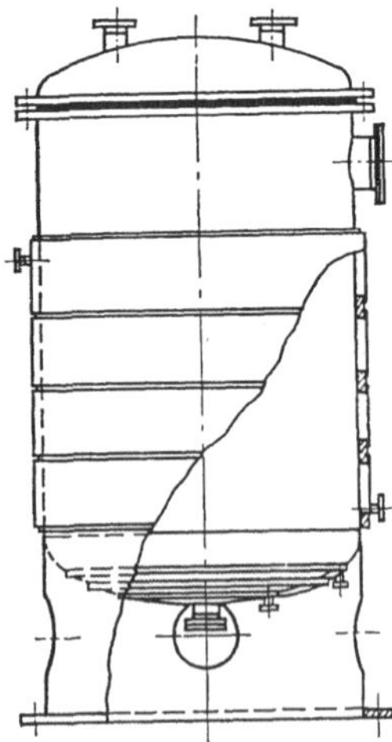

Abb. 53. Außenbeheizter Vakuum-Ölbehälter (Massebehälter).

Tabelle 78. Außenbeheizte Vakuum-Ölbehälter/Massebehälter, 2 bis 30 m³

Merkmal:

Einteiliges geschlossenes Standgefäß mit 3 bis 5 Rohrfüßen, umlaufende Profilstahl-Beheizung am unteren Boden und etwa 40 bis 50% am unteren zylindrischen Mantelteil, Mannloch und etwa 10 Meß- und Regelstutzen.
Einmaliger äußerer Schutzanstrich.
Siehe Abb. 54.

Baugewicht t	Volumen m³	% tol. im Volumen ±	Behälter Blechdicke mm	Gesamtfertigung h/t	Mittelwerte der anteiligen Fertigung in h/t in den einzelnen Fertigungsbereichen								% tol. in der Fertigung ±	Brutto Elektrodenbedarf % v. Baugew.
					VA	VB	VS	ZK	SS	MB	ZM	OS		
1,0	2		7	190	18,0	18,0	16,0	56,5	63,0	8,5	4,5	5,5	12	4,75
1,5	4			165	15,8	15,8	13,9	49,5	55,0	6,6	3,6	4,8		4,4
2,0	6			147	14,2	14,2	12,4	43,5	50,0	5,5	3,0	4,2	10	4,1
2,5	8			134	13,0	13,1	11,4	39,5	46,0	4,8	2,6	3,6		3,9
3,0	10			123	12,0	12,3	10,5	35,5	43,0	4,3	2,2	3,2		3,75
3,5	12	5		115	11,2	11,6	9,8	33,2	40,3	4,0	1,9	3,0	8	3,65
4,0	14			108	10,5	11,0	9,3	30,8	38,0	3,9	1,7	2,8		3,55
5,0	18			98	9,4	10,3	8,5	26,9	35,0	3,7	1,5	2,7		3,45
6,0	22			92	8,6	9,8	7,8	25,5	33,0	3,5	1,35	2,45	6	3,4
7,0	26			87	8,1	9,4	7,3	23,9	31,5	3,25	1,25	2,3		3,4
8,0	30		10	84	7,9	9,1	7,0	23,0	30,5	3,1	1,15	2,25		3,4

Bemerkung betr. Mantelbeheizung — Gesamtfertigung:

Zuschlag für jede weitere 100 mm Mantelbeheizung im zylindrischen Teil +3%.

Gefäße können auch für Ölkühlung eingesetzt werden.

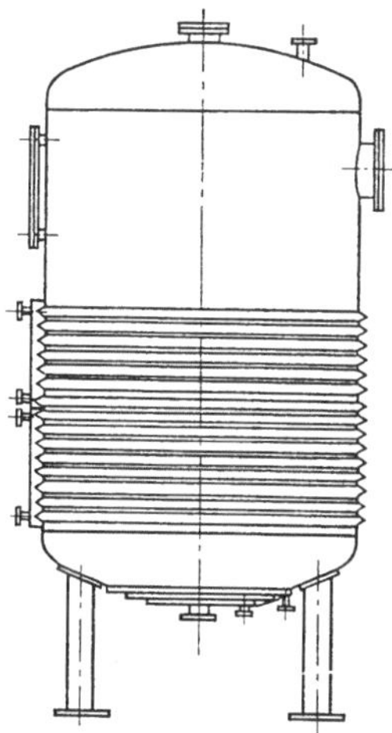

Abb. 54. Außenbeheizter Vakuum-Ölbehälter (Massebehälter).

9*

Tabelle 79.   Außenbeheizte Vakuum-Ölbehälter/Massebehälter, 2 bis 30 m³

Merkmal:
Zweiteiliges offenes Standgefäß mit 3 bis 5 Rohrfüßen, geflanschter oderer Kümpelboden, ab-
schwenkbar, umlaufende Profilstahl-Beheizung am unteren Boden und etwa 40 bis 50% am
unteren zylindrischen Mantelteil, Mannloch und etwa 10 Meß- und Regelstutzen.
Einmaliger äußerer Schutzanstrich.
Siehe Abb. 55.

Baugewicht t	Volumen m³	% tol. im Volumen +/−	Behälter Blechdicke mm	Gesamtfertigung h/t	Mittelwerte der anteiligen Fertigung in h/t in den einzelnen Fertigungsbereichen								% tol. in der Fertigung +/−	Brutto Elektroden-bedarf % v. Baugew.
					VA	VB	VS	ZK	SS	MB	ZM	OS		
1,25	2		7	205	14,5	14,5	18,5	53,0	57,0	35,5	6,5	5,5	12	4,4
2,0	4			168	12,6	12,6	15,0	46,0	48,5	24,0	4,5	4,8		3,95
2,5	6			152	12,0	12,0	13,7	41,8	44,0	20,4	3,9	4,2	10	3,7
3,0	8			140	11,4	11,5	12,6	38,4	41,4	17,7	3,4	3,6		3,6
3,5	10			131	10,8	11,0	11,8	35,5	39,1	16,6	3,0	3,2		3,5
4,0	12	5		123	10,2	10,6	11,1	33,3	37,0	15,1	2,7	3,0	8	3,45
4,5	14			116	9,8	10,3	10,5	30,9	35,0	14,2	2,5	2,8		3,4
5,5	18			107	9,0	9,8	9,6	28,4	32,2	13,1	2,2	2,7		3,35
6,5	22			101	8,4	9,4	8,9	26,3	31,6	12,0	1,95	2,45	6	3,35
7,5	26			97	8,0	9,2	8,3	25,2	31,1	11,1	1,8	2,3		3,35
8,5	30		10	93	7,8	8,9	7,8	24,2	30,2	10,2	1,65	2,25		3,35

Bemerkung betr. Mantelbeheizung — Gesamtfertigung:
Zuschlag für jede weitere 100 mm Mantelbeheizung im zylindrischen Teil +2,5%.

Gefäße können auch für Ölkühlung eingesetzt werden.

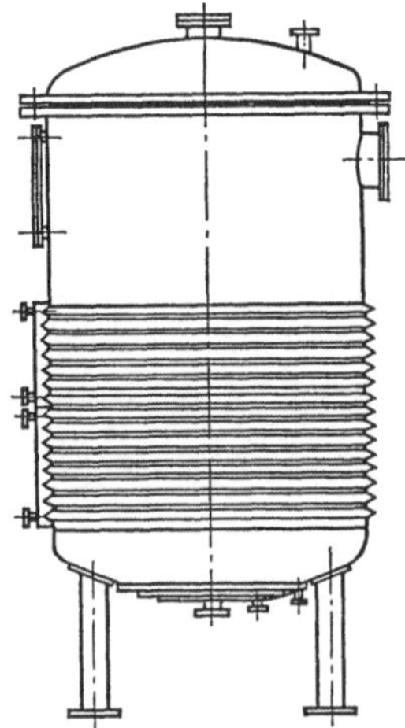

Abb. 55. Außenbeheizter Vakuum-Ölbehälter (Massebehälter).

Tabelle 80.   Außenbeheizte Vakuum-Ölbehälter/Massebehälter, 8 bis 30 m³

Merkmal:

Liegender, einteilig geschlossener Behälter für Fein- bis Hochvakuum — 2 bis 3 Kesselstühle — axial verlaufende Profilstahl-Beheizung, abdeckend etwa 40—50% des unteren zylindrischen Mantelteils, Mannloch und etwa 8—10 diverse Heiz-, Meß- und Regelstutzen sowie Schaugläser. Einmaliger äußerer Schutzanstrich.
Siehe Abb. 56.

Baugewicht t	Volumen m³	Richtwerte % tol. im Volumen + —	Behälter Blechdicke mm	Gesamtfertigung h/t	Mittelwerte der anteiligen Fertigung in h/t in den einzelnen Fertigungsbereichen								% tol. in der Fertigung + —	Brutto Elektroden-bedarf % v. Baugew.
					VA	VB	VS	ZK	SS	MB	ZM	OS		
2,5	8		8	115	9,5	9,7	4,4	35,5	46,0	4,4	2,0	3,5	9	4,1
3,0	10			105	8,4	8,8	4,0	32,0	43,0	4,0	1,7	3,1		3,9
3,5	12			97	7,7	8,1	3,75	29,0	40,2	3,75	1,6	2,9	7	3,8
4,0	14	5		90	7,05	7,6	3,5	26,5	37,7	3,45	1,5	2,7		3,7
5,0	18			80	6,2	6,8	3,1	22,7	34,3	3,0	1,3	2,6		3,55
6,0	22			73	5,6	6,3	2,85	20,2	31,8	2,75	1,15	2,35		3,4
7,0	26			68	5,15	5,95	2,7	18,5	29,8	2,55	1,1	2,25	5	3,3
8,0	30		10	65	4,9	5,8	2,6	17,5	28,5	2,5	1,0	2,2		3,25

Bemerkung betr. Mantelbeheizung — Gesamtfertigung:
Zuschlag für jede weitere 100 mm Mantelbeheizung in der Abwicklung des zylindrischen Teils +2,5%.

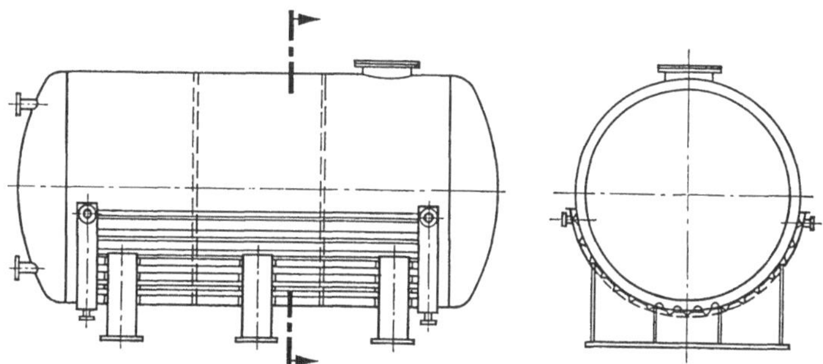

Abb. 56. Außenbeheizter Vakuum-Ölbehälter (Massebehälter).

Tabelle 81. Vakuum-Trocken- und Imprägnier-Ringgefäße, 3 bis 40 m³

Merkmal:

Heißwasser- oder Dampfbeheiztes Fein- bis Hochvakuum-Ringraumgefäß zum Trocknen und Imprägnieren von Hoch- und Niederspannungskabeln. Einwandiges Ringraumgefäß zum vertikalen Einsatz von Kabeltrommeln mit allseitiger Profilstahl- bzw. Halbrohr-Beheizung, abnehmbarer Deckel, div. Heiz-, Meß- und Regelstutzen, Schaugläser.
Einmaliger äußerer Schutzanstrich, innen konserviert.
Siehe Abb. 57.

Baugewicht t	Durchmesser (m)	Höhe (m)	Volumen m³	Gesamtfertigung h/t	Mittelwerte der anteiligen Fertigung in h/t in den einzelnen Fertigungsbereichen								% tol. in der Fertigung	Brutto Elektrodenbedarf % v. Baugew.
					VA	VB	VS	ZK	SS	MB	ZM	OS		
5	2/1	1	3	175	9,5	13,5	11,0	53,0	58,0	18,5	6,5	5,0		6,6
6				159	9,0	12,9	10,5	47,7	51,0	17,4	6,0	4,5		5,8
7				146	8,6	12,4	10,1	43,0	45,8	16,5	5,6	4,0		5,35
8				135	8,2	12,0	9,7	38,5	42,0	15,6	5,2	3,8		4,9
9				127	7,7	11,4	9,3	36,0	39,5	14,7	4,8	3,6		4,7
10				120	7,4	11,0	8,8	33,4	37,6	13,8	4,6	3,4		4,5
12				109	6,7	10,2	8,1	30,0	34,5	12,5	4,0	3,0	+10	4,2
14				100	6,1	9,5	7,4	27,5	31,7	11,5	3,6	2,7	−5	3,9
16				94	5,8	9,1	6,9	25,5	30,0	10,9	3,3	2,5		3,7
18				89	5,5	8,7	6,5	24,0	28,5	10,4	3,1	2,3		3,55
20				86	5,35	8,5	6,2	23,0	27,8	10,1	2,9	2,15		3,4
25				80	5,2	8,15	5,55	21,0	26,0	9,7	2,6	1,8		3,25
30	5/	2.5	40	76	5,0	7,9	5,1	19,9	24,8	9,3	2,4	1,6		3,1
40	1,20			68	4,7	7,5	4,2	17,5	22,5	8,2	2,1	1,3		2,9

Bemerkung betr. muldenförmige Gefäße: s. Abb. 58
zum horizontalen Einsatz der Kabeltrommel.

Gefäß mit Doppelmantel	Fertigungsfaktor 1.25—1.15
Gefäß mit Profilstahl-Beheizung	Fertigungsfaktor 1.75—1.50

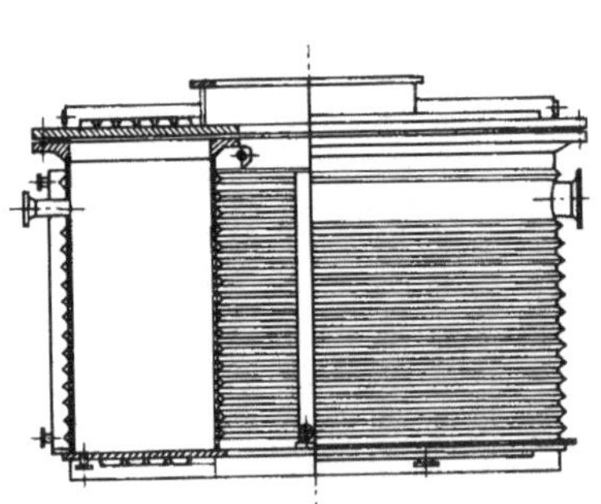

Abb. 57. Vakuum-Trocken- und Imprägnier-Ringgefäß.

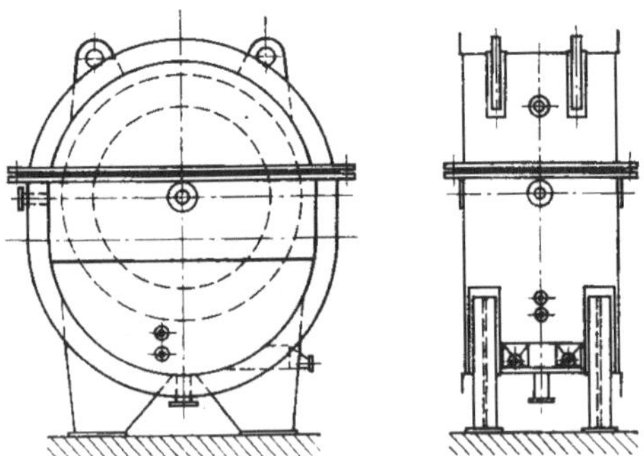

Abb. 58. Muldenförmiges Vakuum-Trocken- und Imprägniergefäß (s. Bemerkung in Tab. 81).

Tabelle 82. Kabelpfannen — Kabeltassen (auch Kabelkörbe genannt)

Merkmal:

Zum Einsatz der eingespulten Kabel in die Vakuum-Trocken- und Imprägnier-Ringgefäße. Relativ leichte bis mittelleichte ringförmige offene Schweißkonstruktion mit versteiftem Boden und distanzierten zweiten inneren Siebboden.
Ohne Anstrich, konserviert.
Siehe Abb. 59.

Baugewicht t	Richtmaße		Gesamtfertigung h/t	Mittelwerte der anteiligen Fertigung in h/t in den einzelnen Fertigungsbereichen								% tol. in der Fertigung + —	Brutto Elektorden-bedarf % v. Baugew.
	Durchmesser (m)	Höhe (m)		VA	VB	VS	ZK	SS	MB	ZM	OS		
1,0	2	0,4	170	16,5	29,0	4,5	32,5	46,0	22,5	16,0	3,0	8	5,0
1,25			155	15,2	27,2	4,1	29,8	43,0	19,0	13,8	2,9		4,75
1,5			138	13,7	24,8	3,7	27,0	38,0	16,0	12,0	2,8		4,2
1,75			125	12,7	22,2	3,3	24,5	35,0	14,0	10,6	2,7		3,9
2,0			115	11,8	20,1	3,2	23,0	32,2	12,5	9,6	2,6		3,5
2,25			105	10,7	18,2	3,0	21,3	29,0	11,4	8,9	2,5		3,2
2,5			98	10,1	16,6	2,8	20,1	27,0	10,5	8,4	2,5		3,0
2,75			92	9,5	15.3	2.7	19,0	25,0	10,0	8,0	2,5		2,8
3,0			87	8,9	14.1	2,5	18,0	24,0	9,5	7,6	2,4		2,7
4,0			73	7,6	11,5	2,2	15,5	20,4	7,5	6,1	2,2		2,3
5,0	5	0,6	67	7,2	10.2	2,1	14,7	18.8	6,6	5,3	2,1	3	2,1

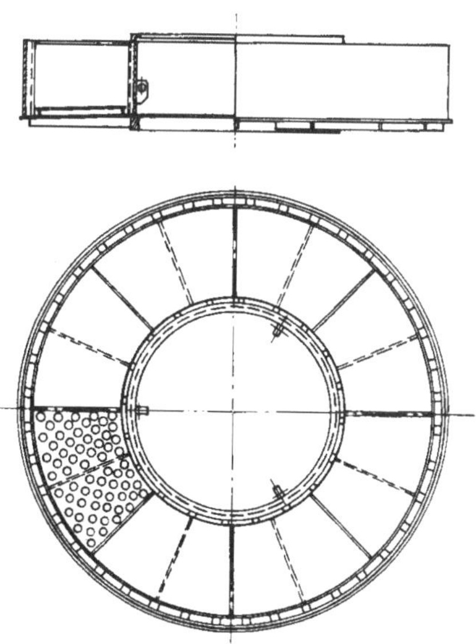

Abb. 59. Kabelpfanne — Kabeltasse.

Tabelle 83. Simulations-Testkammern, 5 bis 250 m³

Merkmal:

Spezialapparate für Hoch- bis Höchstvakuum für die Forschung
Sonderkonstruktionen ohne jegliche Normen, Werkstoff, abgesehen von unwichtigen äußeren
Bauteilen, Edelstahl, gegebenenfalls Verbundwerkstoff, Innenraum geschliffen und Hochglanz
poliert ($<$ Korn 600), außen gebeizt bzw. Schutzanstrich.
Siehe Abb. 60 und 61.

Baugewicht t	$\approx$ Volumen m³	Gesamtfertigung h/t	Mittelwerte der anteiligen Fertigung in h/t in den einzelnen Fertigungsbereichen										% tol. in der Fertigung $+\;-$	Brutto Elektrodenbedarf % v. Baugew.	
			VA	VB	VS	ZK	SS	MB	ZM	OS$_\mathrm{I}$	OS$_\mathrm{II}$	SK		Edelstahl	Baustahl
2	5	475	18,0	36,0	14,0	85,0	85,0	90,0	12,0	8,0	115,0	12,0	10	3,25	1,5
3	6	385	15,0	26,0	12,0	67,5	67,5	68,0	10,0	6,0	103,0	10,0		2,8	1,2
4	8	330	12,8	23,5	10,9	54,0	63,0	54,0	8,2	5,4	90,0	8,2			
5	10	300	11,7	21,5	10,4	48,0	62,0	45,0	7,2	5,0	82,0	7,2	9	2,75	1,15
6	15	275	10,8	20,0	9,5	43,5	58,5	41,5	6,4	4,5	74,0	6,3			
8	20	245	9,7	18,0	8,5	38,0	54,0	37,0	5,5	4,0	65,0	5,3	8	2,6	1,1
10	30	230	8,8	16,8	7,7	35,0	51,7	35,8	4,9	3,7	60,8	4,8			
12	40	220	8,3	16,0	7,2	33,0	50,0	35,0	4,5	3,5	58,0	4,5	7	2,55	1,05
15	60	208	7,5	14,9	6,5	30,9	48,5	33,0	4,1	3,1	55,5	4,0			
20	85	190	6,5	13,0	5,6	27,0	45,5	31,0	3,5	2,5	52,0	3,4	6	2,5	1,0
25	110	175	5,5	11,8	4,9	24,9	42,5	28,2	3,1	2,3	48,8	3,0		2,45	0,95
30	140	165	4,9	11,0	4,5	23,5	40,5	26,5	2,8	2,1	46,5	2,7	5	2,4	0,9
35	165	155	4,5	10,2	4,1	22,1	38,5	24,5	2,6	2,0	44,0	2,5		2,35	0,85
40	185	148	4,2	9,6	3,8	21,2	37,0	23,0	2,5	1,9	42,5	2,3		2,3	0,8
50	250	135	3,7	8,5	3,5	19,5	34,0	20,0	2,0	1,8	40,0	2,0		2,2	0,7

Bemerkung:

Fertigungsbereich OS II: innen schleifen und polieren.

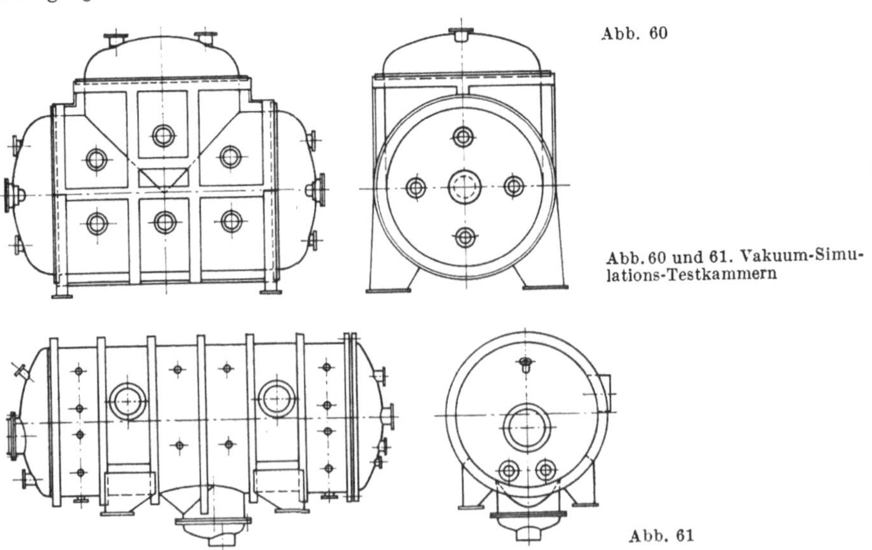

Abb. 60

Abb. 60 und 61. Vakuum-Simulations-Testkammern

Abb. 61

Tabelle 84. Liegende Trockenbehälter, 8 bis 60 m³

Merkmal:

Liegender, offener Trockenbehälter für Fein- bis Hochvakuum, Boden seitlich abschwenkbar, 2 bis 4 Kesselstühle, innenliegende Rohrbeheizung (Heißwasser-Dampf), etwa 10 div. Heiz-, Meß- und Regelstutzen sowie Schaugläser, innen am Mantelboden axial verlaufende Fahrschiene für Transportwagen.
Einmaliger äußerer Schutzanstrich, innen konserviert.
Baugewicht und Gesamtfertigung ohne Plattformwagen. (Wagen siehe Tab. 87, S. 140).
Siehe Abb. 62.

Baugewicht t	Volumen m³	% tol. im Volumen + −	Behälter Blechdicke mm	Gesamtfertigung h/t	Mittelwerte der anteiligen Fertigung in h/t in den einzelnen Fertigungsbereichen								% tol. in der Fertigung + −	Brutto Elektrodenbedarf % v. Baugew.
					VA	VB	VS	ZK	SS	MB	ZM	OS		
3,0	8	10	7	145,0	10,0	13,0	7,5	41,0	47,0	18,5	4,0	4,0	10	4,2
3,5	10			139,0	9,5	12,4	7,2	39,3	45,3	17,8	3,9	3,6		4,15
4,0	12			134,0	9,2	12,0	6,9	38,0	43,8	17,0	3,8	3,3	8	4,1
4,5	14			130,0	9,0	11,7	6,7	36,8	42,5	16,5	3,7	3,1		4,05
5,5	18			122,0	8,4	11,0	6,35	34,5	39,7	15,6	3,6	2,85		3,95
6,5	22			115,0	8,0	10,5	6,0	32,4	37,2	14,8	3,45	2,65		3,85
7,5	26			110,0	7,7	10,2	5,7	31,0	35,2	14,4	3,3	2,5	6	3,75
8,5	30			105,0	7,5	10,0	5,35	29,4	33,1	14,0	3,25	2,4		3,65
11,0	40			96,5	7,2	9,7	4,7	26,7	29,3	13,5	3,2	2,2		3,4
14,0	50			89,5	7,1	9,6	4,3	24,5	25,6	13,2	3,1	2,1	5	3,1
17,0	60	5	15	85,0	7,0	9,5	4,0	23,0	23,5	13,0	3,0	2,0		2,9

Bemerkung:

Baugewicht und Gesamtfertigung ausschließlich Transportwagen.
Trockenbehälter mit Transportwagen   Gewichtsfaktor   1,10
Fertigungsfaktor 1,07

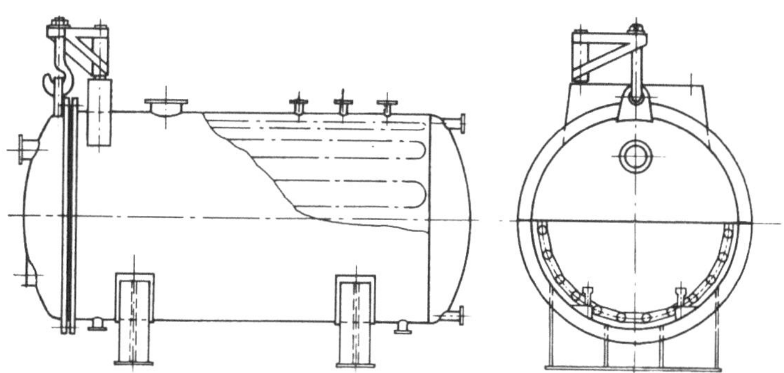

Abb. 62. Liegender Vakuum-Trockenkessel.

Tabelle 85. Vakuum-Trockenschränke, rechteckig, einwandig, mit inneren Rohrheizschlangen, 3 bis 500 m³

Merkmal:

(Hochvakuum-Trockenschrank zum Trocknen von Transformatoren)
Liegender einwandiger Rechteckschrank mit netzartiger Profilstahl-Versteifung, kopfseitige Tür mit mechanischem Fahr- oder Hubwerk zur horizontalen oder vertikalen Türverfahrung (bei zwei Türen Fertigungsfaktor beachten), Beheizung des Beschickungsraumes durch Rohrheizschlangen, am Boden des Beschickungsraumes Fahrschienen und Tür-Gleisbrücke zum Einfahren der Plattformwagen.
Baugewicht und Gesamtfertigung ohne Plattformwagen. (Wagen: s. Tab. 87, S. 140).
In Einzelfällen auch stehender Rechteckschrank mit nach oben klappbarem Deckel.
Einmaliger äußerer Schutzanstrich, innen konserviert.
Siehe Abb. 63, S. 139.

Baugewicht t	Volumen m³	Gesamtfertigung[1] h/t	Mittelwerte der anteiligen Fertigung in h/t in den einzelnen Fertigungsbereichen								% tol. in der Fertigung ∓	Brutto Elektrodenbedarf % v. Baugew.
			VA	VB	VS	ZK	SS	MB	ZM	OS		
2	3	185	15,5	20,0	3,5	48,5	48,5	26,2	26,2	4,6		5,0
4	6	172	13,3	18,9	3,4	38,0	47,0	23,5	23,5	4,4	12	4,8
6	9	164	12,2	18,5	3,2	37,0	45,5	21,7	21,7	4,2		4,7
8	12	156	11,5	17,5	3,0	35,5	44,0	20,25	20,25	4,0		4,6
10	16	148	10,7	16,8	2,7	33,8	42,5	18,8	18,8	3,9	10	4,5
12	20	142	10,1	16,2	2,5	32,5	41,5	17,7	17,7	3,8		4,4
15	25	132	9,5	15,2	2,1	30,4	39,3	16,0	15,8	3,7		4,25
20	35	120	8,5	14,0	1,7	27,8	36,8	14,0	13,6	3,6		4,0
25	45	110	7,85	13,15	1,4	25,7	33,9	12,5	12,1	3,4	8	3,8
30	55	100	7,2	12,3	1,2	23,5	31,0	11,0	10,5	3,3		3,55
40	80	90	6,6	11,1	0,9	21,0	28,5	9,6	9,1	3,2		3,3
50	105	80	5,95	10,0	0,75	18,6	25,5	8,3	7,8	3,1		3,0
60	135	74	5,6	9,5	0,6	17,1	23,9	7,4	6,9	3,0	6	2,8
75	185	69	5,3	9,0	0,5	15,8	22,5	6,8	6,3	2,8		2,65
100	275	63	5,0	8,4	0,4	14,6	20,7	5,9	5,4	2,6		2,5
125	375	60	4,85	8,25	0,35	14,15	19,8	5,3	4,8	2,5	5	2,4
150	500	57	4,7	8,1	0,3	13,5	19,0	4,7	4,2	2,5		2,3

Bemerkung:

[1] Großräumige Schränke in montagegerechten Größen zur Baustelle.
Montage-Richtwerte: s. Tab. 144, S. 205.

Rechteckige einwandige Vakuum-Trockenschränke mit 2 kopfseitigen Türen, Fertigungsfaktor 1,10—1,05
Rechteckige einwandige Vakuum-Trockenschränke ohne innere Rohrheizschlange, Gewichts- und Fertigungsfaktor 0,90.

Tabelle 86. Vakuum-Trockenschränke, rechteckig, doppelwandig, 2 bis 500 m³

Merkmal:

(Hochvakuum-Trockenschrank zum Trocknen von Transformatoren)
Liegender doppelwandiger Rechteckschrank, kopfseitige Tür mit mechanischem Fahr-
oder Hubwerk zur horizontalen oder vertikalen Türverfahrung (bei 2 Türen Fertigungs-
faktor beachten), am Boden des Beschickungsraumes Fahrschienen und Tür-Gleisbrücke
zum Einfahren der Plattformwagen.
Baugewicht und Gesamtfertigung ohne Plattformwagen. (Wagen: s. Tab. 87, S. 140).
In Einzelfällen auch stehender Rechteckschrank mit nach oben klappbarem Deckel.
Einmaliger äußerer Schutzanstrich, innen konserviert.
Siehe Abb. 63.

Baugewicht t	Volumen m³	Gesamtfertigung[1] h/t	Mittelwerte der anteiligen Fertigung in h/t in den einzelnen Fertigungsbereichen								% tol. in der Fertigung + −	Brutto Elektrodenbedarf % v. Baugew.
			VA	VB	VS	ZK	SS	MB	ZM	OS		
2	2	275	28,0	28,0	4,0	58,0	82,0	35,0	35,0	5,0		7,5
4	4	235	24,5	24,5	3,5	50,0	72,0	28,0	28,0	4,5	12	6,7
6	7	215	22,8	22,8	3,2	45,0	66,0	25,5	25,5	4,2		6,35
8	10	200	21,8	21,8	3,0	43,0	61,0	22,8	22,7	3,9		6,0
10	13	185	20,0	20,3	2,7	39,5	57,0	21,0	20,8	3,7	10	5,7
12	16	175	18,9	19,3	2,5	37,5	54,0	19,8	19,6	3,4		5,5
15	19	160	17,5	18,0	2,1	34,5	49,0	18,0	17,7	3,2		5,1
20	25	143	15,7	16,5	1,7	31,0	44,5	15,5	15,1	3,0		4,7
25	30	130	14,3	15,3	1,4	28,1	41,0	13,7	13,3	2,9	8	4,4
30	40	121	13,4	14,6	1,2	26,0	38,5	12,5	12,0	2,8		4,2
40	55	107	11,4	12,8	0,9	23,4	35,0	10,7	10,1	2,7		3,9
50	70	97	10,0	11,6	0,75	21,45	32,4	9,5	8,7	2,6		3,7
60	90	89	9,0	10,7	0,6	20,0	30,0	8,5	7,7	2,5	6	3,5
75	120	82	8,05	9,9	0,5	18,5	28,0	7,75	6,95	2,35		3,35
100	180	78	7,5	9,5	0,4	17,8	27,0	7,2	6,4	2,2		3,25
125	245	74	7,15	9,25	0,35	16,85	26,0	6,6	5,7	2,1		3,15
150	325	70	6,8	8,9	0,3	16,0	25,0	6,0	5,0	2,0	5	3,05
200	500	65	6,3	8,2	0,25	15,0	24,0	5,5	3,9	1,85		3,0

Bemerkung:

[1] Großräumige Schränke in montagegerechten Größen zur Baustelle.
Montage-Richtwerte: s. Tab. 144, S. 205.
Rechteckige doppelwandige Vakuum-Trockenschränke mit 2 kopfseitigen Türen:
Fertigungsfaktor 1,10—1,05

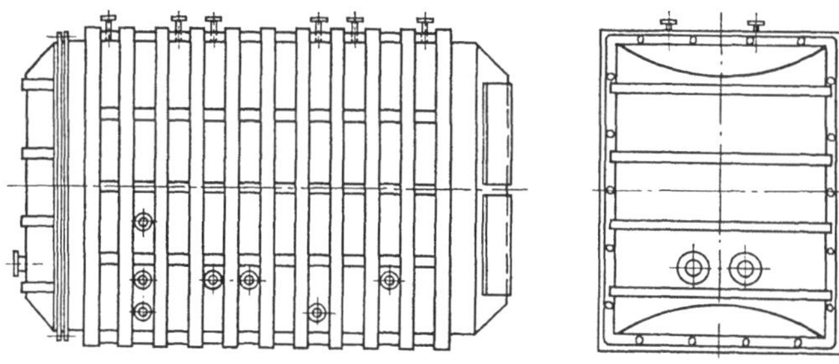

Abb. 63. Vakuum-Trockenschrank (s. Tab. 85 und 86).

Tabelle 87. Plattformwagen zu den Trockenschränken

Merkmal:

Transportwagen, einzel oder mehrfach gekoppelt, zur Beschickung der Vakuum-Trockenschränke.
(Tab. 85 und 86 S. 138 und 139).
Einfaches kräftiges Wagengestell mit gelochter Deckplatte, mehrachsiges starres Laufwerk ohne Fahrantrieb, gegebenenfalls Einzelradaufhängung.
Oberfläche konserviert.
Siehe Abb. 64 und 65.

Baugewicht t	Richtwerte ≈ Tragfähigkeit t	Gesamtfertigung h/t	Mittelwerte der anteiligen Fertigung in h/t in den einzelnen Fertigungsbereichen							% tol. in der Fertigung + —	Brutto Elektrodenbedarf, % v. Baugew.
			VA	VB	ZK	SS	MB	ZM	OS		
0,5	5,0	275	24,0	40,0	50,0	70,0	55,0	30,0	6,0	10	8,0
0,6	7,5	245	20,5	34,8	43,5	62,0	50,5	28,0	5,7		7,2
0,7	10,0	225	18,5	31,5	39,0	59,0	44,5	27,0	5,5		6,9
0,8	12,0	210	16,5	29,0	36,0	56,5	40,5	26,2	5,3		6,7
1,0	16,0	190	14,5	26,2	32,0	53,2	34,0	25,0	5,1		6,3
1,25	20,0	170	12,3	23,3	28,5	49,4	28,7	23,0	4,8		5,9
1,5	25,0	155	10,7	21,2	25,6	46,5	25,0	21,5	4,5		5,65
1,75	30,0	145	9,8	19,6	23,5	44,3	22,9	20,6	4,3		5,4
2,0	35,0	135	9,0	18,2	21,2	42,0	21,0	19,5	4,1		5,15
2,5	40,0	120	7,7	15,8	18,5	38,3	18,0	17,9	3,8		4,75
3,0	50,0	110	6,8	14,4	16,5	35,8	16,1	16,8	3,6		4,5
4,0	65,0	93	5,8	11,7	13,2	31,0	13,1	15,0	3,2		3,75
5,0	85,0	82	5,0	9,9	11,5	27,6	11,1	13,9	3,0		3,5
6,0	100,0	74	4,3	8,5	10,1	25,6	9,7	13,0	2,8		3,25
7,5	125,0	65	3,5	6,6	8,6	23,5	8,2	12,0	2,6	5	3,0

Bemerkung:

Fertigungsfaktoren bei   2 Wagen 0,98
                    bei 3— 6 Wagen 0,95
                    bei 7—10 Wagen 0,90

Abb. 64

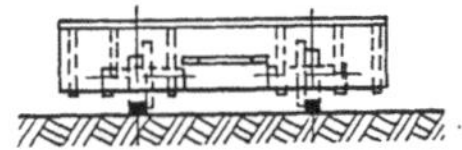

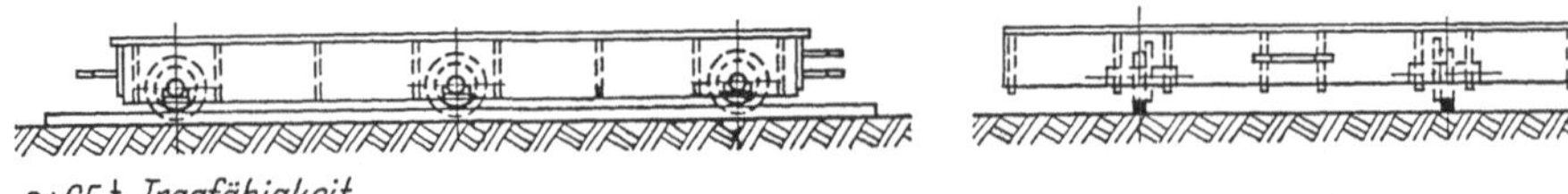

Abb. 65

Abb. 64 u. 65. Plattformwagen für Trockenschränke (s. Tab. 85 und 86, S. 138 und 139).

5. Stahlbau—Maschinenbau

A. Allgemeines und Stahlbau

Die Paarung dieser beiden klassischen Fertigungszweige erschien hier nicht nur sinnvoll, sondern sogar notwendig. Früher ausgeprägt gegensätzlich mit gravierenden Unterschieden in Anlage und Fertigungstechnik, lassen die stetige Entwicklung, vor allem die der Schweißtechnik und den damit verbundenen augenfälligen Wechsel von der Gußstahl- zur Schweißkonstruktion hin, diese Verbindung Stahlbau-Maschinenbau mehr als gerechtfertigt erscheinen.

Neben den bahnbrechenden Impulsen der Schweißtechnik darf der Entwicklung immer neuer Bau- und Hochleistungs- bzw. Sonderstähle mitentscheidende Bedeutung im Trend zur Maschinen-Schweißkonstruktion hin beigemessen werden.

Resultierend aus zweckmäßigem Materialeinsatz, verbesserter Schweißtechnik und fortschrittlicher Fertigungsmethodik zeichnen sich so heute allgemeine Schweißkonstruktionen, spezielle Maschinenbau-Schweißkonstruktionen und Sonderkonstruktionen für Aggregate und Anlagen neben spezifischen Gewichtsvorteilen u. a. durch größere Festigkeit, Bruchsicherheit und ästhetische Gestaltung aus.

Schweißkonstruktionen unterliegen grundsätzlich weder Maß- noch Gewichtsbeschränkungen. Bauliche Gestaltung und Schwierigkeitsgrad werden vom Einsatz und Verwendungszweck, Toleranzen von der Notwendigkeit und dem Ausmaß der weiteren Bearbeitung diktiert. Einschränkend im Sinne der Größenordnung können eigentlich nur Kapazitätsbegrenzungen beim Hersteller oder allgemeine Transportprobleme sein.

Neben der Unterscheidung der **Tab. 99 bis 103**, S. 154 bis 158, in „Grob- und Mittelblech-Schweißkonstruktionen"differenzieren die **Tab. 99 bis 102**, „Grobblech-Schweißkonstruktionen" noch die gravierenden Merkmale von „einfach/schwer" bis ‚schwierig/leicht'. Die zugeordneten Toleranzen entsprechen in der Praxis etwa den jeweiligen baulichen und konstruktiven Merkmalen und Beispielen. Bei Anwendung der Tabellen hilft die vergleichende Betrachtung der zu beurteilenden Schweißkonstruktion mit den Merkmalen und Beispielen der Tabellen, die richtige Eingruppierung zu finden.

Eine zusätzliche Korrektur so gefundener Werte durch gelegentlichen Austausch von Fertigungsbereichen höherer oder niederer Werte ist technisch möglich, aber nur bei genauer Kenntnis der Umstände und dem erfahrenen Betrachter zu empfehlen.

Bei Schweißkonstruktionen mit über 30 mm hinausgehender mittlerer Blechdicke sind die entsprechenden Fertigungsfaktoren zu beachten. Soll gegebenenfalls Schutzgasschweißung angewendet werden, ist der Fertigungsbereich SS und im Nachgang dann die Summe der Fertigungsvorgabe zu korrigieren.

B. Maschinenbau

Die Kalkulation von Sonderkonstruktionen im allgemeinen Maschinenbau, sowohl von stationären als auch von fahrbaren Aggregaten und Anlagen in meist einmaliger spezieller Ausführung, bereitet immer erhebliche Schwierigkeiten. Das hat u. a. folgende Gründe:

Es ist z. B. durchaus möglich, solche Konstruktionen — in der Regel großräumig und schwergewichtig, oftmals aus dem Rahmen des alltäglichen fallend, von üblichen Normen abweichend und u. U. mit einer Vielzahl funktionsbedingter Antriebs- und Bewegungselemente ausgestattet — aus Zeit- und kostensparenden Gründen unmittelbar aus dem Stadium der Projektierung heraus anzubieten und gegebenenfalls zu verkaufen.

Fast immer, das darf nicht verkannt werden, ist damit ein Gefühl des Unbehagens und der Unsicherheit verbunden. Man erwartet eine Absage weil das Angebot nicht den Vorstellungen des Interessenten entspricht, oder hat bei Auftragseingang das Empfinden ein Risiko eingegangen zu sein. Das letztere kann oft zu erheblichen Verlusten führen.

Neben der konstruktiven Lösung und schwierigen Festlegung des exakten Baugewichts und damit indirekt des Materialaufwands rein projektierter Anlagen ist die Feststellung des Fertigungsaufwands dem Projektingenieur persönlich meist mangels ausreichender Betriebpraxis und Kenntnisse der Materie nicht möglich und Sache eines Fachkalkulators. Dieser wiederum kann aber beim Fehlen ausreichender Zeichnungsunterlagen oder oft auch aus Zeitnot nicht methodisch kalkulieren sondern nur mit Erfahrungswerten, bezogen auf das Baugewicht, mit sogenannten Stunden-Tonnensätzen operieren, um auf diese Weise zu un·gefähr richtigen Näherungswerten zu gelangen.

Diese von Fachleuten gern praktizierte Methode setzt aber ein gegenseitiges Vertrauensverhältnis Kalkulator — Projektingenieur voraus. Der Kalkulator muß erwarten, daß ihm der Projektingenieur neben einem möglichst genauen Baugewicht eine mündliche, besser schriftliche Darstellung sowie vorhandene oder angelegte Skizzen des Projekts zur Hand gibt. Aus dieser Kombination ermittelt der Kalkulator auf Grund seiner Praxis, seiner Betriebsnähe, seiner Vorstellungskraft auch für Dinge die zwischen den Zeilen stehen und mit Verstand für das geplante Projekt den in etwa dafür tatsächlich notwendigen späteren Fertigungsaufwand. Diese Ermittlung wird um so genauer, je klarer die Vorstellung und das Konzept des Projektingenieurs und seine Offerte an den Kalkulator ist.

Für schnelle überschlägige Kalkulationen, als praktische Vergleichswerte, zur Information und als Diskussionsgrundlage, stehen die beiden **Tab. 91 und 92,** S. 146 und 147, „Sonderkonstruktionen Maschinenbau I und II" zur Verfügung.

Während Tab. I die bereits zu Anfang besprochene Maschinenbau-Schweißkonstruktion als tragendes Element berücksichtigt, läßt Tab. II neben der aufgezeigten Funktionsänderung zu Tab. I Spielraum für einen bestimmten, in jedem Falle größeren Anteil an GG, GS und Fertigbauteilen.

Bei der kalkulatorischen Betrachtung projektierter Anlagen und im Vergleich zu den Merkmalen und Funktionen der beiden Tabellen kann bei abschließender Überlegung und Entscheidung, u. U. etwa das Mittel zwischen den Werten beider Tabellen als richtig erkannt werden. Das heißt, daß bei den Werten der Tab. I die volle Minustoleranz, bei den entsprechenden Werten der Tab. II mindestens die Plustoleranz berücksichtigt wird.

Eigene Auffassung und Vorstellung von dem zu erwartenden Fertigungsaufwand in Relation gesetzt zum nüchternen Vergleich jeweils gleicher Fertigungsbereiche der beiden Tabellen führt mit der Entscheidung für den kalkulatorischen Einsatz des einen oder anderen Bereichswertes und nach der Addition aller Bereichswerte in der Regel zu einem befriedigenden, in etwa zutreffenden summarischen Einsatzwert.

Die sachlich exaktere, allerdings auch zeitraubendere Art der Vorkalkulation solch schwieriger Aggregate und Anlagen stellt die Vollanalyse der einzelnen Fertigungsbereiche und deren spezifische Beurteilung dar.

Bei der Betrachtung zeichnerischer Unterlagen oder Skizzen und mit dem Wissen um Baugewicht und Funktionen einer projektierten Anlage ist es möglich und sehr wohl zu beurteilen, ob bei gegebener Fertigung ein bestimmter Bereich ganz, vielleicht nur teilweise oder gar nicht in Anspruch genommen wird. Diese Feststellung ist aber nur bei Detaillierung in die neun bekannten Fertigungsbereiche und bei gleichzeitiger Fixierung der mittleren Blechdicke der Anlage möglich. In den **Tab. 108 bis 122,** S. 163 bis 178, „Richtwerte Maschinenbau bzw. Sonderfertigung und Bearbeitung", ist jeder Fertigungsbereich in diesem Sinne abgeschlossen für sich behandelt.

Die in vieljähriger Praxis erprobten empirischen Werte, erlauben unter Berücksichtigung der Toleranzen eine effektive Beurteilung und die Vorkalkulation schwieriger Einzelprojekte.

Nach detaillierter Festlegung der einzelnen Bereichswerte ergibt deren Addition dann die Gesamtfertigung in h/t für die Gesamtanlage, dabei ausgenommen sind die Werte der Tab. 117, 118 und 121, bei denen die Bezugsgrößen h/St. und h/m² zu berücksichtigen sind.

Bei kurzfristigen Anfragen ohne jegliche Unterlagen und nähere Angaben außer einer summarischen Größen- und annähernden Gewichtsbestimmung, genügen vorab die Werte der Tabellen I bzw. II.

Ist zusätzlich die mittlere Blechdicke der Anlage bekannt, sollte man nach der Methode der Vollanalyse kalkulieren.

Tabelle 88. Getriebekästen

Merkmal:

Mehrteilige Grobblech-Schweißkonstruktion, mittelleicht, schwierig und maßhaltig toleriert.
Ohne Schutzanstrich.
Ohne mechanische Fertigbearbeitung.
Siehe Abb. 66.

Baugewicht t	Gewichtsanteil ≈ %		Gesamtfertigung h/t	Mittelwerte der anteiligen Fertigung in h/t in den einzelnen Fertigungsbereichen							% tol. in der Fertigung +/−	Brutto Elektroden-bedarf % v. Baugew.
	Unterteil	Oberteil		VA	VB	VS	ZK	SS	MB	ZM		
0,1			290	35,0	53,0	6,0	60,0	83,0	33,0	20,0		11,5
0,2			250	30,0	45,0	3,5	54,0	78,0	27,0	12,5	10	10,5
0,3			220	25,0	39,5	2,5	49,0	71,0	23,0	10,0		9,5
0,4	55	45	195	21,0	34,5	2,0	45,0	64,5	20,0	8,0		8,5
0,5			175	18,0	30,0	1,6	42,0	58,0	18,0	7,4	12	8,0
0,6			160	16,0	26,5	1,4	38,6	54,0	16,5	7,0		7,0
0,8			135	12,4	21,6	1,3	32,0	47,2	14,5	6,0		6,0
1,0			115	10,0	18,0	1,2	27,0	40,8	13,0	5,0	15	5,0
1,5			105	8,5	16,6	1,0	25,5	38,5	10,5	4,4		4,5
2,0			95	7,5	15,2	0,9	23,0	35,5	9,0	3,9		4,2
3,0	60	40	85	6,4	14,3	0,8	20,0	33,0	7,0	3,5	12	3,7
4,0			75	5,5	13,0	0,7	17,2	29,5	6,0	3,1		3,5
5,0			68	5,0	12,0	0,6	15,7	27,0	5,0	2,7		3,2
6,0			62	4,5	10,9	0,5	14,5	25,0	4,2	2,4	10	3,0
8,0			58	4,2	10,0	0,4	13,5	24,5	3,4	2,0		2,8
10,0	65	35	55	4,0	9,55	0,35	12,6	23,7	3,1	1,7		2,7
15,0			52	3,8	8,8	0,3	11,6	23,4	2,6	1,5	8	2,4
20,0	70	30	50	3,65	8,5	0,25	11,0	23,0	2,2	1,4		2,3
25,0	75	25	48	3,5	8,0	0,2	10,4	22,7	1,9	1,3		2,15

Bemerkung:

Die Variabilität der Getriebekästen läßt die tabellarische Festlegung der mechanischen Fertigbearbeitung in diesem Rahmen nicht zu.
Richtwerte für die mechanische Fertigbearbeitung — allerdings nicht zu enger Toleranz — können für Überschlagsrechnungen den Tab. 117 und 118, S. 172 und 173 entnommen werden.

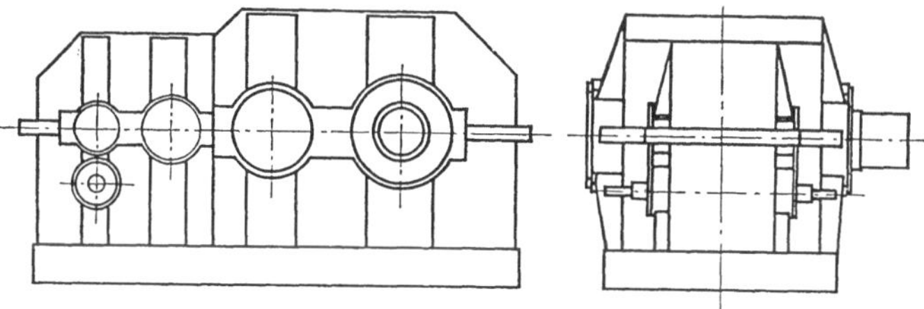

Abb. 66. Getriebekasten.

Tabelle 89.   Heiz- und Kühltrommeln, Seiltrommeln

Merkmal:

Mittelschwere bis schwere maßhaltige Schweißkonstruktion mit mittlerer Toleranz.
Schutzanstrich, gegebenenfalls Konservierung.
Siehe Abb. 67 und 68.

Baugewicht t	Gesamtfertigung h/t	Mittelwerte der anteiligen Fertigung in h/t in den einzelnen Fertigungsbereichen							% tol. in der Fertigung + −	Brutto Elektrodenbedarf % v. Baugew.
		VA	VB	VS	ZK	SS	MB/ZM	OS		
0,5	125,0	8,5	20,0	5,5	25,0	36,0	26,0	4,0		5,25
0,6	115,0	7,5	17,8	4,8	23,0	34,0	24,2	3,7		5,0
0,7	105,0	6,5	15,7	4,3	20,6	32,0	22,5	3,4		4,7
0,8	100,0	5,9	14,4	3,8	19,3	31,5	21,9	3,2	12	4,4
1,0	90,0	4,9	13,0	3,3	16,5	29,0	20,5	2,8		3,9
1,25	82,0	4,4	11,5	2,9	14,5	27,2	19,0	2,5		3,65
1,5	76,0	4,0	10,5	2,5	13,0	25,8	17,9	2,3		3,4
1,75	71,0	3,65	9,9	2,25	12,0	24,4	16,7	2,1		3,25
2,0	67,0	3,4	9,3	2,1	11,4	23,0	15,8	2,0		3,1
2,5	62,0	3,1	8,5	1,9	10,5	21,8	14,4	1,8		3,0
3,0	59,0	2,9	8,1	1,7	10,0	21,1	13,5	1,7	10	2,9
4,0	54,0	2,5	7,3	1,5	9,2	20,0	12,0	1,5		2,7
5,0	50,0	2,2	6,75	1,3	8,75	19,2	10,4	1,4		2,55
6,0	47,0	2,0	6,4	1,1	8,4	18,6	9,2	1,3		2,4
8,0	42,5	1,7	5,85	0,9	7,8	17,8	7,3	1,15		2,2
10,0	40,0	1,5	5,6	0,8	7,5	17,4	6,2	1,0	8	2,1
15,0	36,5	1,4	4,95	0,6	6,9	17,0	4,75	0,9		2,0
20,0	34,0	1,3	4,35	0,5	6,5	16,6	4,0	0,75		1,9
25,0	32,5	1,2	4,0	0,4	6,2	16,5	3,5	0,7	6	1,85

Bemerkung:

Die Fertigungsbereiche MB/ZM sind wegen des relativ geringen Zeitanteils des Fertigungs-bereiches ZM, im Mittel $\approx$ 10%, zusammengelegt.

Mechanische Fertigbearbeitung der Trommeln einschließlich Seilrillen: s. Tab. 90, S. 145.

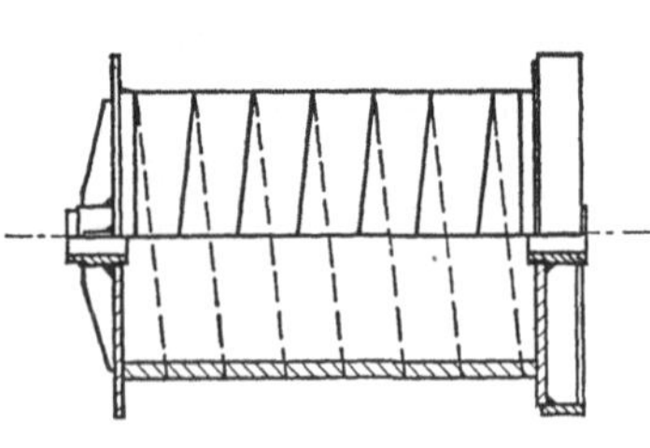

Abb. 67. Seiltrommel.

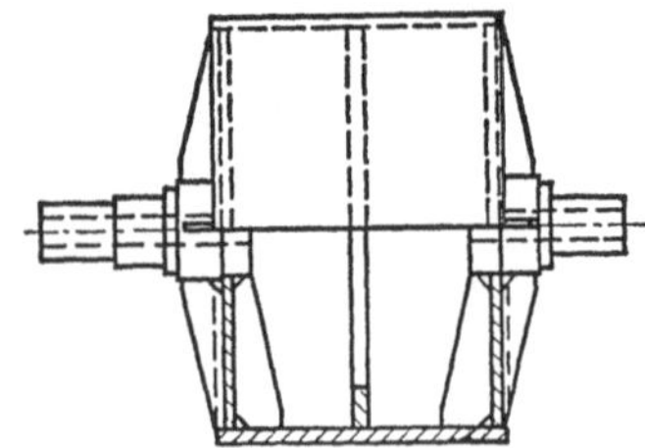

Abb. 68. Heiz-Kühltrommel.

Tabelle 90. Heiz- und Kühltrommeln, Seiltrommeln

Abschließende mechanische Fertigbearbeitung zum Einbau, d. h.:
bei Heiz- oder Kühltrommeln: Lagerzapfen und Mantelfläche (A),
bei Seiltrommeln: Lager, gegebenenfalls Zapfen, Wangen zur Aufnahme von Zahnrad oder
Bremse, Mantelfläche ohne oder mit Seilrillen (A—G).

		\multicolumn{9}{c}{Mantelfläche in m²}								

Mantelfläche in m²

		1,0	1,5	2,0	2,5	3,0	3,5	4,0	5,0	6,0
		\multicolumn{9}{c}{Fertigbearbeitung in h/m²}								
A	Bei glatter Mantelfläche	15,6	14,1	12,6	11,7	11,1	10,7	10,2	9,6	9,15
B	+ 20% Seilrillen	18,2	16,45	14,7	13,7	12,9	12,45	11,9	11,2	10,7
C	+ 40% Seilrillen	19,5	17,6	15,7	14,6	13,8	13,3	12,75	12,0	11,4
D	+ 60% Seilrillen	20,8	18,75	16,75	15,5	14,7	14,2	13,6	12,8	12,15
E	+ 80% Seilrillen	22,1	19,95	17,8	16,5	15,7	15,1	14,45	13,6	12,9
F	+ 90% Seilrillen	23,4	21,15	18,9	17,5	16,7	16,0	15,3	14,4	13,7
G	+100% Seilrillen	26,0	23,5	21,0	19,5	18,5	17,75	17,0	16,0	15,25

Mantelfläche in m²

		7	8	10	15	18	20	25	30	35
		\multicolumn{9}{c}{Fertigbearbeitung in h/m²}								
A	Bei glatter Mantelfläche	8,9	8,5	8,25	8,0	7,8	7,65	7,5	7,35	7,2
B	+ 20% Seilrillen	10,35	9,95	9,6	9,3	9,1	8,9	8,75	8,6	8,4
C	+ 40% Seilrillen	11,05	10,65	10,3	9,9	9,7	9,5	9,35	9,2	9,0
D	+ 60% Seilrillen	11,8	11,35	11,0	10,55	10,35	10,15	9,95	9,8	9,6
E	+ 80% Seilrillen	12,55	12,05	11,7	11,25	11,0	10,8	10,6	10,4	10,2
F	+ 90% Seilrillen	13,3	12,8	12,4	11,95	11,7	11,5	11,25	11,0	10,8
G	+100% Seilrillen	14,75	14,25	13,75	13,25	13,0	12,75	12,5	12,25	12,0

Beispiel: Trommeldurchmesser 1200 mm
Trommellänge   2000 mm
Seilrillen   100%
Mantelfläche $1,2 \cdot 3,14 \cdot 2 = \approx 7,55$ m²
Fertigbearbeitung $7,55 \cdot 14,5$ (interpoliert) $= \approx 109,5$ h
Die Vorgaben beinhalten alle Nebenzeiten wie Einrichten, Spannen usw.

Tabelle 91.   Maschinenbau I — Sonderkonstruktionen

Merkmal:

Aggregate und Sondermaschinen bzw. Anlagen mit mehreren Betriebsfunktionen, in der Regel einmalige Ausführung wie z. B. (oder ähnlich): Elevatoranlage, Kaldo-Konverter, fahrbare Konverterausmauerungsbühne, fahrbarer Konverterbodeneinsatzwagen, Schüttelrutsche, Schweißportal, Montage- und Schweißvorrichtung (dreh- und schwenkbar), Stahlgießwagen, Zwillingsrührwerk. Überwiegend Grobblech-Schweißkonstruktion, elektromechanisch bzw. hydraulisch gesteuerte Fahrantriebe und Laufwerke, Dreh-, Schwenk-, Kipp- oder Hubeinrichtungen, Schlag- oder Mahlwerke.
Einmaliger Schutzanstrich.

Baugewicht t	Gesamtfertigung h/t	Mittelwerte der anteiligen Fertigung in h/t in den einzelnen Fertigungsbereichen									% tol. in der Fertigung + −		Brutto Elektrodenbedarf % v. Baugew.
		VA	VB	VS	ZK	SS	MB	ZM	OS	SK	+	−	
0,05	1350	75,0	110,0	25,0	80,0	135,0	460,0	325,0	40,0	100,0	75		15,0
0,1	1100	60,0	80,0	20,0	70,0	100,0	375,0	280,0	35,0	80,0		40	12,0
0,2	900	45,0	65,0	18,0	62,0	80,0	300,0	240,0	25,0	65,0	70		9,0
0,4	700	35,0	50,0	15,0	55,0	65,0	235,0	180,0	20,0	45,0			7,5
0,6	575	30,0	45,0	12,5	50,0	62,0	185,0	140,0	15,5	35,0	65	35	7,0
0,8	500	27,5	41,0	11,0	45,5	58,0	160,0	115,0	14,0	28,0	60		6,5
1,0	450	24,0	37,5	10,0	42,0	55,0	140,0	105,0	12,0	24,5	55	30	6,2
2,0	350	21,0	30,0	7,5	36,5	49,0	100,0	79,0	9,0	18,0	45	25	5,5
4,0	265	17,0	23,0	5,0	29,0	42,0	71,0	60,0	6,5	11,5	38	20	4,6
6,0	225	15,0	20,0	4,3	25,2	38,0	58,0	50,0	5,5	9,0	34	18	4,2
8,0	200	13,5	18,0	3,8	23,2	35,5	48,0	45,0	5,0	8,0	31	16	3,9
10,0	180	12,5	16,1	3,3	21,1	33,5	42,0	40,0	4,5	7,0	28	15	3,7
20,0	160	11,5	15,0	2,9	19,2	31,5	36,0	33,5	4,2	6,2	26	14	3,5
30,0	145	10,5	13,8	2,6	18,2	30,0	33,0	27,5	3,8	5,6	24	13	3,3
40,0	135	9,7	12,9	2,3	17,1	28,8	30,0	25,5	3,6	5,1	22	12	3,1
50,0	125	9,0	11,9	2,1	16,0	27,5	27,0	23,5	3,4	4,6	20	11	3,0
60,0	115	8,5	11,1	1,7	15,1	26,5	25,0	20,0	3,1	4,0	18	10	2,9
80,0	105	6,8	9,5	1,3	13,5	24,8	24,0	19,0	2,9	3,2	16	8	2,7
100,0	98	5,6	8,4	1,1	12,5	23,5	23,5	18,0	2,6	2,8	14	7	2,55
150,0	92	5,0	7,8	0,9	11,8	22,2	23,0	17,0	2,2	2,1	12	6	2,3
200,0	87	4,7	7,1	0,8	11,1	21,2	22,5	16,0	2,0	1,6	10		2,2
250,0	84	4,4	6,8	0,7	10,8	20,5	22,0	15,5	1,9	1,4'	9		2,1
300,0	81	4,1	6,6	0,6	10,3	20,0	21,5	15,0	1,7	1,2	8		2,0
350,0	78	3,8	6,3	0,55	9,9	19,3	21,0	14,5	1,55	1,1		5	1,95
400,0	75	3,6	6,0	0,5	9,5	18,5	20,5	14,0	1,4	1,0	7		1,9
450,0	72	3,4	5,7	0,45	9,15	17,9	19,9	13,4	1,2	0,9			1,85
500,0	70	3,2	5,5	0,4	9,0	17,5	19,5	13,0	1,1	0,8			1,8

Bemerkung:

Bei Aggregaten mit 100% Eigenfertigung, d. h. ohne wesentliche Verwendung von Norm- oder Fertigteilen, ist die Plustoleranz zu berücksichtigen.
Bei Aggregaten mit weniger vielseitigen Funktionen kann die Minustoleranz in Ansatz gebracht werden.
Die Gesamtfertigung in der Werkstatt, einschließlich einer Funktionsprüfung in Verbindung mit der Fertigmontage im Fertigungsbereich ZM, schließt auch eine, vor allem bei Großraummaschinen, notwendige Demontage zum Versand ein.
Eine sich auf der Baustelle ergebende Neu- oder Fertigmontage ist hierin nicht eingeschlossen.
Montage-Richtwerte: s. Tab. 144, S. 205.

Tabelle 92. Maschinenbau II — Sonderkonstruktionen

Merkmal:

Aggregate und Sondermaschinen bzw. Anlagen mit weniger vielseitigen Betriebsfunktionen, in der Regel einmalige Ausführung wie z. B. (oder ähnlich): Blockfähren, Kippstühle, Kristallisierwalzen, mechanisch betriebene schienengebundene Sonderfahrzeuge, Spänebrecher, Trommelöfen. Unterschiedlicher Anteil an Schweißkonstruktion, jedoch relativ hoher Anteil an GG bzw. GS Elementen und Fertigbauteilen wie Motore, Getriebe, Kupplungen, Radsätze u. a. Einmaliger Schutzanstrich.

Baugewicht t	Gesamtfertigung h/t	Mittelwerte der anteiligen Fertigung in h/t in den einzelnen Fertigungsbereichen									% tol. in der Fertigung + —		Brutto Elektrodenbedarf % v. Baugew.
		VA	VB	VS	ZK	SS	MB	ZM	OS	ZK	+	—	
2	210	14,0	20,5	5,5	22,5	40,0	48,0	42,0	7,0	10,5	38	25	3,8
4	160	9,5	15,5	3,8	16,5	34,0	37,0	31,0	5,2	7,5	32	20	3,25
6	135	7,7	13,1	3,0	14,2	30,5	31,2	25,0	4,2	6,1	29	18	2,9
8	118	6,5	11,6	2,3	12,5	27,9	26,5	22,2	3,5	5,0	27	16	2,65
10	104	5,5	10,3	1,7	11,1	25,8	23,2	19,2	2,9	4,3	25	15	2,4
20	92	4,7	9,0	1,3	9,7	23,9	20,4	17,0	2,4	3,6	23	14	2,25
30	83	4,1	8,0	1,1	8,7	22,6	18,1	15,0	2,2	3,2	21	13	2,1
40	76	3,7	7,1	0,9	7,7	21,8	16,3	13,8	1,9	2,8	19	12	2,0
50	71	3,3	6,5	0,8	7,1	21,2	15,0	12,9	1,7	2,5	17	11	1,9
60	67	2,9	6,1	0,7	6,6	20,8	13,9	12,2	1,6	2,2	15	10	1,8
80	63	2,6	5,7	0,6	6,2	20,2	13,0	11,3	1,5	1,9	13	9	1,7
100	60	2,4	5,4	0,6	5,9	19,7	12,2	10,7	1,4	1,7	11	8	1,6
150	57	2,2	5,2	0,5	5,6	18,9	11,6	10,1	1,4	1,5	10	7	1,5
200	54	2,0	5,0	0,5	5,3	17,9	11,1	9,6	1,3	1,3	9	6	1,45
250	51	1,9	4,7	0,4	5,0	16,8	10,7	9,2	1,2	1,1	8	5	1,4
300	49	1,8	4,5	0,4	4,8	16,2	10,4	8,9	1,1	0,9	7		1,35
350	47	1,7	4,4	0,35	4,6	15,3	10,2	8,7	1,0	0,75	6	4	1,3

Bemerkung:

Die Toleranzen stehen in Wechselbeziehung zum jeweiligen Anteil der GG, GS bzw. Fertigbauteile und sind auch so zu berücksichtigen.

Die Gesamtfertigung in der Werkstatt, einschließlich einer Funktionsprüfung in Verbindung mit der Fertigmontage im Fertigungsbereich ZM schließt auch eine, vor allem bei Großraummaschinen, notwendige Demontage zum Versand ein.

Eine sich auf der Baustelle ergebende Neu- oder Fertigmontage ist hierin nicht eingeschlossen. Montage-Richtwerte: s. Tab. 144, S. 205.

Tabelle 93. Rohrleitungen — Normalausführung

Merkmal:

Relativ glatt und überwiegend gerade mit winkligen Abzweigungen.
Ohne Schutzanstrich.
Siehe Abb. 69.

Nennweite NW	Mittl. Blechdicke mm	Gesamtfertigung [1] h/t	Mittelwerte der anteiligen Fertigung in h/t in den einzelnen Fertigungsbereichen						% tol. in der Fertigung + −	Brutto Elektrodenbedarf % v. Baugew.
			VA	VB	VS	ZK	SS	MB/ZM		
100	4	95	15,5	20,0	5,0	21,5	27,0	6,0	8	3,5
200		80	11,9	15,9	4,6	18,3	23,7	5,6		3,0
300		70	10,0	13,1	4,2	16,2	21,1	5,4		2,8
400		63	8,5	11,2	3,9	14,9	19,3	5,2		2,5
500		58	7,5	10,0	3,6	13,9	18,0	5,0		2,3
600		54	6,8	9,0	3,4	13,1	16,9	4,8		2,2
700		51	6,2	8,3	3,2	12,5	16,2	4,6		2,1
800		48	5,6	7,7	3,0	11,8	15,4	4,5		2,0
900		46	5,3	7,2	2,9	11,3	14,8	4,5		1,9
1000		44	5,0	6,7	2,7	10,9	14,2	4,5		1,8
1200		41	4,5	6,1	2,5	10,1	13,3	4,5		1,7
1500		38	4,0	5,5	2,3	9,3	12,4	4,5		1,6
2000	8	35	3,5	5,0	2,0	8,5	11,5	4,5	5	1,5

[1] in günstigsten montagegerechten Baulängen

Bemerkung:

Wegen der beiderseits relativ geringen Zeitanteile der Fertigungsbereiche MB/ZM wurden diese zusammengelegt.
Dabei beträgt der Anteil MB im Mittel 90%
der Anteil ZM im Mittel 10%.

Reine Mittelblechleitungen größerer Nennweiten (S 3—4 mm): Fertigungsfaktor 2—2,5,
Leitungen mit rechteckigen Querschnitten entsprechend dem Querschnitt der Rohr-Nennweite: Fertigungsfaktor 1,5.

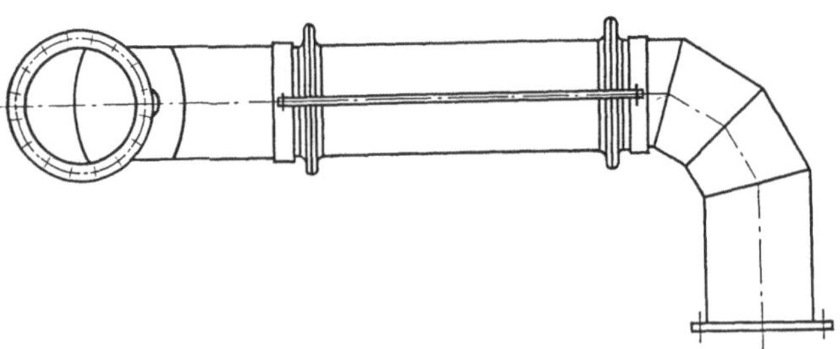

Abb. 69. Rohrleitung (s. Tab. 93 u. 94).

Tabelle 94.   Rohrleitungen — Mischbau

Merkmal:

Leitungen mit gewissen Schwierigkeitsgraden, Anteil an Krümmer und Formstücken, größere Ringleitungen.
Ohne Schutzanstrich.
Siehe Abb. 69, S. 148

Nennweite NW	Mittl. Blechdicke mm	Gesamtfertigung [1] h/t	Mittelwerte der anteiligen Fertigung in h/t in den einzelnen Fertigungsbereichen						% tol. in der Fertigung $+$ $-$	Brutto Elektrodenbedarf in % v. Baugew.
			VA	VB	VS	ZK	SS	MB/ZM		
100	4	170	33,0	42,0	8,0	33,0	42,0	12,0	12	4,5
200		140	23,8	32,6	7,3	29,0	36,5	10,8		4,0
300		122	19,2	26,0	6,9	26,1	33,4	10,4		3,7
400		110	16,6	21,8	6,5	24,2	31,0	9,9		3,4
500		100	14,7	18,7	6,1	22,5	28,6	9,4		3,2
600		91	12,6	16,1	5,7	21,2	26,5	8,9		3,0
700		85	11,4	14,5	5,3	20,2	25,2	8,4		2,8
800		80	10,2	13,2	5,0	19,5	24,2	7,9		2,6
900		76	9,5	12,3	4,7	18,7	23,4	7,4		2,4
1000		72	8,7	11,5	4,4	18,0	22,5	6,9		2,2
1200		67	7,7	10,2	4,0	17,1	21,5	6,5		2,0
1500		61	6,8	8,9	3,5	15,9	20,0	5,9		1,9
2000	8	55	6,0	8,0	3,0	14,5	18,0	5,5	8	1,8

[1] in günstigsten montagegerechten Baulängen

Bemerkung:

Wegen der beiderseits relativ geringen Zeitanteile der Fertigungsbereiche MB/ZM wurden diese zusammengelegt.
Dabei beträgt der Anteil MB im Mittel 90%
der Anteil ZM im Mittel 10%.

Reine Mittelblechleitungen größerer Nennweiten (S 3—4 mm): Fertigungsfaktor 2—2,5,
Leitungen mit rechteckigen Querschnitten entsprechend dem Querschnitt der Rohr-Nennweite: Fertigungsfaktor 1,5.

Tabelle 95. Rohrleitungen — Formstücke (Hosenrohr, Krümmer)

Merkmal:

Spezielle Einzelteile, schwierige Konstruktionen.
Ohne Schutzanstrich.
Siehe Abb. 70.

Nennweite NW	Mittl. Blechdicke mm	Gesamtfertigung[1] h/t	Mittelwerte der anteiligen Fertigung in h/t in den einzelnen Fertigungsbereichen						% tol. in der Fertigung + / −	Brutto Elektrodenbedarf % v. Baugew.
			VA	VB	VS	ZK	SS	MB/ZM		
100	4	375	65,0	75,0	12,0	80,0	128,0	15,0	15	10,0
200		290	44,5	58,0	11,0	63,5	99,0	14,0		8,0
300		235	32,2	44,0	10,3	54,5	81,0	13,0		7,0
400		200	25,8	34,5	9,6	49,5	68,5	12,1		6,0
500		175	21,6	28,5	8,9	45,2	59,5	11,3		5,0
600		155	18,5	24,2	8,3	41,5	52,0	10,5		4,5
700		142	16,5	21,4	7,8	38,3	48,0	10,0		4,2
800		133	15,1	19,5	7,3	36,5	45,1	9,5		3,9
900		125	14,0	18,1	6,8	34,5	42,5	9,1		3,6
1000		119	13,0	17,2	6,5	33,2	40,5	8,6		3,3
1200		110	11,3	15,5	5,8	31,0	38,3	8,1		3,0
1500		100	9,7	13,8	5,2	28,6	35,4	7,3		2,7
2000	8	90	8,5	12,5	4,5	26,0	32,0	6,5	10	2,5

[1] in günstigsten montagegerechten Baugrößen

Bemerkung:

Wegen der beiderseits relativ geringen Zeitanteile der Fertigungsbereiche MB/ZM wurden diese zusammengelegt.
Dabei beträgt der Anteil MB im Mittel 90%
der Anteil ZM im Mittel 10%.

Reine Mittelblechleitungen größerer Nennweiten (S 3—4 mm): Fertigungsfaktor 2—2,5, Leitungen mit rechteckigen Querschnitten entsprechend dem Querschnitt der Rohr-Nennweite: Fertigungsfaktor 1,5.

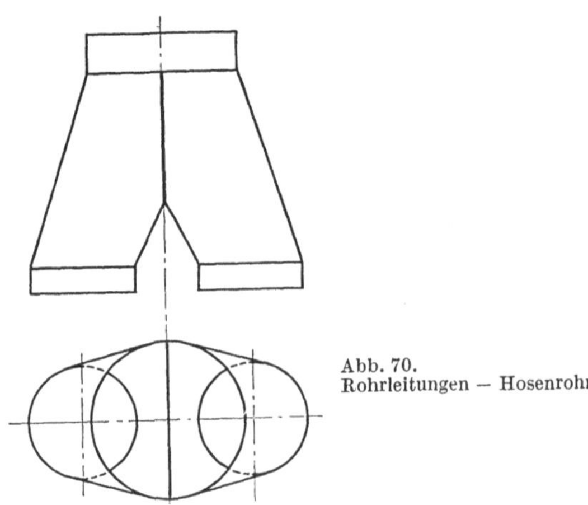

Abb. 70.
Rohrleitungen — Hosenrohr.

Tabelle 96. Rohrmaste

Merkmal:

Glatte, leicht konische Maste wie z. B. Schiffsmaste.
Einmaliger innerer und äußerer Schutzanstrich.
Ohne Sonderzubehör.

Baugewicht t	mittl. Blechdicke mm	Richtwerte ≈ ⌀ mm	≈ Länge mm	Gesamtfertigung h/t	Mittelwerte der anteiligen Fertigung in h/t in den einzelnen Fertigungsbereichen					% tol. in der Fertigung ∓	Brutto Elektrodenbedarf % v. Baugew.
					VA	VB	ZK	SS	OS		
0,25	8	300/150	4000	180,0	25,0	87,5	25,0	37,5	5,0	5	5,5
0,5				135,0	18,9	59,5	20,3	32,8	3,5		5,0
0,75				110,0	14,1	44,0	18,2	30,7	3,0		4,75
1,0				90,0	11,0	34,0	15,0	27,5	2,5		4,4
1,5				70,0	8,0	24,5	11,5	24,0	2,0		4,0
2,0				60,0	6,85	20,0	9,5	21,9	1,75		3,7
2,5				54,0	6,1	17,35	8,4	20,6	1,55		3,55
3,0				49,0	5,5	15,5	7,4	19,2	1,4		3,4
4,0				42,5	4,75	13,6	5,9	17,0	1,25		3,15
5,0				38,0	4,0	12,5	5,0	15,4	1,1		2,9
6,0				35,0	3,7	11,5	4,6	14,2	1,0		2,75
8,0				31,0	3,3	10,0	4,3	12,5	0,9		2,5
10,0				27,0	2,85	8,5	3,8	11,0	0,85		2,25
12,0				24,0	2,5	7,5	3,5	9,7	0,8		2,1
15,0				21,0	2,2	6,4	3,35	8,35	0,7		1,9
20,0		2000/		18,0	1,8	5,15	3,25	7,2	0,6		1,75
25,0	20	1000	25 000	15,5	1,4	4,4	3,1	6,1	0,5	3	1,65

Bemerkung:

Großmaste u. U. 2 bis 3 teilig zur Baustelle.

Bei Rohrmasten in zylindrischer Ausführung gilt:
bei Baugewicht 1 t	Fertigungsfaktor 0,40
3 t	0,45
5 t	0,50
8 t	0,55
10 t	0,60
15 t	0,65
20 t	0,70
25 t	0,75.

Elektrodenbedarf gegenüber konischer Ausführung i. M.: Faktor 0,60.

Tabelle 97. Schornsteine, Kamine

Merkmal:

Runde zylindrische, oder auch ganz oder teilweise leicht konische Schornsteine, ein- bis mehrteilig, Fußkonstruktion mit Verankerung, Stutzen- bzw. Einstiegöffnung, Innensteigeisen, Außenleiter mit Rückenschutz, gegebenenfalls Haltevorrichtungen für Abspannung, ohne besondere Bühnenkonstruktionen.
Einmaliger äußerer Schutzanstrich.
Siehe Abb. 71.

Baugewicht t	Richtwerte			Gesamt- bzw. Teilfertigung h/t	Mittelwerte der anteiligen Fertigung in h/t in den einzelnen Fertigungsbereichen							% tol. in der Fertigung + −	Brutto Elektrodenbedarf % v. Baugew.	
	übliche ∅ und Höhen m	Mittl. Blechdicke mm	zur Baustelle		VA	VB	VS	ZK	SS	MB/ZM	OS		Werkstatt	Baustelle
2	∅ 3,0 ∅ ≈ ≈ 1,1 ∅ ≈ 6,0 H ≈ H 60,0 H ≈ ∨ ∨	6	(Gesamtfertigung einteilig gilt nur für Baugew. 2–6t.) Teilfertigung zwei–bis vierteilig	90	9,0	28,0	4,0	24,6	20,0	1,9	2,5	10	2,1	
4				75	7,5	21,1	3,5	20,1	19,0	1,5	2,3		2,0	
6				65	6,6	16,5	3,2	17,1	18,2	1,3	2,1		1,95	
8				59	6,0	14,1	2,95	15,4	17,5	1,1	1,95		1,9	
10				55	5,55	12,8	2,8	14,0	17,0	1,0	1,85		1,85	0,12
15				48	4,85	10,7	2,3	12,2	15,5	0,8	1,65		1,75	
20				45	4,6	9,9	2,05	11,4	14,8	0,7	1,55		1,65	
30				42	4,3	9,1	1,8	10,6	14,2	0,65	1,35			0,15
40				40	4,15	8,6	1,6	10,1	13,8	0,6	1,15		1,6	
50		12		38	4,0	8,0	1,5	9,5	13,5	0,5	1,0	5		0,2

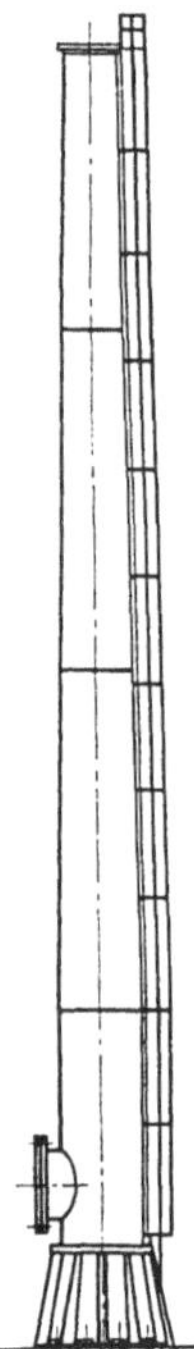

Bemerkung:

Wegen der beiderseits relativ geringen Zeitanteile der Fertigungsbereiche MB/ZM wurden diese zusammengelegt.
Dabei beträgt der Anteil MB im Mittel 80%
           der Anteil ZM im Mittel 20%.

Gesamtfertigung, ab ≈ 8 t und ohne Baustellenstöße: Fertigungsfaktor 1,10.
Geflanschte Schornsteine, Teilfertigung und mehrteilig: Fertigungsfaktor 1,15−1,20.
Doppelwandige Schornsteine: Fertigungsfaktor 1,30.

Bei Schornsteinen mit stark konischen Teilstücken ist für die Fertigung die Plustoleranz zu berücksichtigen.
Einbau von Masseanker für Ausmauerung: 1,5 h/m² (≈ 20 Anker/m²).

Abb. 71.
Stahlschornstein — Kamin.

Tabelle 98. Schutzkästen, Schutzschirme

Merkmal:

In der Regel mehrteilige Mittelblech- bis leichte Grobblech-Schweißkonstruktion.
Individuelle Ausführung und Anordnung.
Ohne Schutzanstrich.
Siehe Abb. 72 und 73.

Baugewicht t	Gesamtfertigung h/t	Mittelwerte der anteiligen Fertigung in h/t in den einzelnen Fertigungsbereichen							% tol. in der Fertigung +/−	Brutto Elektrodenbedarf % v. Baugew.	*) Faktor für einfache Schutzschirme
		VA	VB	VS	ZK	SS	MB	ZM			
0,05	450	46,0	85,0	18,0	108,0	120,0	42,0	31,0		6,0	
0,06	400	40,0	75,0	16,0	98,0	108,0	36,0	27,0		5,5	
0,07	360	36,5	67,5	15,0	89,0	96,0	32,0	24,0		4,8	
0,08	325	33,5	60,0	13,5	82,0	86,0	29,0	21,0		4,2	
0,1	275	28,0	51,0	12,0	70,0	72,0	24,0	18,0		3,8	
0,125	240	25,0	44,0	11,2	61,0	61,0	21,3	16,5		3,25	
0,15	220	22,5	40,0	10,5	57,0	55,0	19,5	15,5	15	2,85	0,95
0,175	205	21,5	37,5	10,0	52,0	51,0	18,4	14,6		2,65	
0,2	190	20,0	35,0	9,5	50,0	45,0	16,5	14,0		2,35	
0,25	170	17,5	32,0	9,0	43,5	40,0	15,0	13,0		2,10	
0,3	150	16,0	28,0	8,5	37,5	34,0	14,0	12,0		1,85	
0,4	130	12,5	24,0	7,5	33,5	30,5	12,0	10,0		1,65	
0,6	107	9,5	19,0	6,5	28,0	25,0	10,0	9,0		1,4	
0,8	95	8,0	16,0	6,0	25,5	22,0	9,5	8,0		1,25	
1,0	85	7,5	14,5	5,5	22,5	19,0	9,0	7,0	12	1,15	
1,5	75	6,5	13,0	4,5	20,5	16,5	8,0	6,0		1,1	0,9
2,0	70	6,0	12,5	4,0	19,0	16,0	7,0	5,5		1,05	
3,0	60	5,5	11,0	3,0	16,0	13,0	6,5	5,0	10		
4,0	50	5,0	9,0	2,5	13,0	10,5	5,5	4,5		1,0	

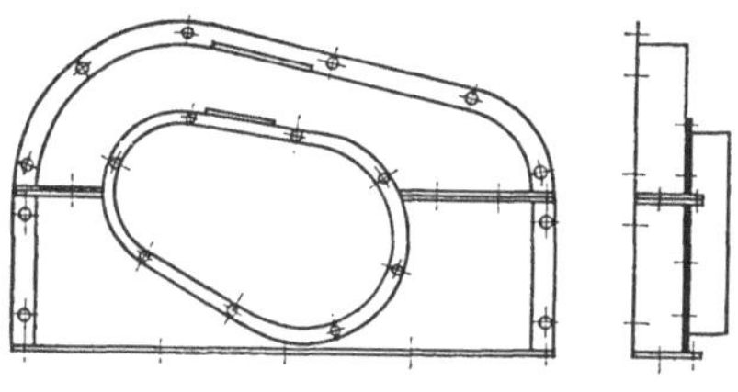
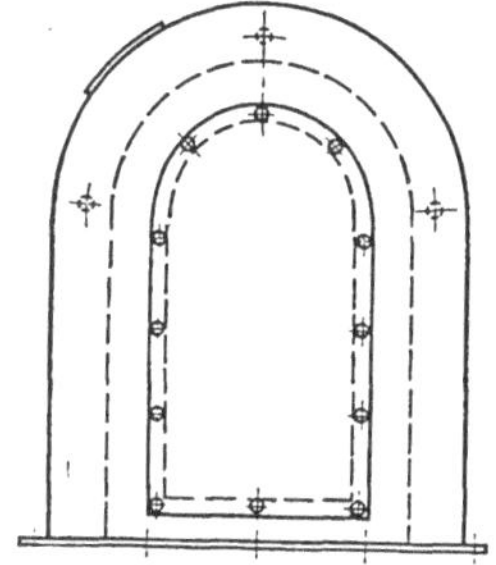
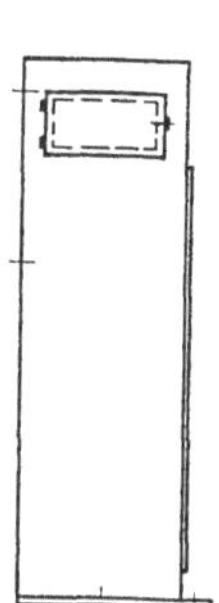

Abb. 72 und 73. Schutzkasten — Schutzschirm.

Tabelle 99. Grobblech-Schweißkonstruktionen

Merkmal:

Einfach-Schwer, ohne einengende Toleranzen, z. T. offene Maße, z. B. *einfachste* Gerüste, Gleis-
anlagen schwer, Hebel, Konsolen, Panzer und Tragkonstruktionen für Großöfen, Stützen, Wannen
und Mulden, glatt.
Einmaliger Schutzanstrich.
Ohne mechanische Nach- oder Fertigbearbeitung.

Baugewicht t	Gesamtfertigung h/t	Mittelwert h/t	Mittelwerte der anteiligen Fertigung in h/t in den einzelnen Fertigungsbereichen							% tol. in der Fertigung ±	Brutto Elektrodenbedarf %	
			VA	VB	VS	ZK	SS	MB/ZM	OS		v. Bau-gew.	Streuung der Summe %
0,025	150,0—190,0	170,0	25,0	30,0	8,0	32,0	55,0	10,0	10,0	12	8,1	
0,05	120,0—160,0	140,0	20,0	23,5	7,7	26,0	48,0	7,8	7,0	15	7,1	20
0,1	105,0—135,0	120,0	16,0	20,0	7,2	23,0	42,0	7,3	4,5		6,2	
0,2	85,0—120,0	102,5	12,5	17,0	6,7	20,0	35,5	6,8	4,0	18	5,2	19
0,4	65,0— 95,0	80,0	9,0	13,0	6,0	16,0	27,0	5,2	3,8		3,95	
0,6	53,0— 80,0	66,5	7,4	10,5	5,0	13,5	22,5	4,1	3,5	20	3,3	18
0,8	44,0— 65,0	54,5	5,9	8,5	4,0	11,0	19,0	3,1	3,0		2,75	
1,0	38,0— 55,0	46,5	4,9	7,0	3,4	9,5	16,5	2,5	2,7	18	2,4	17
1,5	34,0— 49,0	41,5	4,0	6,5	2,8	8,5	15,5	1,9	2,3		2,25	
2,0	32,0— 44,0	38,0	3,4	6,2	2,3	7,5	15,0	1,5	2,1	15	2,15	16
3,0	29,0— 40,0	34,5	2,9	5,9	1,9	6,5	14,3	1,1	1,9		2,05	
4,0	27,0— 38,0	32,5	2,5	5,5	1,7	6,2	14,0	0,9	1,7		2,0	15
5,0	26,0— 36,0	31,0	2,2	5,2	1,5	6,0	13,8	0,8	1,5		1,95	
6,0	25,0— 34,0	29,5	2,0	4,9	1,3	5,5	13,7	0,7	1,4		1,95	14
8.0	24,0— 32,0	28,0	1,7	4,7	1,0	5,2	13,6	0,6	1,2		1,9	13
10.0	24,0— 30,0	27,0	1,5	4,5	0,9	5,0	13,5	0,5	1,1	12	1,85	12
15,0	23,5— 29,0	26,25	1,4	4,3	0,9	4,8	13,4	0,45	1,0		1,8	10
20,0	23,0— 28,0	25,5	1,3	4,1	0,8	4,6	13,3	0,4	1,0	10	1,7	9
25,0	22,5— 27,5	25,0	1,2	4,0	0,8	4,4	13,2	0,4	1,0		1,6	8
50,0	22,0— 27,0	24,5	1,15	3,9	0,75	4,3	13,1	0,35	0,95		1,5	6
75,0	21,5— 26,5	24	1,1	3,8	0,7	4,2	13,0	0,3	0,9		1,4	5
100,0	21,0— 26,0	23,5	1,05	3,7	0,65	4,1	12,9	0,25	0,85		1,2	4
150,0	20,0— 25,0	22,5	0,9	3,5	0,5	3,9	12,7	0,2	0,8		1,0	3

Bemerkung:

Werte gelten für mittlere Blechdicke bis 30 mm.

Bei größeren Blechdicken können folgende Faktoren angewandt werden:

Mittlere Blechdicke		
35 mm	Fertigungsfaktor	0,90
40 mm		0,80
45 mm		0,70
50 mm		0,65
60 mm		0,55
70 mm		0,45
80 mm		0,40
100 mm		0,35

Die Fertigungsbereiche MB/ZM sind wegen des relativ geringen Zeitanteils des Fertigungsbereiches ZM, im Mittel ≈ 10%, zusammengelegt.

Tabelle 100. Grobblech-Schweißkonstruktionen

Merkmal:

Mittelschwer, normal maßhaltig mit mittleren Toleranzen, z. B. *einfache* Antriebsrahmen, Antriebsscheiben, Bühnenkonstruktionen, Drehgestelle für Wagen, Gehäuse, Getriebekästen, Großöfen, Grundplatten, Pendelstützen, Riemenscheiben, Schwungscheiben, Ständer, Wagenbrücken. Einmaliger Schutzanstrich.
Ohne mechanische Nach- oder Fertigbearbeitung.

Baugewicht t	Gesamtfertigung h/t	Mittelwert h/t	Mittelwerte der anteiligen Fertigung in h/t in den einzelnen Fertigungsbereichen							% tol in der Fertigung +/−	Brutto Elektrodenbedarf %	
			VA	VB	VS	ZK	SS	MB/ZM	OS		v. Baugew.	Streuung der Summe %
0,05	180,0—240,0	210,0	28,0	38,0	11,0	45,0	65,0	13,0	10,0		9,0	
0,1	160,0—210,0	185,0	24,0	34,0	10,5	37,0	59,0	12,0	8,5		8,2	20
0,2	140,0—175,0	157,5	18,5	27,0	9,5	32,0	53,0	10,5	7,0	12	7,3	
0,4	115,0—145,0	130,0	13,0	21,0	8,5	28,0	45,0	9,0	5,5		6,2	19
0,6	90,0—125,0	107,5	10,0	18,0	7,0	23,0	37,0	7,5	5,0		5,1	
0,8	75,0—100,0	87,5	8,0	14,0	5,5	18,5	32,0	5,0	4,5		4,4	18
1,0	62,0— 84,0	73,0	6,4	12,0	4,8	15,0	27,5	3,5	3,8		3,75	
1,5	55,0— 73,0	64,0	5,4	10,3	3,8	13,0	25,0	3,0	3,5		3,35	17
2,0	50,0— 64,0	57,0	4,6	9,5	3,0	11,5	23,0	2,4	3,0	15	3,05	
3,0	44,0— 58,0	51,0	3,9	9,0	2,4	10,5	21,0	1,7	2,5		2,8	16
4,0	40,0— 54,0	47,0	3,3	8,5	2,0	9,5	20,0	1,5	2,2		2,65	
5,0	38,0— 50,0	44,0	3,0	8,0	1,7	9,0	19,0	1,3	2,0		2,50	15
6,0	36,0— 46,0	41,0	2,7	7,5	1,5	8,5	18,0	1,1	1,7		2,35	14
8,0	34,0— 43,0	38,5	2,3	6,9	1,3	8,0	17,5	1,0	1,5	12	2,2	13
10,0	33,0— 40,0	36,5	2,1	6,4	1,15	7,5	17,1	0,85	1,4		2,1	12
15,0	32,0— 37,0	34,5	1,9	5,8	1,0	7,0	16,8	0,7	1,3		2,0	10
20,0	31,0— 36,0	33,5	1,8	5,5	0,95	6,8	16,6	0,0	1,25		1,9	9
25,0	30,0— 35,0	32,5	1,7	5,2	0,9	6,6	16,4	0,5	1,2		1,8	8
50,0	29,5— 34,0	31,75	1,6	5,0	0,85	6,4	16,3	0,45	1,15	7	1,7	6
75,0	29,0— 33,5	31,25	1,55	4,85	0,85	6,2	16,2	0,45	1,15		1,6	5
100,0	28,5— 33,0	30,75	1,5	4,75	0,8	6,1	16,1	0,4	1,1		1,4	4
150,0	27,5— 32,0	29,75	1,4	4,5	0,75	5,9	15,9	0,3	1,0		1,2	3

Bemerkung:

Werte gelten für mittlere Blechdicke bis 30 mm.

Bei größeren Blechdicken können folgende Faktoren angewandt werden:

Mittlere Blechdicke	Fertigungsfaktor
35 mm	0,95
40 mm	0,85
45 mm	0,75
50 mm	0,70

Die Fertigungsbereiche MB/ZM sind wegen des relativ geringen Zeitanteils des Fertigungsbereiches ZM, im Mittel ≈ 10%, zusammengelegt.

Tabelle 101. Grobblech-Schweißkonstruktionen

Merkmal:
Mittelleicht und schwierig, maßhaltig toleriert, z. B. *leichtere oder schwierigere* Antriebs- und Grundplatten, Drehgestelle, Formen, Gehäuse und Getriebekästen, Konverterständer, konische und Kuppel-Konstruktionen, Maschinenständer, Traversen, Trägerbrücken, Trockenschränke, Unterwagen, Wagengestelle.
Einmaliger Schutzanstrich.
Ohne mechanische Nach- oder Fertigbearbeitung.

| Baugewicht t | Gesamtfertigung h/t | Mittelwert h/t | Mittelwerte der anteiligen Fertigung in h/t in den einzelnen Fertigungsbereichen | | | | | | | % tol. in der Fertigung ± | Brutto Elektrodenbedarf % | |
			VA	VB	VS	ZK	SS	MB/ZM	OS		v. Baugew.	Streuung der Summe %
0,1	230—270,0	250,0	28,0	44,0	17,0	53,0	75,0	21,0	12,0		9,5	20
0,2	200—240,0	220,0	23,0	39,0	15,0	48,0	66,0	19,0	10,0	8	8,3	19
0,4	175—205,0	190,0	19,0	32,0	13,0	42,0	59,0	17,0	8,0		7,4	
0,6	150—180,0	165,0	15,5	25,0	11,5	38,0	53,0	15,0	7,0		6,6	18
0,8	120—155,0	137,5	11,5	21,5	9,0	30,5	46,0	13,0	6,0	12	5,6	
1,0	105—135,0	120,0	9,5	18,5	7,0	26,0	42,0	12,0	5,0		5,1	17
1,5	92—112,0	102,0	8,0	16,0	5,4	22,0	36,5	9,7	4,4		4,4	
2,0	82— 98,0	90,0	7,0	14,5	4,5	19,5	32,5	8,1	3,9	10	3,9	16
3,0	73— 88,0	80,5	6,0	13,2	3,8	17,0	30,0	7,0	3,5		3,55	
4,0	65— 80,0	72,5	5,4	12,3	3,2	15,5	27,5	5,5	3,1		3,2	15
5,0	60— 72,0	66,0	4,9	11,5	2,7	14,5	25,0	4,7	2,7		2,85	
6,0	56— 65,0	60,5	4,4	10,6	2,2	13,5	23,5	3,9	2,4	8	2,65	14
8,0	52— 60,0	56,0	4,0	9,5	1,9	12,4	23,2	3,0	2,0		2,6	13
10,0	49— 57,0	53,0	3,8	8,9	1,7	11,4	23,0	2,5	1,7		2,5	12
15,0	47— 55,0	51,0	3,7	8,4	1,5	10,9	22,8	2,2	1,5		2,3	10
20,0	46— 53,0	49,5	3,6	8,0	1,4	10,5	22,6	2,0	1,4		2,2	9
25,0	45— 51,5	48,25	3,5	7,8	1,25	10,2	22,4	1,8	1,3	7	2,1	8
50,0	44— 50,0	47,0	3,4	7,5	1,1	10,0	22,2	1,6	1,2		2,0	6
75,0	43— 49,0	46,0	3,3	7,3	1,0	9,8	22,0	1,5	1,1		1,9	5
100,0	42— 47,0	44,5	3,2	7,1	0,9	9,5	21,5	1,3	1,0		1,75	4
150,0	40— 45,0	42,5	3,0	6,8	0,8	9,0	21,0	1,0	0,9		1,6	3

Bemerkung:
Werte gelten für mittlere Blechdicke bis 30 mm.

Die Fertigungsbereiche MB/ZM sind wegen des relativ geringen Zeitanteils des Fertigungsbereiches ZM, im Mittel ≈ 10%, zusammengelegt.

Tabelle 102. Grobblech-Schweißkonstruktionen

Merkmal:

Leichte und schwierigste Konstruktionen präziser Ausführung, dynamisch beanspruchte Konstruktionen mit z. T. überstarken Schweißnähten oder sehr schwierigen Schweißpositionen, umfassende Nachrichtarbeiten, z. B. *ausgesprochen schwierige* Getriebekästen, konische Konstruktionen, Maschinenständer, Pfannenkörbe, Ringkonstruktionen, Ring- und konische Konstruktionen kombiniert, Schiffsruder, Wagengestelle, gekröpfte bzw. spezielle, Wannen, spezielle, Wendeltreppe, leichte.
Einmaliger Schutzanstrich.
Ohne mechanische Nach- oder Fertigbearbeitung.

Baugewicht t	Gesamtfertigung h/t	Mittelwert h/t	Mittelwerte der anteiligen Fertigung in h/t in den einzelnen Fertigungsbereichen							% tol. in der Fertigung + / −	Brutto Elektrodenbedarf %	
			VA	VB	VS	ZK	SS	MB/ZM	OS		v. Bau-gew.	Streuung der Summe %
0,2	280—320	300,0	30,0	60,0	20,0	65,0	85,0	28,5	11,5		11,0	
0,4	240—280	260,0	23,5	48,0	17,5	58,0	77,0	26,0	10,0		9,9	19
0,6	205—245	225,0	19,5	38,0	15,0	51,0	69,0	24,0	8,5	9	8,8	
0,8	180—215	197,5	16,5	32,5	13,0	44,5	62,0	22,0	7,0		7,8	18
1,0	160—190	175,0	14,5	28,0	10,5	40,0	56,0	20,0	6,0		7,0	
1,5	135—165	150,0	12,5	23,5	8,0	32,5	50,0	18,0	5,5		6,2	17
2,0	120—145	132,5	11,0	21,0	6,5	28,0	45,0	16,0	5,0		5,6	
3,0	105—130	122,5	10,0	19,5	5,5	24,0	40,0	14,0	4,5		4,9	16
4,0	95—115	105,0	9,0	18,0	4,6	21,5	36,0	11,9	4,0		4,4	
5,0	85—106	95,5	8,0	16,2	3,9	19,5	34,0	10,5	3,4	10	4,1	15
6,0	78—100	89,0	7,4	15,0	3,5	18,0	33,0	9,0	3,1		4,0	14
8,0	72— 90	81,0	6,5	13,8	2,8	16,0	32,0	7,2	2,7		3,8	13
10,0	69— 82	75,5	6,0	12,8	2,3	15,0	31,0	6,1	2,3		3,6	12
15,0	66— 76	71,0	5,6	12,0	2,0	14,0	30,2	5,2	2,0		3,2	10
20,0	63— 72	67,5	5,3	11,2	1,8	13,0	30,0	4,4	1,8		2,9	9
25,0	61— 69	65,0	5,0	10,3	1,7	12,5	29,8	4,0	1,7		2,7	8
50,0	58— 66	62,0	4,7	9,6	1,55	12,0	29,6	3,0	1,55	7	2,5	6
75,0	56— 63	59,5	4,4	8,7	1,4	11,5	29,4	2,7	1,4		2,3	5
100,0	53— 60	56,5	4,0	8,0	1,2	10,5	29,2	2,3	1,3		2,2	4
150,0	49— 56	52,5	3,6	7,1	1,1	9,5	28,0	2,0	1,2		1,9	3

Bemerkung:

Werte gelten für mittlere Blechdicke bis 30 mm.

Die Fertigungsbereiche MB/ZM sind wegen des relativ geringen Zeitanteils des Fertigungsbereiches ZM, im Mittel ≈ 10%, zusammengelegt.

Tabelle 103. Mittelblech-Schweißkonstruktionen

Merkmal:

Maßhaltige mittelschwierige bis schwierige Leichtkonstruktionen, z. B. Gehäuse, Formen, Stative.
Einmaliger Schutzanstrich.
Ohne mechanische Nach- oder Fertigbearbeitung.

Baugewicht t	Gesamtfertigung h/t	Mittelwert h/t	Mittelwerte der anteiligen Fertigung in h/t in den einzelnen Fertigungsbereichen							% tol. in der Fertigung ±	Brutto Elektrodenbedarf %	
			VA	VB	VS	ZK	SS	MB/ZM	OS		v. Bau-gew.	Streuung der Summe %
0,005	1000 — 1200	1100,0	145,0	180,0	55,0	225,0	260,0	135,0	100,0		12,0	
0,010	800 — 1000	900,0	110,0	150,0	40,0	190,0	225,0	110,0	75,0	10	10.4	
0.020	650 — 800	725,0	80,0	130,0	30,0	160,0	195,0	80,0	50,0		9,0	25
0.030	500 — 700	600,0	64 0	108,0	23,0	138,0	167,0	60,0	40,0		7,6	
0.040	440 — 610	525,0	55,0	95,0	20,0	120,0	150,0	50,0	35,0		7,0	
0.050	380 — 550	465,0	47,0	85,0	18,0	108,0	134,0	42,0	31,0	15	6,3	22
0.075	310 — 410	360.0	35,0	65,0	15,0	85,0	105,0	31,0	24,0		4,9	
0.1	250 — 330	290,0	28,0	53.0	12,0	70,0	85.0	24.0	18,0		4,0	
0,15	230 — 275	252,5	24,0	47,0	10,5	61,0	75,0	19.5	15.5		3,55	
0.2	205 — 245	225,0	21,0	41,0	9,5	55,0	68,0	16,5	14.0		3.2	
0,25	185 — 225	205,0	19,0	37,0	9,0	50,0	62,0	15,0	13,0		2,9	
0,3	165 — 205	185.0	17,0	34.0	8,5	44,5	55,0	14,0	12.0		2,65	
0,35	150 — 190	170,0	15,0	31,0	8,0	41,0	·51,0	13,0	11.0		2,45	
0,4	140 — 175	157.5	13,5	28,0	7,5	38,0	48,5	12,0	10.0	10	2,35	20
0,5	125 — 155	140,0	11.5	25,0	7,0	33,0	43,0	11.0	9.5		2.1	
0.6	115 — 145	130.0	10,0	23,0	6,5	31,5	40,0	10,0	9,0		1.95	
0,8	108 — 130	119,0	9.5	20,5	6,0	29,0	36,0	9,5	8.5		1.8	
1.0	100 — 120	110,0	9,0	19,0	5,5	27,0	32.5	9,0	8.0		1.6	
1.25	90 — 110	100,0	8,5	17,0	5,0	25,0	28,5	8,5	7.5		1,4	
1.5	80 — 100	90,0	8,0	15,0	4,5	23,0	24.5	8,0	7,0		1,25	

Bemerkung:

Werte gelten für Blechdicke 3 bis etwa 5 mm.

Konische oder mehrteilige Konstruktionen: Fertigungsfaktor 1,3
relativ einfache, unkomplizierte Konstruktionen: Fertigungsfaktor 0,5—0,6.

Die Fertigungsbereiche MB/ZM sind wegen des relativ geringen Zeitanteils des Fertigungsbereiches ZM, im Mittel $\approx 10\%$, zusammengelegt.

Tabelle 104. See-Signalbojen

Merkmal:

Zylindrischer Behälter mit Kümpelböden oder Konen als Schwimmkörper, Tauchrohr, Stabilisierungseinrichtung, Gittermast, Leiter und Schutzvorrichtung.
Einmaliger äußerer und zweimal innerer Schutzanstrich.
Siehe Abb. 74.

Baugewicht t	Volumen m³	Gesamtfertigung h/t	Mittelwerte der anteiligen Fertigung in h/t in den einzelnen Fertigungsbereichen									% tol. in der Fertigung + —	Brutto Elektrodenbedarf % v. Baugew.
			VA	VB	VS	ZK	SS	MB	ZM	OS	SK		
1	4,0	180	15,0	22,0	15,5	60,0	36,0	15,0	4,5	8,0	4,0	10	4,0
2	4,5	120	9,2	15,0	8,6	40,5	27,5	9,2	2,5	5,0	2,5		3,1
3	5,0	98	7,0	13,0	6,3	31,5	24,5	7,0	2,2	4,5	2,0		2,8
4	6,0	85	6,0	11,5	5,2	25,5	23,0	5,9	2,0	4,2	1,7		2,75
5	7,0	77	5,1	10,5	4,2	22,7	22,7	4,7	1,8	3,7	1,6		2,7
6	8,0	71	4,7	9,6	3,5	20,0	22,5	4,0	1,7	3,5	1,5		2,65
8	11,0	66	4,4	8,9	2,8	18,0	22,0	3,6	1,5	3,5	1,3		2,6
10	14,0	62	4,2	8,7	2,25	16,0	21,7	3,3	1,2	3,5	1.15		2,55
12	18,0	59	4,0	8,5	2,0	14,5	21,5	3,0	1,0	3,5	1,0	5	2,5

Bemerkung:

Baugewicht und Fertigung verstehen sich ohne Beleuchtungseinrichtung.

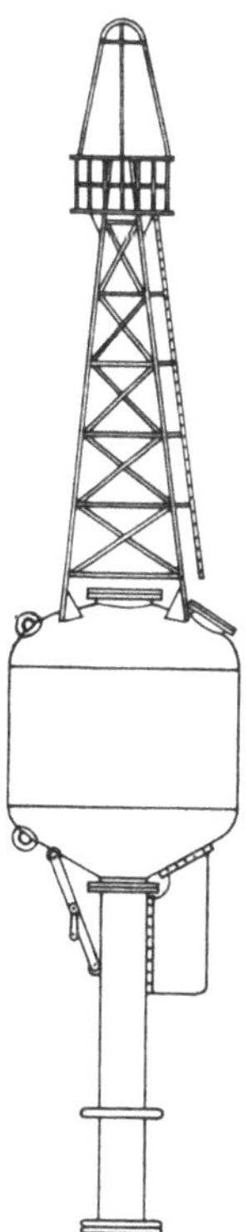

Abb. 74. See-Signalboje.

Tabelle 105. Spänebrecher

Merkmal:
Anlage zur Zerkleinerung von Metallspänen
Kompaktes Gehäuse mit Einwurftrichter, Fallklappe, Ein- und Austrittsrost sowie Grundrahmen in kräftiger Grobblech-Schweißkonstruktion, Brecherwerk mit horizontaler Schlägerwelle und drehbar aufgehängten Schlägern, elektromechanischer Antrieb.
Einmaliger Schutzanstrich.
Siehe Abb. 75.

Baugewicht t	Leistung t/h	Gesamtfertigung h/t	Mittelwerte der anteiligen Fertigung in h/t in den einzelnen Fertigungsbereichen									% tol. in der Fertigung + −	Brutto Elektodenbedarf % v. Baugew.
			VA	VB	VS	ZK	SS	MB	ZM	OS	SK		
0,5	0,5	725	34,0	60,0	8,0	80,0	80,0	250,0	165.0	13.0	35,0	−	11,5
1,0		500	25.0	45,0	5.0	47,0	48,0	180,0	120,0	10.0	20,0	12	6,8
1,5		365	18,0	33,0	4.0	35.0	37,0	130,0	85,0	8,0	15,0	−	5,3
2,0		300	15,3	28,8	3,1	27,3	29,5	108,0	69,5	6,5	12,0	−	4,25
2,5		260	13,5	26,0	2,5	22,5	25,0	95,0	60,0	5,5	10.0	10	3,6
3,0		235	11.5	22,5	2,3	19,5	21,2	88.0	56.5	5,0	8,5	−	3,15
4,0		210	9.5	19,0	2.0	16,5	18.5	80,5	52.0	4,5	7,5	−	2,75
5,0		190	8,0	17,0	1,9	14.0	16,0	74,5	48,0	4,0	6,6	8	2,4
6,0		175	7,0	15.5	1.7	12,0	14,3	70,0	45,0	3.5	6,0	−	2.15
8,0		150	6,2	14.3	1,5	10,2	12,5	59,5	38.0	3,0	4,8	6	1,9
10,0		135	5.7	13,5	1,4	9,0	11.5	53,5	34.0	2,5	3,9		1,75
12,0		125	5,3	13,0	1.2	8.5	11.2	49,5	30.6	2,3	3,4	5	1,7
15,0	6,0	115	5,0	12,0	1.0	8,0	11,0	45,0	28,0	2,0	3,0		1,7

Bemerkung:
Baugewicht ohne Antriebsmotor.
Die Leistung gilt bei normalen spröden Stahlspänen.

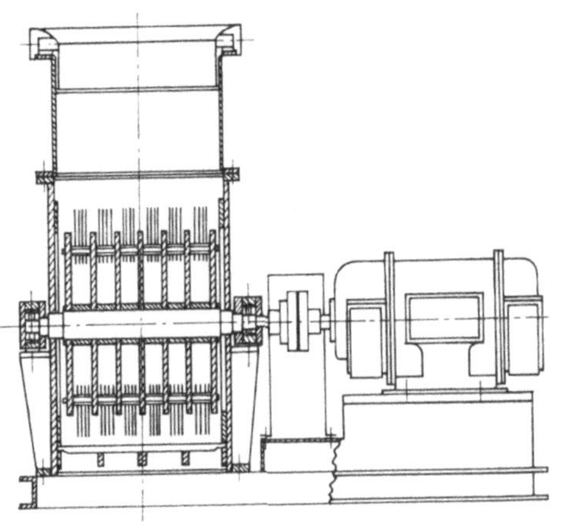
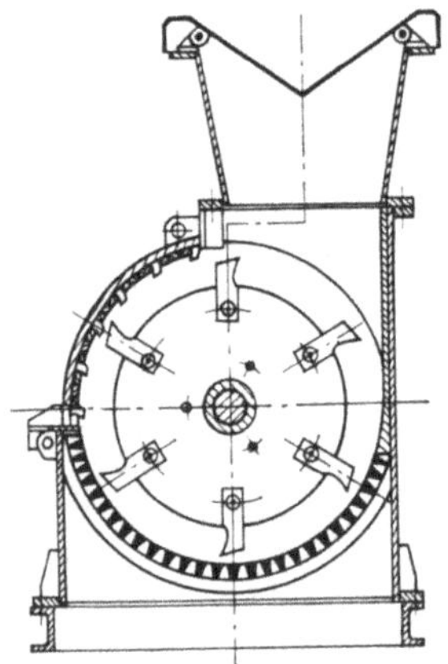

Abb. 75. Spänebrecher.

Tabelle 106. Transporttraversen mit Lasthaken

Merkmal:

Spezifisch mittelschwere bis schwere einfache Grobblech-Schweißkonstruktion, individuelle Geschirr- und Lasthakenaufhängung.
Einmaliger Schutzanstrich.
Siehe Abb. 76 bis 78.

Baugewicht t	≈ Tragfähigkeit t		Gesamtfertigung h/t	Mittelwerte der anteiligen Fertigung in h/t in den einzelnen Fertigungsbereichen								% tol. in der Fertigung +|−	Brutto Elektrodenbedarf % v. Baugew.	* Einfache Traversen ohne Lasthaken ≈ Fertigungsfaktor
				VA	VB	VS	ZK	SS	MB	ZM	OS			
0,25	5		275,0	28,0	44,0	15,0	55,0	48,0	55,0	21,0	9,0		6,5	
0,3	6		260,0	25,0	41,0	14,0	53,0	46,0	53,0	20,0	8,0		6,3	0,6
0,35	7		245,0	23,5	38,0	12,5	50,5	43,5	50,5	19,0	7,5	10	6,0	
0,4	8		230,0	22,0	35,0	11,0	48,0	41,0	48,0	18,0	7,0		5,7	0,65
0,5	9		210,0	18,0	32,5	9,5	44,0	37,5	45,5	16,5	6,5		5,25	
0,6	10		195,0	15,0	31,0	8,5	41,0	35,0	44,0	15,0	5,5		4,9	
0,7	12		185,0	13,0	29,5	7,5	39,5	33,5	42,5	14,5	5,0		4,7	
0,8	15		175,0	11,5	27,5	7,0	37,0	32,0	41,5	14,0	4,5	11	4,5	0,7
1,0	18		165,0	10,4	26,0	6,4	34,0	31,0	40,0	13,0	4,2		4,35	
1,25	22	tol ≈ ± 20 %	151,0	9,2	23,5	5,8	29,0	30,0	37,5	12,0	4,0		4,2	
1,5	26		139,0	8,6	20,9	5,3	26,0	28,0	35,8	10,9	3,5		3,95	
1,75	30		129,0	8,0	18,4	4,8	24,0	26,0	34,8	9,9	3,1		3,65	0,75
2,0	35		122,0	7,3	16,3	4,4	23,0	24,9	34,0	9,2	2,9		3,5	
2,5	43		113,0	6,8	14,9	3,9	19,9	23,4	33,0	8,4	2,7		3,3	
3,0	52		106,0	6,5	13,3	3,5	18,5	22,0	32,0	7,6	2,6	12	3,1	
4,0	68		96,0	6,0	11,5	3,0	16,0	19,6	30,5	7,0	2,4		2,8	0,8
5,0	85		88,0	5,3	10,5	2,5	14,0	18,0	29,0	6,5	2,2		2,65	
6,0	105		82,0	5,0	10,0	2,2	13,0	17,0	27,0	5,8	2,0		2,5	
8,0	135		72,0	4,5	9,5	2,0	12,5	15,0	21,5	5,2	1,8		2,4	
10,0	170		65,0	4,15	8,9	1,8	11,4	14,2	18,25	4,7	1,6		2,25	
12,0	200		60,5	3,95	8,5	1,6	10,9	13,6	16,0	4,5	1,45		2,15	0,85
15,0	250		56,0	3,8	8,1	1,4	10,6	13,3	13,0	4,4	1,4	10	2,1	
20,0	325		51,0	3,65	7,6	1,2	10,1	12,6	10,3	4,2	1,35		2,0	
25,0	400		47,0	3,5	7,2	1,0	9,5	12,0	8,5	4,0	1,3	8	1,9	0,9

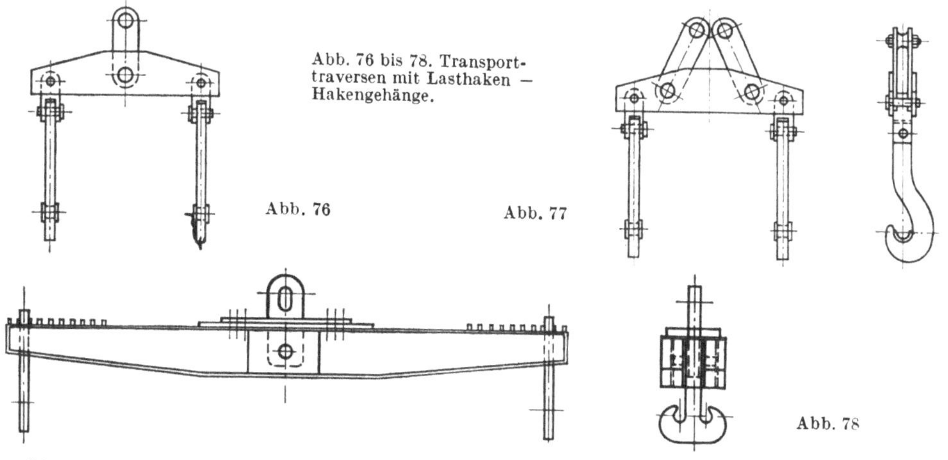

Abb. 76 bis 78. Transporttraversen mit Lasthaken — Hakengehänge.

Abb. 76   Abb. 77

Abb. 78

Tabelle 107. Wannen

Merkmal:

Abb. 79: Relativ leichte Ausführung mit Profilstahl-Versteifung und Abdeckung.
Abb. 80: Leichte bis mittelschwere offene Ausführung mit Profilstahl-Versteifung.
Abb. 81: Starkwandige, schwere, einfache offene Wanne.
Einmaliger äußerer Schutzanstrich.
Siehe Abb. 79 bis 81.

Baugewicht t	Blechdicke mm	Gesamtfertigung h/t	Mittelwerte der anteiligen Fertigung in h/t in den einzelnen Fertigungsbereichen					% tol. in der Fertigung ±	Brutto Elektrodenbedarf % v. Baugew.
			VA	VB/VS	ZK	SS	OS		
1,0	10	80,0	8,5	15,5	21,0	30,0	5,0		4,0
1,5	10	68,0	7,0	13,5	17,0	26,5	4,0		3,6
2,0	10	61,5	6,2	12,3	15,0	24,5	3,5		3,3
3	10	54,0	5,1	11,0	13,0	22,0	2,9	15	3,0
	20	47,0	4,0	10,0	11,0	20,0	2,0		
4	10	50,0	4,3	10,3	12,2	20,7	2,5		2,8
	20	44,0	3,4	9,3	10,1	19,5	1,7		
6	10	45,0	3,5	9,5	11,0	19,0	2,0		2,6
	20	40,5	2,6	8,6	9,4	18,5	1,4	12	
8	20	37,5	2,25	8,2	8,5	17,5	1,05		
	30	34,5	1,6	8,0	7,8	16,5	0,6		
									2,55
10	20	35,5	1,9	7,8	7,8	17,1	0,9		
	30	32,5	1,4	7,5	7,1	16,0	0,5		
	40	29,5	1,2	7,0	6,9	14,0	0,4		
12	20	33,5	1,7	7,5	7,0	16,5	0,8		
	30	30,5	1,35	6,95	6,55	15,1	0,55	10	
	40	27,0	1,1	6,5	6,2	12,8	0,4		
15	30	28,0	1,2	6,3	5,9	14,2	0,4		2,5
	40	25,0	1,0	6,0	5,6	12,0	0,4		
20	30	26,0	1,1	6,0	5,5	13,0	0,4		
	40	23,0	0,9	5,4	5,0	11,4	0,3		

Bemerkung:

Wegen relativ geringer nur gelegentlicher Zeitanteile im Fertigungsbereich VS sind diese nicht gesondert und spezifiziert ausgewiesen, sondern dem Fertigungsbereich VB zugerechnet.
Dabei beträgt der Anteil VS am Mittelwert VB/VS $\approx 10\%$
der Anteil VB am Mittelwert $\approx 90\%$.

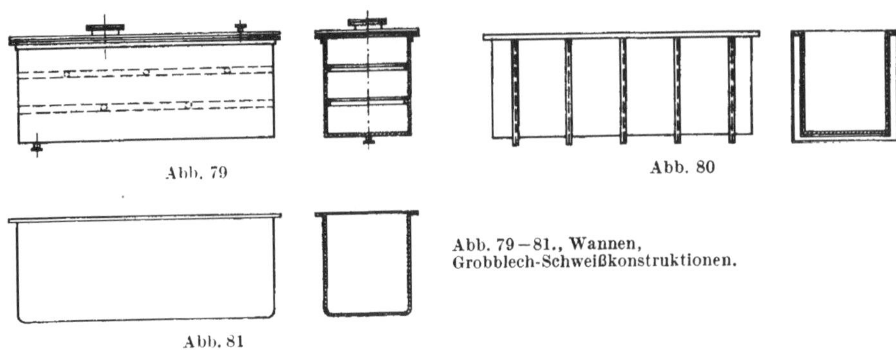

Abb. 79

Abb. 80

Abb. 79—81., Wannen, Grobblech-Schweißkonstruktionen.

Abb. 81

Tabelle 108. Fertigungsbereich V A

Merkmal:

Richtwerte für nicht unmittelbar kalkulierbare Anlagen und Sonderkonstruktionen im Leicht- bis Schwermaschinenbau mit variablen Schwierigkeitsgraden, wie z. B.:
Aggregate und Sondermaschinen bzw. Anlagen mit mehreren Betriebsfunktionen, in der Regel einmalige Ausführung wie beispielsweise (oder ähnlich): Kaldo-Konverter, fahrbare Konverterausmauerungsbühnen, fahrbare Konverterbodeneinsatzwagen, Schweißportale, dreh- und schwenkbare Montage- und Schweißvorrichtungen, mechanisch betriebene schienengebundene Transport-Sonderfahrzeuge, Spänebrecher, Trommelöfen, Zwillings-rührwerke.

Bei relativ einfachen, glatten, offenen Anlagen und Konstruktionen, kann die Minus-toleranz u. U. bis zur vollen Höhe in Ansatz gebracht werden.

Plustoleranzen sind nur in Sonderfällen und bei erkennbaren außergewöhnlichen Schwierig-keitsgraden, z. B. bei speziellen Ring- oder konischen Konstruktionen, zu berücksichtigen.

Baugewicht t	h/t bei mittlerer Blechdicke mm					% tol. in der Fertigung	
	<6	8—10	12—16	20—25	30—40	$+$	$-$
0,1	60,0	45,0	35,0	26,0			
0,2	55,0	43,5	34,0	25,5			
0,3	52,5	42,0	33,2	25,0			
0,4	50,0	41,0	32,5	24,5		25	35
0,5	48,0	39,8	31,8	24,0			
0,6	46,5	38,5	31,0	23,5			
0,8	43,5	36,5	30,0	22,7			
1,0	41,0	35,0	29,0	22,0			
2,0	34,0	29,7	25,0	19,5	13,5		
5,0	28,0	25,0	20,0	15,5	10,5	20	30
10,0	22,5	19,2	15,8	12,3	8,6		
20,0		14,2	11,6	9,0	6,4		
50,0		9,5	7,6	5,9	4,0		
100,0		7,5	6,2	4,9	3,4	18	25
200,0		6,0	5,0	4,0	3,0	15	20
300,0			4,6	3,7	2,8	12	15
400,0			4,2	3,4	2,6	10	10
500,0			3,8	3,2	2,5	8	8

5. Stahlbau — Maschinenbau (Tab. 88 bis 122)

Tabelle 109.   Fertigungsbereich VB

Merkmal:

Richtwerte für nicht unmittelbar kalkulierbare Anlagen und Sonderkonstruktionen im Leicht- bis Schwermaschinenbau mit variablen Schwierigkeitsgraden, wie z. B.:
Aggregate und Sondermaschinen bzw. Anlagen mit mehreren Betriebsfunktionen, in der Regel einmalige Ausführung wie beispielsweise (oder ähnlich): Kaldo-Konverter, fahrbare Konverterausmauerungsbühnen, fahrbare Konverterbodeneinsatzwagen, Schweißportale, dreh- und schwenkbare Montage- und Schweißvorrichtungen, mechanisch betriebene schienengebundene Transport-Sonderfahrzeuge, Spänebrecher, Trommelöfen, Zwillingsrührwerke.
Bei relativ einfachen, glatten, offenen und gut zugänglichen Anlagen und Konstruktionen kann die Minustoleranz u. U. bis zur vollen Höhe, z. B. bei Profilstahl, in Ansatz gebracht werden.
Plustoleranzen sind nur in Sonderfällen und bei erkennbaren außergewöhnlichen Schwierigkeitsgraden, z. B. spezielle Ring- oder konische Konstruktionen zu berücksichtigen.
Die Werte gelten für normale unlegierte — legierte Bau- und Profilstähle, Bleche und Rohre.

Baugewicht t	h/t bei mittlerer Blechdicke mm					% tol. in der Fertigung	
	< 6	8–10	12–16	20–25	30–40	+	−
0,1	75,0	65,0	50,0	32,0		30	40
0,2	66,0	57,0	43,0	27,5			
0,3	60,5	52,0	39,0	25,0			35
0,4	56,0	48,0	36,0	23,0			
0,5	52,0	44,5	33,5	21,0		25	
0,6	49,0	42,0	31,5	19,5			30
0,8	44,0	38,0	28,0	18,0			
1,0	40,0	35,0	26,0	16,5			
2,0	36,0	31,5	23,0	15,0	12,0		
5,0	32,5	28,5	21,0	14,0	11,0		25
10,0	30,0	26,0	19,5	13,0	10,0	20	
20,0		23,0	17,5	12,0	9,0		20
50,0		20,0	15,0	10,0	7,0		
100,0		16,0	12,0	8,0	6,0	15	18
200,0		12,5	9,5	7,0	5,5	12	14
300,0			9,0	6,5	5,0	10	12
400,0			8,5	6,0	4,5	7	8
500,0			7,5	5,5	4,5	6	6

Tabelle 110. Fertigungsbereich VS

Merkmal:

Richtwerte für nicht unmittelbar kalkulierbare Anlagen und Sonderkonstruktionen im Leicht- bis Schwermaschinenbau mit variablen Schwierigkeitsgraden, wie z. B.: Aggregate und Sondermaschinen bzw. Anlagen mit mehreren Betriebsfunktionen, in der Regel einmalige Ausführung wie beispielsweise (oder ähnlich): Kaldo-Konverter, fahrbare Konverterausmauerungsbühnen, fahrbare Konverterbodeneinsatzwagen, Schweißportale, dreh- und schwenkbare Montage- und Schweißvorrichtungen, mechanisch betriebene schienengebundene Transport-Sonderfahrzeuge, Spänebrecher, Trommelöfen, Zwillings-rührwerke.

Bei relativ einfachen, glatten und offenen Anlagen und Konstruktionen, kann die Minustoleranz u. U. bis zur vollen Höhe in Ansatz gebracht werden.

Die Plustoleranz ist nur in Sonderfällen und bei erkennbarem außergewöhnlichem Schwierigkeitsgrad, z. B. spezielle Bördelungen oder Rohreinbauten, zu berücksichtigen.

Baugewicht t	h/t bei mittlerer Blechdicke mm					% tol. in der Fertigung + −
	< 6	8−10	12−16	20−25	30−40	
0,1	20,0	18,0	16,0	14,0		
0,2	19,0	17,5	15,5	13,0		
0,3	18,5	17,0	15,0	12,5		15
0,4	18,0	16,5	14,5	12,0		
0,5	17,5	16,0	14,0	11,0		
0,6	17,0	15,5	13,5	10,5		20
0,8	16,5	15,0	13,0	10,0		25
1,0	16,0	14,5	12,0	9,0		30
2,0	14,3	12,5	9,8	6,2	3,0	35
5,0	12,0	9,6	6,9	4,2	2,3	40
10,0	9,8	7,5	5,1	3,2	1,8	50
20,0		5,4	3,7	2,5	1,6	
50,0		3,2	2,3	1,7	1,3	40
100,0		2,1	1,6	1,3	1,0	30
200,0		1,5	1,2	1,0	0,8	20
300,0			1,0	0,8	0,7	
400,0			0,8	0,7	0,6	15
500,0			0,7	0,6	0,5	

Tabelle 111. Fertigungsbereich VS

Merkmal: Richtwerte für die Einzelanfertigung von Stab- und Formstahl-Schmiederingen und Ringsegmenten

Fertigung in h/t Baugewicht

Stückgewicht kg

Metergewicht kg	3	4	5	6	8	10	15	20	25	30	40	50	60	70	80	90	100	150	200	250	300	350	400	450	500	600	700	800	900	1000	1250	1500
1,5	150	115	105																													
2	155	125	108	99																												
2,5		135	112	103	90																											
3			120	108	93	84																										
4				116	98	87	68	58																								
5					104	92	71	60	51	45																						
6						97	75	63	54	47	39	34,5																				
8							82	68	58	50,5	41	36	34	33																		
10							96	77	66	57	47	40,5	36,5	34,5	32																	
12								85	72	62,5	50,5	43,5	39	36	34	32,5																
15									80	69	55	46,5	41	38	35,5	33,5	32	25,5														
20										80	63,5	52,5	45	41	38	35,5	33,5	27	24													
25											76	63	53,5	47	42,5	39,5	37	30	26	22	21											
30												76	63,5	54,5	48	44	40,5	32	27	24	22	20,5										
40													90	76	66	58	53	40	33	28,5	25,5	23,5	22	21								
50															90	88	69	47	38	32,5	29	26	24	22,5	21							
60																	85	54	42,5	37	32	29	26	24	22	20						
80																			55	46	40	35,5	32	29	27	23	20	17,5				
100																				58	49	43	38	34,5	31,5	27	23,5	21	18	17,5		
150/200																							44	40	36,5	31,5	27	23,5	21,5	19	17	14,5

Fertigungsfaktoren:
Ringsegmente entsp. den Gewichten 0,90
bei Kleinserien   0,90—0,80
bei kontinuierlicher Fertigung   0,75—0,65

Tabelle 112. Fertigungsbereich VS

Einzelanfertigung von Kleinteilen — z. B. Schellen, Halterungen, Anker, Handgriffe
Fertigung in h/t Baugewicht.

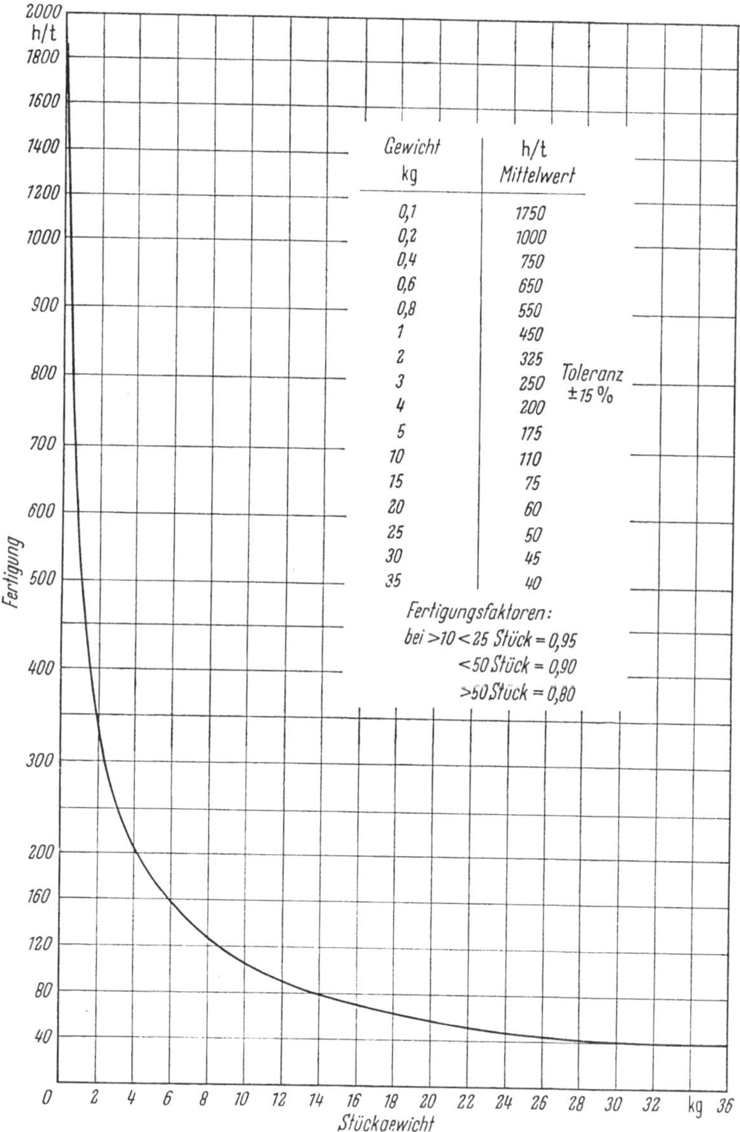

Tabelle 113. Fertigungsbereich ZK

Merkmal:

Richtwerte für nicht unmittelbar kalkulierbare Anlagen und Sonderkonstruktionen im Leicht- bis Schwermaschinenbau mit variablen Schwierigkeitsgraden, wie z. B.:
Aggregate und Sondermaschinen bzw. Anlagen mit mehreren Betriebsfunktionen, in der Regel einmalige Ausführung wie beispielsweise (oder ähnlich): Kaldo-Konverter, fahrbare Konverterausmauerungsbühnen, fahrbare Konverterbodeneinsatzwagen, Schweißportale, dreh- und schwenkbare Montage- und Schweißvorrichtungen, mechanisch betriebene schienengebundene Transport-Sonderfahrzeuge, Spänebrecher, Trommelöfen, Zwillingsrührwerke.
Bei relativ einfachen, glatten, offenen und gut zugänglichen Anlagen und Konstruktionen, kann die Minustoleranz u. U. bis zur vollen Höhe, z. B. bei Profilstahl, in Ansatz gebracht werden.
Plustoleranzen sind nur in Sonderfällen und bei erkennbaren außergewöhnlichen Schwierigkeitsgraden, z. B. spezielle Ring- oder konische Konstruktionen, zu berücksichtigen.

Baugewicht t	h/t bei mittlerer Blechdicke mm					% tol. in der Fertigung	
	< 6	8—10	12—16	20—25	30—40	+	−
0,1	75,0	65,0	50,0	35,0		30	45
0,2	70,0	60,5	47,0	32,5			40
0,3	65,0	57,0	44,5	31,0			
0,4	62,5	54,0	42,0	29,5			
0,5	59,0	51,0	40,0	28,5		25	
0,6	56,0	48,0	38,0	27,0			35
0,8	51,5	44,0	35,5	25,5			
1,0	48,0	41,0	33,0	24,0			
2,0	42,0	36,0	28,5	22,0	16,0		
5,0	39,5	34,5	27,0	21,0	15,0		30
10,0	37,5	32,5	25,5	19,5	14,0	20	
20,0		30,0	23,5	17,5	12,5		25
50,0		25,5	19,0	14,0	10,0		
100,0		21,5	15,5	11,5	8,5	15	20
200,0		20,0	14,0	10,5	7,5	12	15
300,0			13,0	9,5	7,0	10	12
400,0			12,0	9,0	6,5	7	8
500,0			11,0	8,0	6,0	6	6

Tabelle 114. Fertigungsbereich SS

Merkmal:

Richtwerte für nicht unmittelbar kalkulierbare Anlagen und Sonderkonstruktionen im Leicht- bis Schwermaschinenbau mit variablen Schwierigkeitsgraden, wie z. B.: Aggregate und Sondermaschinen bzw. Anlagen mit mehreren Betriebsfunktionen, in der Regel einmalige Ausführung wie beispielsweise (oder ähnlich): Kaldo-Konverter, fahrbare Konverterausmauerungsbühnen, fahrbare Konverterbodeneinsatzwagen, Schweißportale, dreh- und schwenkbare Montage- und Schweißvorrichtungen, mechanisch betriebene schienengebunde Transport-Sonderfahrzeuge, Spänebrecher, Trommelöfen, Zwillings-rührwerke.

Bei relativ einfachen, glatten, offenen und gut zugänglichen Anlagen und Konstruktionen, kann die Minustoleranz u. U. bis zur vollen Höhe in Ansatz gebracht werden.

Plustoleranzen sind nur in Sonderfällen und bei erkennbaren außergewöhnlichen Schwierig-keitsgraden zu berücksichtigen.

Die Vorgabezeiten gelten für normale Hand-Schmelzschweißung mit Kb/Ti./Es-Elektroden und für alle Schweißpositionen einschließlich Heften und erforderlichem Ausfugen von Schweißnahtwurzeln.

Baugewicht t	h/t bei mittlerer Blechdicke mm					% tol. in der Fertigung	
	< 6	8—10	12—16	20—25	30—40	+	—
0,1	115	105	90	70,0		25	45
0,2	100	90	77	59,0			
0,3	93	82	70	54,0			40
0,4	87	77	66	50,0			
0,5	84	74	63	47,0		20	
0,6	81	71	60	45,0			35
0,8	77	67	57	42,0			
1,0	74	64	55	40,0			
2,0	68	60	51	38,0	28,0		
5,0	63	55	47	35,0	26,0		30
10,0	60	53	45	33,0	25,0	15	
20,0		50	43	32,0	23,5		25
50,0		47	40	30,0	22,0		
100,0		45	38	28,0	21,0	12	20
200,0		41	35	25,5	19,0	10	15
300,0			31	23,0	17,0	8	12
400,0			28	21,0	16,0		8
500,0			25	20,0	15,0	5	5

Brutto Elektrodenbedarf in kg/h je nach Schwierigkeitsgrad

0,55—0,9	0,7—1,2	0,85—1,4	1,0—1,65	1,25—2,0
		im Mittel		
0,75	0,95	1,15	1,35	1,65

Tabelle 115. Fertigungsbereich SS

Durchschnitts-Brutto-Elektrodenverbrauch in kg/h bei Hand-Schmelzschweißung für Schweißkonstruktionen unter Berücksichtigung der Blechdicke und des Schwierigkeitsgrades sowie bei Verwendung normaler Ti/Es/Kb Elektrodentypen.

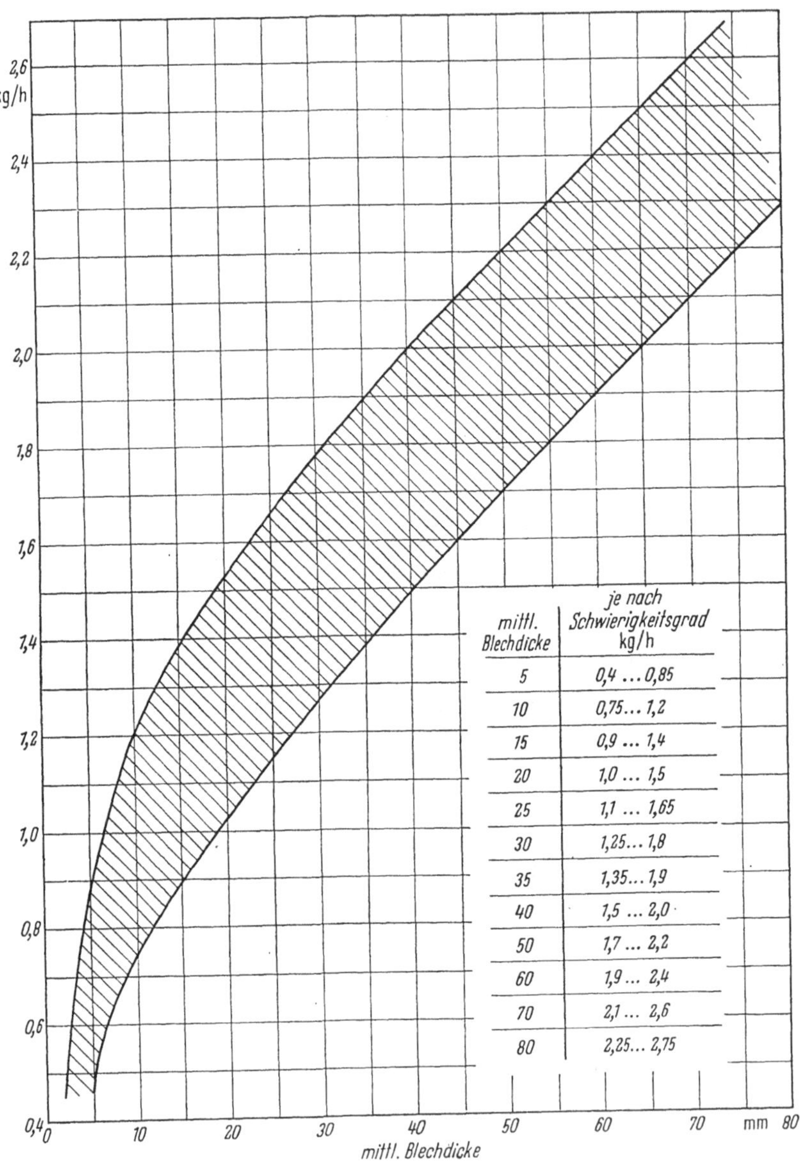

Tabelle 116. Fertigungsbereich MB

Merkmal:

Richtwerte für nicht unmittelbar kalkulierbare Anlagen und Sonderkonstruktionen im Leicht- bis Schwermaschinenbau mit variablen Schwierigkeitsgraden, wie z. B.: Aggregate und Sondermaschinen bzw. Anlagen mit mehreren Betriebsfunktionen, in der Regel einmalige Ausführung wie beispielsweise (oder ähnlich): Kaldo-Konverter, fahrbare Konverterausmauerungsbühnen, fahrbare Konverterbodeneinsatzwagen, Schweißportale, dreh- und schwenkbare Montage- und Schweißvorrichtungen, mechanisch betriebene schienengebundene Transport-Sonderfahrzeuge, Spänebrecher, Trommelöfen, Zwillingsrührwerke.

Bei relativ einfachen, glatten, offenen Anlagen und Konstruktionen ohne besonders einengende Toleranzen, z. B. Roheisen-Mischeranlage, kann die Minustoleranz u. U. bis zur vollen Höhe in Ansatz gebracht werden.

Plustoleranzen sind nur in Sonderfällen und bei erkennbaren außergewöhnlichen Bearbeitungs- und Schwierigkeitsgraden, z. B. Kaldo-Konverteranlage, zu berücksichtigen.

Baugewicht t	h/t bei mittlerer Blechdicke mm					% tol. in der Fertigung	
	< 6	8 − 10	12 − 16	20 − 25	30 − 40	+	−
0,1	375	300,0	225,0	150,0		75	
0,2	320	270,0	205,0	140,0			
							40
0,3	290	250,0	190,0	130,0		70	
0,4	275	235,0	180,0	120,0			
0,5	260	220,0	170,0	110,0		65	
0,6	250	210,0	160,0	105,0		60	35
0,8	230	195,0	145,0	95,0		55	
1,0	215	180,0	135,0	90,0		50	30
2,0	175	145,0	110,0	70,0	30,0	45	25
5,0	135	115,0	85,0	52,0	22,0	40	20
10,0	100	80,0	60,0	40,0	18,5	35	
20,0		51,0	42,0	29,5	16,5	30	15
50,0		37,0	31,5	24,0	15,0		12
100,0		31,5	26,5	21,0	14,0		8
200,0		28,0	24,0	19,0	13,0		6
300,0			22,0	17,5	12,0	25	
400,0			20,0	16,0	11,5		5
500,0			18,5	15,0	11,0		

Tabelle 117.   Fertigungsbereich MB

Merkmal:
Richtwerte für mechanische Fertigbearbeitung von Einzelbauteilen bezogen auf das Stückgewicht < 1 t.
Gruppierung: s. Beiblatt, S. 174.

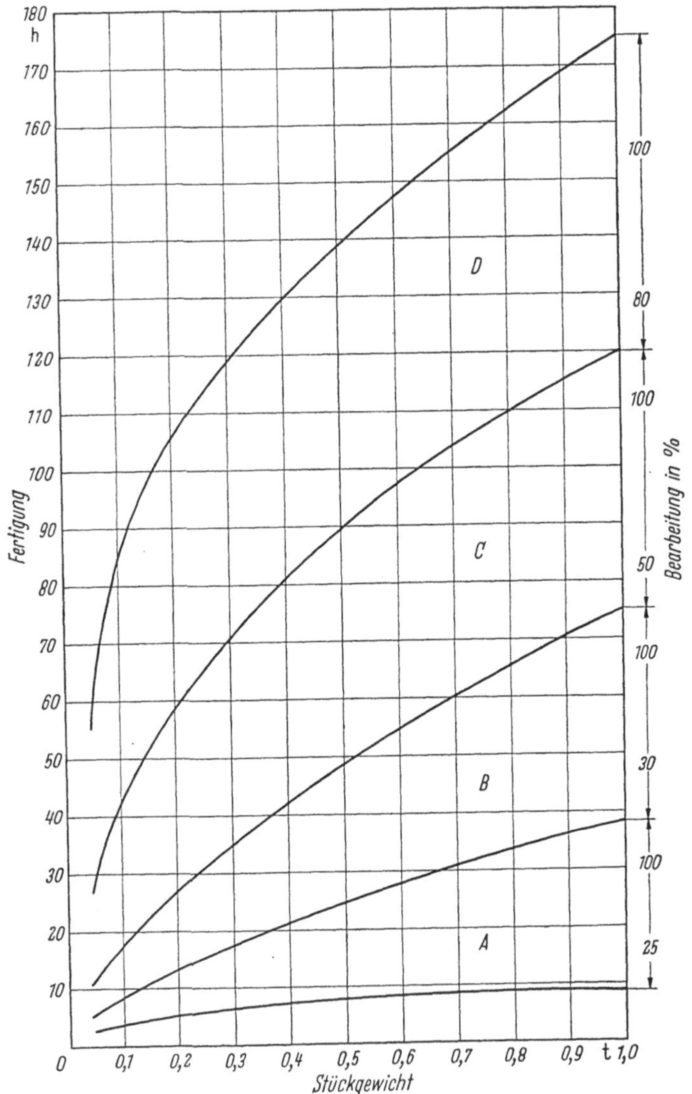

Tabelle 118. Fertigungsbereich MB

Merkmal:

Richtwerte für mechanische Fertigbearbeitung von Einzelbauteilen bezogen auf das Stückgewicht 1 bis 25 t.
Gruppierung: s. Beiblatt, S. 174.

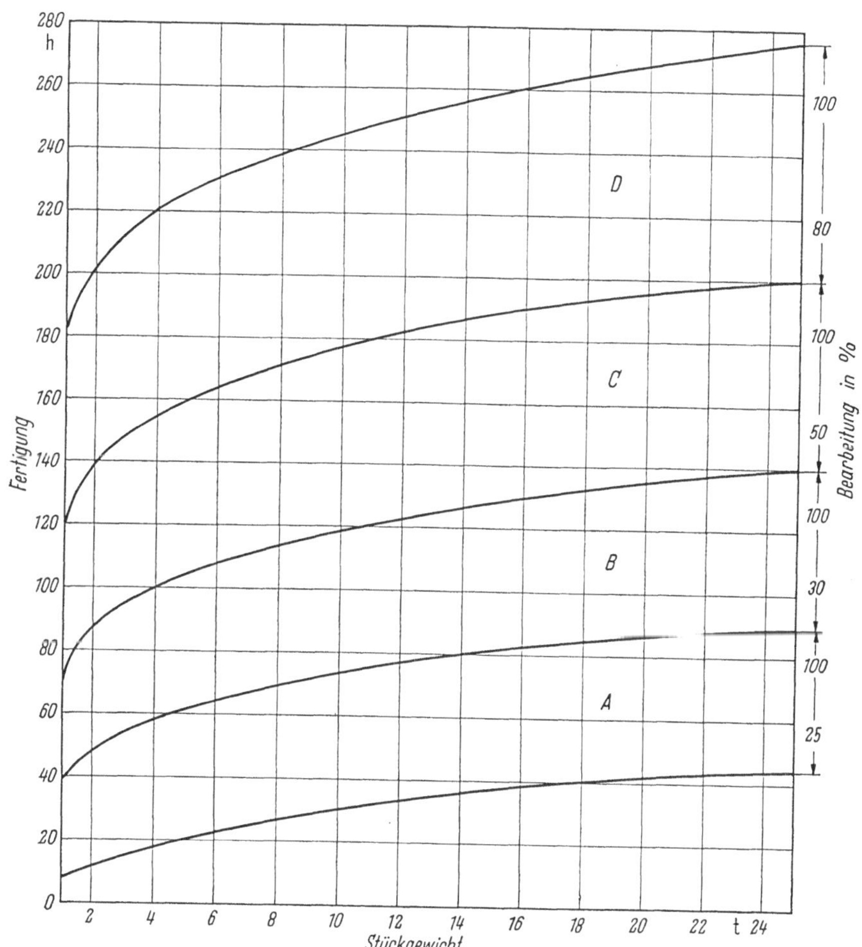

Fertigungsbereich MB
Erläuterung zu den Tab. 117 und 118, S. 172 und 173

A

Einfache glatte Bauteile und Elemente mit meist einem Bearbeitungsvorgang, offenen Maßen bzw. einfachen Toleranzen, z. B.
Einfache Flauschringe und Kränze, Blinddeckel, Lauf- und Schwungräder, Kolben, Plunger, einfache Grundrahmen, Platten.

B

Normale Konstruktionen, Bauteile und Elemente, z. T. mit mehreren Bearbeitungsvorgängen und üblichen Toleranzen, z. B.
Profilflanschringe, Wellen mit Absätzen, Laufbuchsen, Trag- und Laufringe, Schwung- und Keilriemenscheiben (einteilig), Motorlaternen, einfache Maschinenständer, Gehäuse.

C

Mittelschwierige, auch mehrteilige Konstruktionen, Bauteile und Elemente mit den verschiedensten Bearbeitungsvorgängen und engeren Toleranzen, z. B.
Mehrteilige Buchsen, Ringe und Scheiben, ein- bis mehrteilige Maschinen- und Getriebegehäuse, Maschinenständer, Maschinenbauteile.

D

Schwierige ein- bis mehrteilige Konstruktionen, Bauteile und Elemente mit meist vielseitigen und speziellen Bearbeitungsvorgängen sowie hoher Anforderung an Oberflächengüte und Toleranzen, z. B.
Schwere Maschinenständer und Gehäuse, Sonderkonstruktionen.

Tabelle 119. Fertigungsbereich ZM

Merkmal:

Richtwerte für nicht unmittelbar kalkulierbare Anlagen und Sonderkonstruktionen im Leicht- bis Schwermaschinenbau mit variablen Schwierigkeitsgraden, wie z. B.: Aggregate und Sondermaschinen bzw. Anlagen mit mehreren Betriebsfunktionen, in der Regel einmalige Ausführung wie beispielsweise (oder ähnlich): Kaldo-Konverter, fahrbare Konverterausmauerungsbühnen, fahrbare Konverterbodeneinsatzwagen, Schweißportale, dreh- und schwenkbare Montage- und Schweißvorrichtungen, mechanisch betriebene schienengebundene Transport-Sonderfahrzeuge, Spänebrecher, Trommelöfen, Zwillings-rührwerke.

Bei relativ einfachen, glatten offenen Anlagen und Konstruktionen ohne einengende Toleranzen und Paßarbeiten, gegebenenfalls ohne Probelauf und ohne die Notwendigkeit einer versandtechnisch bedingten Teildemontage bei Anlagen größeren Ausmaßes, kann die Minustoleranz u. U. bis zur vollen Höhe in Ansatz gebracht werden.

Plustoleranzen sind nur in Sonderfällen und bei erkennbaren außergewöhnlichen und schwierigen Auf- und Einbauarbeiten, bei evtl. längeren Probeläufen und bei versandtechnisch bedingten Teildemontagen zu berücksichtigen.

Baugewicht t	h/t bei mittlerer Blechdicke mm					% tol. in der Fertigung	
	< 6	8—10	12—16	20—25	30—40	+	−
0,1	300	240,0	180,0	120,0		65	
0,2	255	215,0	160,0	110,0			35
0,3	230	200,0	150,0	100,0		60	
0,4	215	185,0	140,0	90,0			
0,5	205	170,0	132,0	85,0		55	
0,6	195	160,0	125,0	80,0		50	30
0,8	180	150,0	120,0	72,0		45	
1,0	165	135,0	100,0	67,0		40	25
2,0	135	110,0	85,0	52,0	22,0	35	20
5,0	100	85,0	65,0	39,0	16,5	30	15
10,0	75	60,0	45,0	29,5	13,5	25	
20,0		38,0	31,0	22,0	12,0	20	12
50,0		27,0	23,0	17,5	11,0		10
100,0		23,0	19,0	15,0	10,0		8
200,0		20,5	17,5	13,5	9,0	15	6
300,0			16,0	12,5	8,5		
400,0			14,5	11,5	8,0		5
500,0			13,0	10,5	7,5		

Tabelle 120. Fertigungsbereich OS

Merkmal:

Richtwerte für nicht unmittelbar kalkulierbare Anlagen und Sonderkonstruktionen im Leicht- bis Schwermaschinenbau mit mehrflächigem Grund-Schutzanstrich und variablen Schwierigkeitsgraden, wie z. B.:

Aggregate und Sondermaschinen bzw. Anlagen mit mehreren Betriebsfunktionen, in der Regel einmalige Ausführung wie beispielsweise (oder ähnlich): Kaldo-Konverter, fahrbare Konverterausmauerungsbühnen, fahrbare Konverterbodeneinsatzwagen, Schweißportale, dreh- und schwenkbare Montage- und Schweißvorrichtungen, mechanisch betriebene schienengebundene Transport-Sonderfahrzeuge, Spänebrecher, Trommelöfen, Zwillings-rührwerke.

Bei relativ einfachen, glatten offenen Konstruktionen und Anlagen, kann die Minustoleranz u. U. bis zur vollen Höhe in Ansatz gebracht werden.

Plustoleranzen sind nur in Sonderfällen und bei erkennbaren außergewöhnlichen Schwierigkeitsgraden, z. B. schlecht zugänglichen bzw. verdeckt liegenden Flächen, zu berücksichtigen.

Baugewicht t	h/t bei mittlerer Blechdicke mm					% tol. in der Fertigung	
	<6	8–10	12–16	20–25	30–40	+	−
0,1	35,0	25,0	15,0	8,5		30	
0,2	30,5	22,0	13,5	7,5			
0,3	28,0	20,0	12,0	6,8			
0,4	25,5	18,0	11,2	6,3			20
0,5	23,5	17,0	10,5	5,9			
0,6	21,5	15,5	9,8	5,5			
0,8	18,5	13,5	8,8	4,9			
1,0	17,0	12,0	8,0	4,5		25	
2,0	12,5	9,0	6,0	3,5	2,0		
5,0	10,5	7,8	5,3	3,1	1,8		
10,0	9,0	6,8	4,6	2,7	1,5		
20,0		5,6	3,85	2,2	1,25		15
50,0		4,1	2,8	1,75	1,0		
100,0		3,4	2,4	1,6	1,0		
200,0		3,0	2,2	1,5	1,0		
300,0			1,9	1,4	0,95	20	
400,0			1,55	1,2	0,9	15	10
500,0			1,2	1,0	0,85	10	

Tabelle 121.   Fertigungsbereich OS

Anstriche — Oberflächenbehandlung in h/m²

Größe	Anstrich[1]					Strahlen[3]			Autogen-Flamm-strahlen	Beizen[4]	
						innen		außen	außen		
Oberfläche m²	Chemische Apparate mit Standzarge oder Kesselstühle	Eisenbahn-transport und Schiffsbehälter	Normale Lagerbehälter	Einfache glatte Trommeln	Fertigungs-faktor[2]	Norm. Behälter	Chem. Appar. mit Einbauten	Norm. Behälter	Groß-flächige Appar. und Konstr.	außen glatt / innen	Chem. Appar. innen und Stutzen etc. außen
10	0,60			0,35	0,75						
15	0,53			0,315		0,45	0,80	0,25	0,25	0,50 / 0,75	1,50
20	0,48	0,40	0,35	0,285							
25	0,425	0,36	0,32	0,26							
30	0,38	0,335	0,30	0,24			0,75				
35	0,35	0,305	0,27	0,225							
40	0,325	0,285	0,25	0,205		0,40					
45	0,30	0,265	0,235	0,19				0,20			
50	0,28	0,25	0,22	0,175							
60	0,25	0,22	0,195	0,15			0,70				
70	0,23	0,20	0,175	0,135							
80	0,215	0,185	0,16	0,125							
90	0,20	0,175	0,15								
100	0,19	0,165	0,145								
125	0,18	0,155	0,135			0,35					
150	0,175	0,145	0,125				0,65				
200	0,165	0,14	0,12								
300	0,155	0,13	0,11					0,15			
500	0,15	0,12	0,10								
750	0,14					0,30	0,60			0,40	
1000	0,13				0,65				0,20	0,55	1,0

Bemerkung:

[1] Einfacher normaler Grund-Schutzanstrich mit teilweiser Flächensäuberung. Sonderanstriche, Überdicken gegebenenfalls Fertigungsfaktor $< 1,5$.

[2] Fertigungsfaktor bei Streichen auf sauber gestrahltem Untergrund, für den zweiten und jeden weiteren Anstrich, sowie für Spritzen.

[3] In Box mit Stahlkies, im Freigelände mit Sand.

[4] Edelstahl.

Tabelle 122. Fertigungsbereich SK

Merkmal:

Richtwerte für nicht unmittelbar kalkulierbare Anlagen und Sonderkonstruktionen im Leicht- bis Schwermaschinenbau mit variablen Schwierigkeitsgraden und gegebenenfalls amtlichen Abnahmebedingungen, wie z. B.:

Aggregate und Sondermaschinen bzw. Anlagen mit mehreren Betriebsfunktionen, in der Regel einmalige Ausführung wie beispielsweise (oder ähnlich): Kaldo-Konverter, fahrbare Konverterausmauerungsbühnen, fahrbare Konverterbodeneinsatzwagen, Schweißportale, dreh- und schwenkbare Montage- und Schweißvorrichtungen, mechanisch betriebene schienengebundene Transport-Sonderfahrzeuge, Spänebrecher, Trommelöfen, Zwillingsrührwerke.

Bei relativ einfachen, glatten, offenen Anlagen und Konstruktionen, kann die Minustoleranz u. U. bis zur vollen Höhe in Ansatz gebracht werden.

Plustoleranzen sind nur in Sonderfällen und bei erkennbaren außergewöhnlichen Schwierigkeitsgraden und erschwerten Abnahmebedingungen zu berücksichtigen.

Baugewicht t	h/t bei mittlerer Blechdicke mm					% tol. in der Fertigung	
	< 6	8—10	12—16	20—25	30—40	+	−
0,1	80,0	65,0	50,0	35,0			
0,2	71,0	56,5	42,5	28,5			
0,3	64,5	50,5	37,0	24,5			
0,4	58,0	45,0	33,0	22,0		25	20
0,5	52,0	40,0	29,0	19,5			
0,6	48,0	36,5	26,5	17,8			
0,8	39,5	30,5	22,0	14,8			
1,0	34,0	26,5	19,5	13,0			
2,0	24,0	19,0	14,0	9,0	5,5		
5,0	19,0	14,7	10,7	7,0	4,2		
10,0	14,0	11,0	8,4	5,3	3,1		
20,0		8,5	6,2	4,0	2,3	20	15
50,0		5,5	4,0	2,7	1,55		
100,0		3,8	2,8	1,95	1,2		
200,0		2,4	1,85	1,25	0,9		
300,0			1,4	1,0	0,8	15	12
400,0			1,1	0,85	0,7	12	10
500,0			0,9	0,7	0,6	10	8

6. Stahl- und Hüttenwerkseinrichtungen

Die Erzeugung von Stahl, Ausgangsmaterial für viele Industrien, bedingt funktionelle Anlagen und Einrichtungen, die nie typisiert, immer aber individuelle Maßarbeit in Einzelfertigung darstellen. Das gilt sowohl für einen relativ einfachen, starren Kokillenwagen mit einem Baugewicht von etwa 6 t, als auch für einen Kaldo-Konverter, fast schon eine komplizierte Maschinenanlage, mit einem in Schräglage sich drehenden und zusätzlich kippbaren Schmelzgefäß und einem Baugewicht von u. U. 1000 t und mehr.

Die örtlichen Umstände und Gegebenheiten der einzelnen Stahl- und Hüttenwerke sowie die Art der Stahlerzeugung und der Disposition zur Weiterverwendung zwingen bei der Planung und Konstruktion und damit auch bei der Fertigung und Erstellung neuer Anlagen und Einrichtungen zu Lösungen, die sich in immer neuen Varianten erschöpfen und fast nie zeit- und kostensparende Zweitausführungen oder Duplikate zulassen.

Stetig neue Erkenntnisse der Stahlwerker und Hüttenfachleute, der Wunsch nach Qualitäts- und Leistungssteigerung, die Forderung nach Kapazitätserhöhung und höherem Ausstoß bei gleichzeitiger Kostensenkung lassen kaum einen Stillstand in der Entwicklung von Stahl- und Hüttenwerksanlagen zu. Deshalb ist auch die enge Zusammenarbeit sowie die immer wieder notwendige Koordination und Abstimmung zwischen der eisenschaffenden Industrie und den Ingenieuren und Konstrukteuren der Fertiger und Zulieferer erforderlich.

Optimale Lösungen aber sind hier besonders schwierig und nur funktionsmäßig bis zu einem gewissen Grad möglich.

Die größtenteils ungeheuren, kaum meß und kontrollierbaren Belastungen der Anlagen und Einrichtungen in den Warmbetrieben der Stahl- und Hüttenwerke — z. B. flüssiges Eisen in Konverter, Mischer und Pfannen, Stoß- und Schlagbelastungen bei Wagen und Fahrzeugen, am ausgeprägtesten wohl bei Kokillenwagen, die Gefahr der Materialabschmelzung und Verbrennung im Umsatz und Transport von flüssigem Eisen und damit erhöhte Bruchgefahr, Ausfall, u. U. Katastrophen — zwingen aus der Erfahrung dazu, Anlagen und Einrichtungen in Stahl- und Hüttenwerken nicht mit den üblichen Maßstäben und Sicherheitsbeiwerten, sondern mit einem mehrfachen davon, also wesentlich überdimensioniert, zu bemessen. Das führt notgedrungen zu den starkwandigen, kompakten, fast immer übergewichtigen Konstruktionen, die charakteristisch sind im unkomplizierten und rauhen Betrieb der Stahl- und Hüttenwerke.

Die Werte der nachfolgenden **Tab. 123 bis 143** sind unter Berücksichtigung vorerwähnter Fakten zu verstehen und anzuwenden.

Bei Großanlagen wie Konverter, Konverterkaminen und Roheisenmischern z. B. ist die bauseitige End- oder Fertigmontage im Stahl- oder Hüttenwerk in den Tabellenwerten nicht eingeschlossen. Berücksichtigt dagegen sind fertigungstechnisch notwendige Probemontagen in den Fertigungswerkstätten, soweit sie im Rahmen des Notwendigen und Möglichen liegen. Die Auslieferung solcher Anlagen erfolgt unter Berücksichtigung der Transportmöglichkeiten in optimalen Teilgrößen bzw. Fertigteilen.

Richtwerte für die End- oder Fertigmontage im Stahl- oder Hüttenwerk sind der **Tab. 144, S. 205** zu entnehmen.

Feuerfeste Ausmauerungen in Konvertergefäßen, Roheisenmischer, Roheisen- und Stahlgießpfannen, sowie in Torpedo-Pfannen-Mischerwagen und Warmblocktransportwagen sind in den Baugewichten nicht enthalten. Dazu notwendige Halterungen gehören zur Konstruktion, sind also in Baugewicht und Fertigung vorgesehen.

Tabelle 123. Pfannenkippstühle, Kokillenkippstühle

Merkmal:

Kippvorrichtung für Pfannen- und Kokillenausbesserung und Reinigung
Massive, schwere Schweißkonstruktion, Grundrahmen, Unterbauten, Losständer, gegebenenfalls Mittelständer, Antriebs- oder Kippständer, mechanischer Antrieb mit Kipp- oder Schwenkwerk, Bühnen, Treppen, Leitern.
Schutzanstrich.
Siehe Abb. 82.

Baugewicht t	≈ Tragfähigkeit t	Gesamtfertigung h/t	Mittelwerte der anteiligen Fertigung in h/t in den einzelnen Fertigungsbereichen									% tol. in der Fertigung +/−	Brutto Elektrodenbedarf % v. Baugew.	Fertigungsfaktoren		Gewichtsfaktor für Doppelpfannen-Kippstühle
			VA	VB	VS	ZK	SS	MB	ZM	OS	SK			Einfache Kokillen-Kippstühle	Doppelpfannen-Kippstühle	
6	<20	145	10,5	14,5	1,7	18,5	37,0	32,0	24,0	3,8	3,0					
8	25 …	128	8,6	12,5	1,6	17,0	33,1	29,1	20,7	3,1	2,3		4,0			
10	30	117	7,6	11,2	1,4	15,0	31,9	26,8	18,6	2,6	1,9			0,9		
12	40 …	109	7,0	10,2	1,2	13,9	30,8	25,0	17,0	2,2	1,7					
15	60	100	6,3	9,2	1,1	12,9	29,6	22,9	14,8	1,8	1,4					
20	70 …	90	5,6	8,3	0,9	11,9	28,0	20,4	12,4	1,4	1,1		3,8			
25	90	83	5,1	7,7	0,8	11,0	26,8	18,3	11,2	1,2	0,9	5				
30	100 …	78	4,7	7,3	0,7	10,5	25,8	16,6	10,6	1,0	0,8		3,7		1,2	
40	160	72	4,3	6,8	0,6	10,1	24,5	14,0	10,2	0,9	0,6					
50	180	68	4,0	6,5	0,5	9,8	23,7	12,3	9,9	0,8	0,5		3,6		1,15	1,9
60	|	65	3,7	6,3	0,5	9,5	23,0	11,2	9,6	0,75	0,45					
70	240	62	3,4	6.0	0,5	9,3	22,4	10.0	9,3	0,7	0,4		3,5			
80	<300	60	3,3	5,8	0,5	9,2	21,9	9,2	9.1	0,65	0,35		3,45		1,1	
100		58	3.2	5,6	0,4	9,0	21,5	8,7	8.7	0,6	0,3		3,4			

Bemerkung:

betr. Baugewicht und Fertigung Doppelpfannenkippstühle:
Anlage umfaßt zwei Antriebsständer (spiegelbildlich) und Los- oder Mittelständer mit zwei Pfannentaschen.

Beispiel: Doppelpfannenkippstuhl für zwei 240 t-Pfannen
Baugewicht 70 t · 1,9 = 133 t
Fertigung 62 h/t · 133 · 1,1 = 9070 h.

Die Gesamtfertigung beinhaltet werkseitige Probemontage mit Probelauf und Demontage.

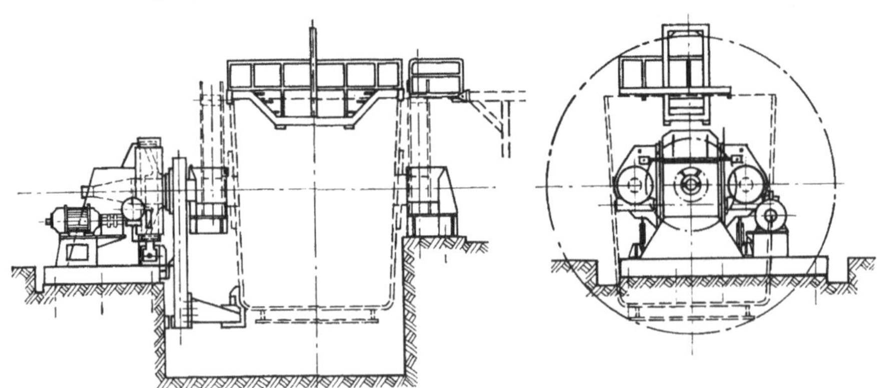

Abb. 82. Pfannen-Kippstühle — Kokillen-Kippstühle.

Tabelle 124. Kaldo-Konverter

Merkmal:

Massive, schwergewichtige Maschinenanlage in Schweißkonstruktion, Grundrahmen, Unterbauten, Ankerbarren, Antriebsständer, Kippständer, Tragring, Laufring, Gefäß mit Halterungen, mechanischer Gesamtantrieb, Drehwerk, Schwenk- und Kippvorrichtungen, Schutzkästen, Abdeckungen, Bühnen, Treppen, Leitern.
Schutzanstrich.
Baugewichte ohne Gefäßausmauerung.
Siehe Abb. 83.

Baugewicht t	Fassungsvermögen t	Gewichtstoleranz bezogen auf das Fassungsvermögen $+ - \%$	Gesamtfertigung[1] h/t	Mittelwerte der anteiligen Fertigung in h/t in den einzelnen Fertigungsbereichen									% tol. in der Fertigung $+ -$	Brutto Elektrodenbedarf % v. Baugew.
				VA	VB	VS	ZK	SS	MB	ZM	OS	SK		
25[2]	2,5[2]		175	10,0	15,0	3,5	17,0	28,0	48,0	45,0	4,5	4,0	15	3,15
125	15,0		120	6,7	10,6	1,2	12,7	24,0	32,5	27,5	2,6	2,2		2,6
200	30,0		100	5,5	8,5	0,9	10,6	21,5	28,5	21,0	2,1	1,4		2,3
325	50,0	10	80	4,0	6,3	0,7	8,5	19,0	24,0	15,0	1,6	0,9		2,0
550	100,0		63	3,1	4,9	0,55	6,85	15,5	20,0	10,5	1,0	0,6		1,65
800	150,0		56	2,6	4,3	0,4	6,1	14,2	18,4	8,7	0,8	0,5		1,5
1050	200,0		52	2,4	4,1	0,35	5,7	13,4	17,4	7,5	0,7	0,45		1,35
1200	250,0		50	2,2	3,9	0,35	5,5	13,0	17,0	7,0	0,65	0,4	5	1,3

Bemerkung:

[1] In montagegerechten Größen.   [2] Kleinkonverter für Versuche.

Die Gesamtfertigung in der Werkstatt einschließlich Vor- bzw. Teilmontagen im Fertigungsbereich ZM schließt notwendige Demontagen zum Versand ein.

Eine sich auf der Baustelle (Hüttenwerk) ergebende Neu- oder Fertigmontage ist hierin nicht eingeschlossen.
Montage-Richtwerte: s. Tab. 144, S. 205.

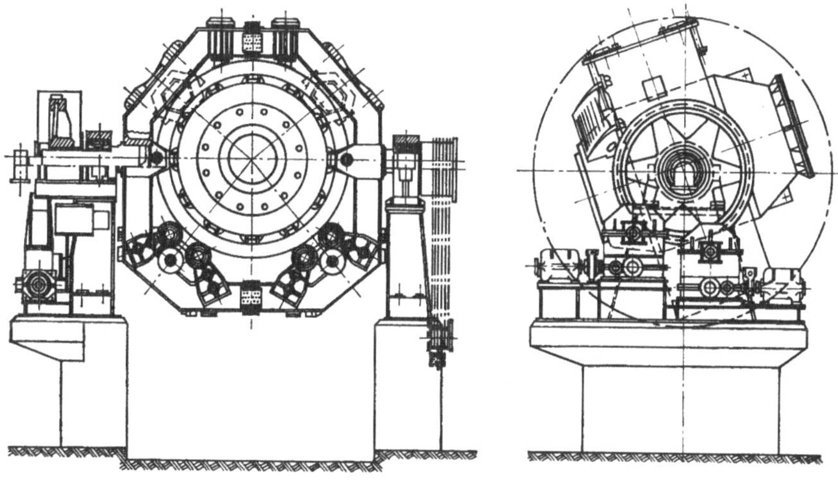

Abb. 83. Kaldo-Konverter.

Tabelle 125. LD-Konverter

Merkmal:

Massive, schwergewichtige Anlage in Schweißkonstruktion, Grundrahmen, Unterbauten, Ankerbarren, Antriebsständer, Losständer, Gefäß mit Tragring und Zapfen, mechanischer Antrieb, Schwenkwerk, Kippwerk, Bühnen, Treppen, Leitern.
Schutzanstrich.
Baugewichte ohne Gefäßausmauerung.
Siehe Abb. 84.

Baugewicht t	Fassungsvermögen t	Gewichtstoleranzen bezogen auf das Fassungsvermögen + − %	Gesamtfertigung[1] h/t	Mittelwerte der anteiligen Fertigung in h/t in den einzelnen Fertigungsbereichen									% tol. in der Fertigung + −	Brutto Elektrodenbedarf % v. Baugew.
				VA	VB	VS	ZK	SS	MB	ZM	OS	SK		
125	30	8	80,0	5.2	8,5	1.2	12,5	29,0	16,0	6,0	1,0	0,6	6	3,6
150	40		75,0	4,5	8,0	1,0	12,0	28,0	14,5	5,5	1,0	0,5		3,5
200	60		66,0	3,9	7,0	0,8	10,5	26,2	11,7	4,5	1,0	0,4	5	3,25
250	80		58,5	3,3	6,0	0,7	9,2	24,6	9,65	3,7	1,0	0,35		3,0
280	100		54,5	3,0	5,5	0,65	8,5	23,5	8,6	3,4	1,0	0,35		2,85
310	120		51,0	2,7	5,2	0,6	7,75	22,5	7,8	3.1	1,0	0,35		2,7
340	150		48,0	2,5	4,9	0,55	7.3	21,5	7,15	2,8	1,0	0,3		2,55
370	180		46,0	2,4	4,8	0,5	6,9	20,7	6,7	2,7	1,0	0,3	4	2,4
400	220		44,0	2,3	4,6	0,5	6,5	20,0	6,2	2,6	1,0	0,3		2,35
425	260		43,0	2,2	4,5	0,5	6,4	19,5	6,0	2,6	1,0	0,3		2,3
450	300	5	42,0	2,2	4,4	0,5	6,2	19,2	5,7	2,5	1,0	0,3		2,25

Bemerkung: [1] In montagegerechten Größen.

Die Gesamtfertigung in der Werkstatt einschließlich Vor- bzw. Teilmontagen im Fertigungsbereich ZM schließt notwendige Demontagen zum Versand ein.

Eine sich auf der Baustelle (Hüttenwerk) ergebende Neu- oder Fertigmontage ist hierin nicht eingeschlossen.
Montage-Richtwerte: s. Tab. 144, S. 205.

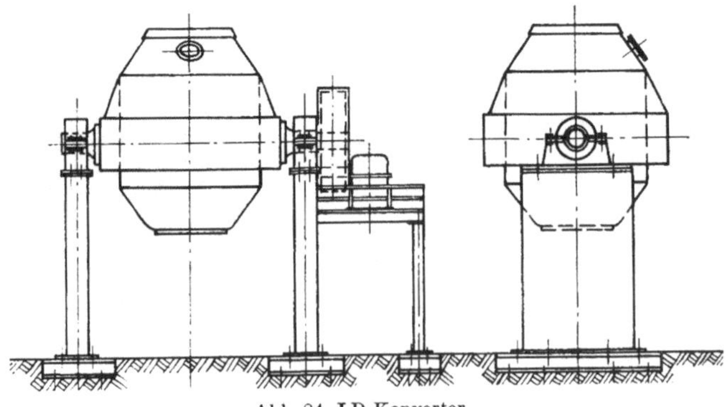

Abb. 84. LD-Konverter.

Tabelle 126. Fahrbare Konverterausmauerungsbühnen

Merkmal:

Hydraulische Hocharbeitsbühne zum Ausmauern von Konvertern aller Größen
Mittelschwere fahrbare Anlage in Schweißkonstruktion, Unterwagen mit 2achsigem starrem
Normalspur-Laufwerk, Fahrantrieb und Feststeller, mehrteiliges teleskopierendes Standgerüst
mit Materialaufzug, hydraulisches oder mechanisches Hubwerk, verstellbare Arbeitsbühne.
Schutzanstrich.
Siehe Abb. 85.

Baugewicht t	entspricht ≈ Konvertergröße t	Gesamtfertigung h/t	Mittelwerte der anteiligen Fertigung in h/t in den einzelnen Fertigungsbereichen									% tol. in der Fertigung		Brutto Elektrodenbedarf % v. Baugew.
			VA	VB	VS	ZK	SS	MB	ZM	OS	SK	+	−	
12,5	< 30	190	12,5	19,5	2,5	27,0	33,0	36,0	46,0	5,0	8,5	20	12	2,8
15,0	< 50	180	11,9	18,8	2,3	25,5	31,5	33,5	44,5	4,8	7,2			2,7
20,0	<100	170	11,0	17,8	2,2	24,5	30,5	31,5	42,0	4,5	6,0			2,65
25,0	<180	160	10,3	17,0	2,1	22,9	29,0	29,5	40,0	4,2	5,0			2,5
30,0	<300	155	10,0	16,5	2,0	22,0	28,5	28,5	39,0	4,0	4,5	15	8	2,5

Bemerkung:

In der Gesamtfertigung sind Werksmontage, Funktionsprüfung und Teilmontage zum Versand
eingeschlossen.

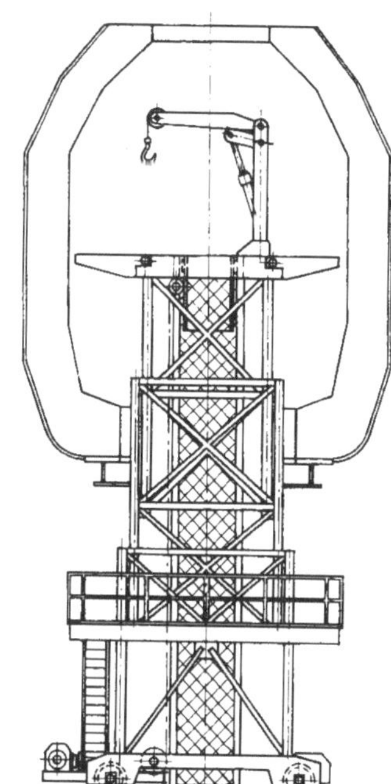

Abb. 85. Fahrbare Teleskopbühne
für Konverterausmauerung.

Tabelle 127. Fahrbare Konverterbodeneinsatzwagen

Merkmal:

Hydraulische Hebe- und Arbeitsbühne zum Auswechseln von Konverterböden
Mittelschwere fahrbare Anlage in Schweißkonstruktion, Unterwagen mit 2achsigem
starrem Normalspur-Laufwerk, Fahrantrieb und Feststeller, teleskopierendes Hubgerüst
mit Hubteller und Arbeitsbühne.
Schutzanstrich.
Siehe Abb. 86.

Baugewicht t	Richtwerte Hublast — Hubkraft t	Gesamtfertigung h/t	Mittelwerte der anteiligen Fertigung in h/t in den einzelnen Fertigungsbereichen								% tol. in der Fertigung + —	Brutto Elektrodenbedarf % v. Baugew.
			VA	VB	VS	ZK	SS	MB	ZM	OS		
5		225	15,0	18,0	3,0	30,0	35,0	55,0	66,0	3,0	10	3,0
6	8/20	210	14,8	16,9	2,8	27,2	32,5	52,5	60,5	2,8		2,8
8		175	12,3	13,8	2,3	22,0	27,0	45,0	50,0	2,6		2,45
10	10/25	150	10,8	12,3	2,0	18,5	23,0	39,0	42,0	2,4		2,2
12		135	9,5	11,0	1,8	16,5	21,0	35,5	37,5	2,2		2,1
15	12/30	115	8,0	9,5	1,5	13,5	17,5	31,0	32,0	2,0		1,9
20	14/35	96	6,3	7,9	1,3	10,8	14,4	26,5	27,0	1,8		1,75
25	20/50	86	5,4	7,0	1,2	9,2	12,5	24,5	24,5	1,7		1,7
30	30/75	78	4,7	6,0	1,1	8,5	11,6	22,5	22,0	1,6		1,65
35	40/100	72	4,2	5,5	1,1	8,0	11,2	20,5	20,0	1,5	5	1,6

Bemerkung:

In der Gesamtfertigung sind Werksmontage, Funktionsprüfung und Teilmontage zum
Versand eingeschlossen.

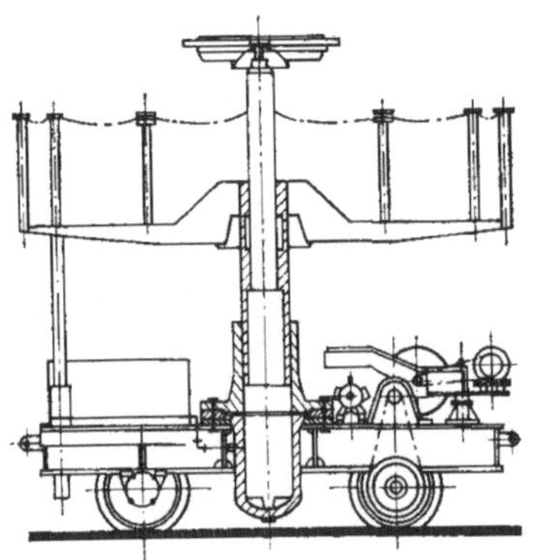
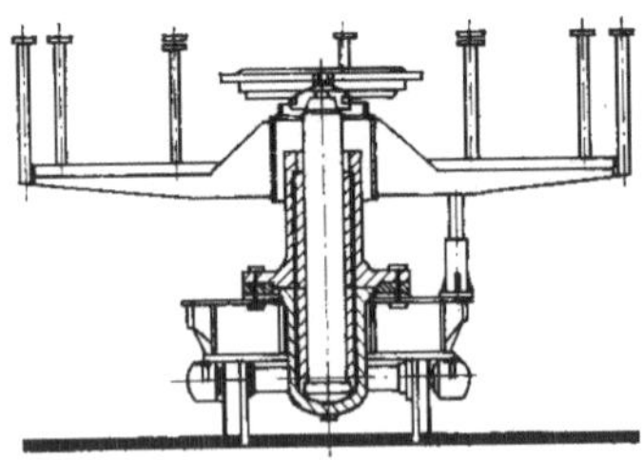

Abb. 86. Konverterboden-Einsatzwagen.

Tabelle 128. Konverterkamine

Merkmal:

Wassergekühlte Abgas-Grobentstaubungsanlage
Mitteldicke Grobblech-Schweißkonstruktion, doppelwandiger mehrteiliger Großkamin,
Unter-, Mittel- und Oberteil, Wasserbehälter, Zyklone, Tragkonstruktion, Bühnen, Treppen, Leitern.
Schutzanstrich.
Siehe Abb. 87.

Baugewicht t	Gesamtfertigung[1] h/t	Mittelwerte der anteiligen Fertigung in h/t in den einzelnen Fertigungsbereichen								% tol. in der Fertigung +/-	Brutto Elektroden-bedarf % v. Baugew.
		VA	VB	VS	ZK	SS	MB	ZM	OS		
50	130	11,5	19,2	4,7	27,3	62,0	2,5	0,3	2,5		
60	115	10,5	16,9	4,0	25,0	54,0	2,1	0,3	2,2	10	3,8
70	105	10,0	15,25	3,5	23,5	48,5	1,95	0,3	2,0	9	
80	98	9,5	14,1	3,2	22,7	44,7	1,7	0,3	1,8	8	3,7
100	90	9,2	12,7	2,65	21,2	41,0	1,35	0,3	1,6	7	3,6
125	84	8,9	11,8	2,2	20,0	38,3	1,1	0,25	1,45	6	3,5
150	80	8,7	11,3	1,9	19,0	36,5	0,95	0,25	1,4		3,4
175	77	8,5	11,0	1,8	18,5	34,8	0,85	0,2	1,35		3,3
200	74	8,3	10,7	1,6	17,7	33,4	0,8	0,2	1,3		3,15
250	71	8,1	10,45	1,35	17,2	31,8	0,7	0,15	1,25	5	3,0
300	68	7,9	10,3	1,2	16,6	30,0	0,65	0,15	1,2		2,85
350	66	7,8	10,2	1,1	16,4	28,6	0,6	0,15	1,15		2,7
400	64	7,7	10,1	1,0	16,2	27,2	0,55	0,15	1,1		2,6

Bemerkung:
  [1] In montagegerechten Größen.
  Montage-Richtwerte: s. Tab. 144,
  S. 205.

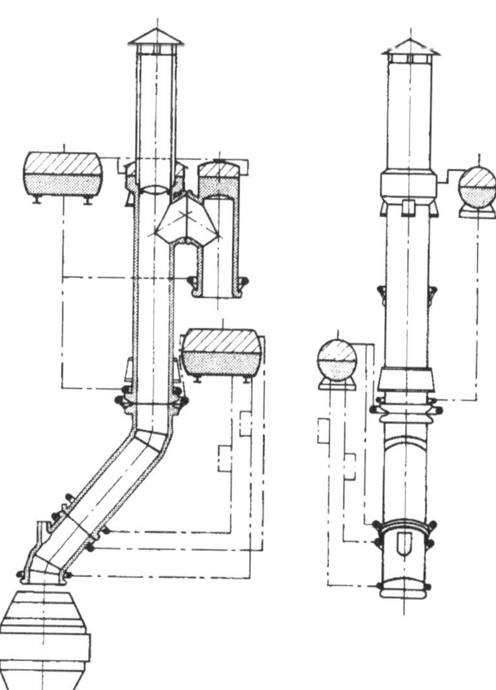

Abb. 87. Konverterkamin.

Tabelle 129. Roheisenmischer

Merkmal:

Sammler für Roheisen
Massive, schwergewichtige Anlage in Schweißkonstruktion, Grundrahmen, Ankerbarren, Unterbauten, Rollsegmente, Laufsegmente, Mischergefäß, mechanischer Antrieb, Kippwerk, Bühnen, Treppen, Leitern.
Schutzanstrich.
Baugewichte ohne Gefäßausmauerung.
Siehe Abb. 88.

Baugewicht t	Kapazität t		Gesamtfertigung[1] h/t	Mittelwerte der anteiligen Fertigung in h/t in den einzelnen Fertigungsbereichen									% tol. in der Fertigung + −	Brutto Elektrodenbedarf % v. Baugew.
	Kpl. Anlage	entspr. je t Baugewicht		VA	VB	VS	ZK	SS	MB	ZM	OS	SK		
100	200	2,0	95,0	7,0	11,5	2,7	13,5	25,0	22,5	11,0	1,5	0,3		3,6
125	300	2,4	81,0	5,8	9,5	2,15	11,1	21,0	19,7	10,1	1,4	0,25	6	3,0
150	425	2,8	70,0	5,0	8,2	1,75	9,3	18,0	17,0	9,2	1,3	0,25		2,6
175	550	3,1	62,0	4,45	7,2	1,45	8,1	16,0	14,9	8,5	1,2	0,2		2,3
200	700	3,4	55,5	3,9	6,4	1,3	7,1	14,8	13,0	7,7	1,1	0,2	5	2,15
250	1000	4,0	48,0	3,35	5,4	1,1	6,0	13,6	10,7	6,7	1,0	0,15		1,9
300	1350	4,5	45,0	3,25	5,1	1,0	5,5	13,4	9,3	6,35	0,95	0,15		1,85
350	1700	4,8	42,5	3,15	4,95	0,95	5,3	13,2	8,0	5,9	0,9	0,15	4	1,8
400	2000	5,0	40,5	3,1	4,8	0,9	5,1	13,0	7,1	5,5	0,85	0,15		1,75
450	2300	5,1	38,5	3,05	4,7	0,85	4,8	12,6	6,3	5,25	0,8	0,15	3	1,7
500	2600	5,2	37,0	3,0	4,6	0,8	4,6	12,4	5,7	5,0	0,75	0,15		1,65

Bemerkung:

[1] In montagegerechten Größen.
Montage-Richtwerte: s. Tab. 144. S. 205.

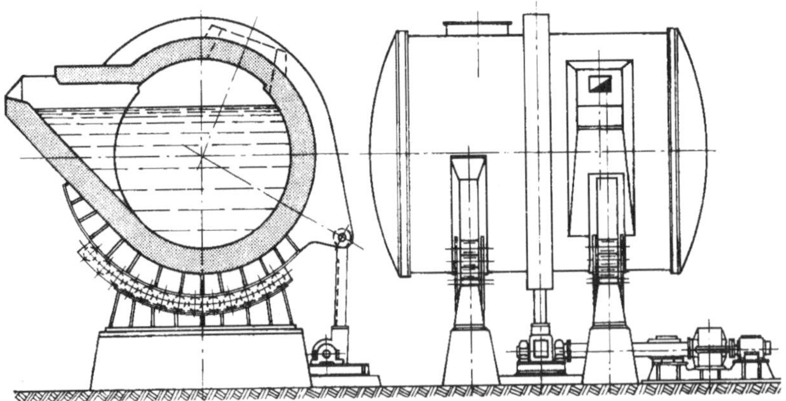

Abb. 88. Roheisenmischer.

Tabelle 130. Stahlgießpfannen, Roheisenpfannen

Merkmal:

Dickwandige schwere Schweißkonstruktionen, leicht konische Gefäße mit Bodenverstärkung und Mantelversteifungsringen, Tragzapfen, Ausgußschnauze bei Roheisenpfannen, Stopfenaufnahme bei Stahlgießpfannen.
Schutzanstrich.
Baugewichte ohne Ausmauerung.
Siehe Abb. 89 bis 91, S. 188.

Baugewicht t	entsprechend der Pfannenkapazität t	% tol. im Baugewicht —	Gesamtfertigung h/t	Mittelwerte der anteiligen Fertigung in h/t in den einzelnen Fertigungsbereichen								% tol. in der Fertigung +	Brutto Elektrodenbedarf % v. Baugew.
				VA	VB	VS	ZK	SS	MB	ZM	OS		
1,0	3	25	150,0	15,0	17,0	12,0	27,0	35,0	32,5	6,0	5,5		5,5
1,5	5	22	130,0	12,1	14,9	9,8	24,5	33,5	26,7	4,5	4,0		5,2
2,25	10	18	115,0	10,3	13,5	8,4	22,0	32,0	22,0	3,8	3,0		5,0
3,0	15	16	102,0	9,0	11,8	7,4	19,0	30,5	18,5	3,2	2,6		4,8
4,0	20	14	91,0	8,2	10,7	6,5	17,2	28,5	15,0	2,7	2,2		4,3
4,5	25	13	86,0	7,7	10,2	6,0	16,0	27,6	14,0	2,4	2,1	6	4,1
5,5	30	12	79,0	7,2	9,4	5,5	14,3	26,7	11,9	2,1	1,9		3,8
6,25	35		74,0	6,7	8,9	5,3	13,4	25,4	10,6	1,9	1,8		3,7
7,0	40	11	70,0	6,25	8,5	5,1	12,7	24,3	9,7	1,7	1,75		3,55
8,0	45		66,0	5,95	7,9	4,9	11,9	23,3	8,9	1,45	1,7		3,4
8,75	50	10	64,0	5,75	7,65	4,8	11,6	22,8	8,5	1,3	1,6		3,3
10,25	60		60,0	5,5	7,2	4,6	10,8	21,5	7,8	1,1	1,5		3,1
12,0	70	9	57,5	5,1	6,8	4,45	10,3	21,0	7,5	1,0	1,35	5	3,0
13,5	80		55,0	4,8	6,4	4,3	9,8	20,3	7,25	0,9	1,25		2,9
16,5	100	8	51,5	4,2	5,6	4,05	8,85	19,9	7,0	0,8	1,1		2,8
20,5	125		49,0	3,65	5,45	3,8	7,9	19,7	6,75	0,75	1,0		2,7
24,5	150	7	47,0	3,2	5,2	3,6	7,3	19,6	6,5	0,7	0,9	4	2,6
28,5	175		45,5	2,8	5,0	3,4	6,9	19,6	6,3	0,65	0,85		2,5
32,5	200	6	44,5	2,6	4,95	3,3	6,5	19,6	6,1	0,6	0,85		2,4
40,0	250	4	43,0	2,3	4,8	3,25	5,9	19,6	5,8	0,6	0,75	3	2,3
48,0	300	3	41,0	2,0	4,6	3,1	5,2	19,5	5,4	0,55	0,65		2,25

Fertigungsfaktoren bei mehreren Pfannen:

Stückzahl	in den einzelnen Fertigungsbereichen								im Mittel
2	0,9		0,95						0,98
3— 6	0,8	0,95	0,9			0,95			0,95
7—10	0,7		0,8	0,95	0,95	0,95	0,95	0,95	0,92
≧11	0,65	0,9		0,9	0,9	0,9	0,9	0,9	0,88

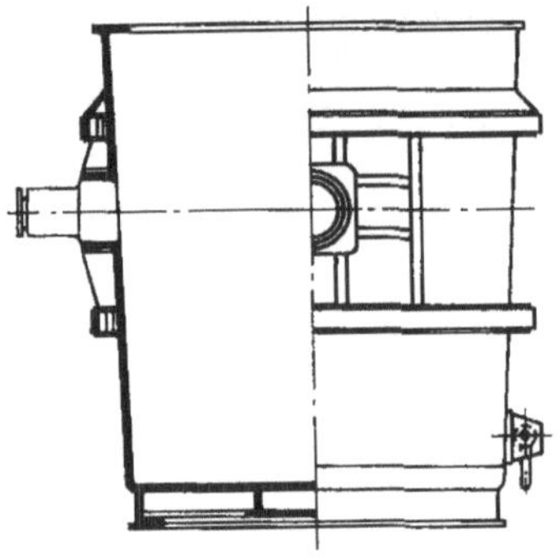

Abb. 89. Stahlgießpfanne (s. Tab. 130, S. 187).

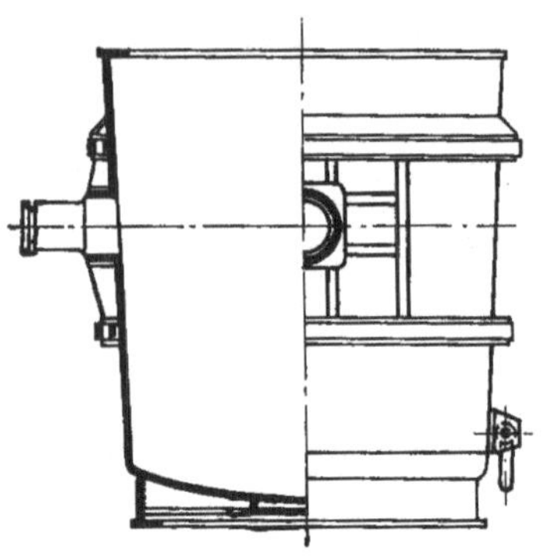

Abb. 90. Stahlgießpfanne (s. Tab. 130, S. 187).

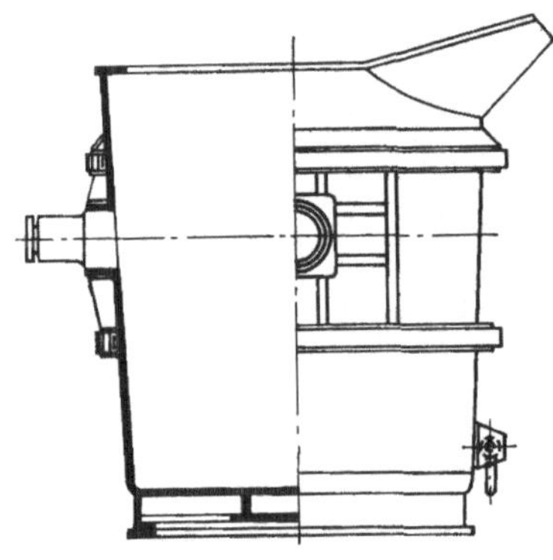

Abb. 91. Roheisenpfanne
(s. Tab. 130, S. 187).

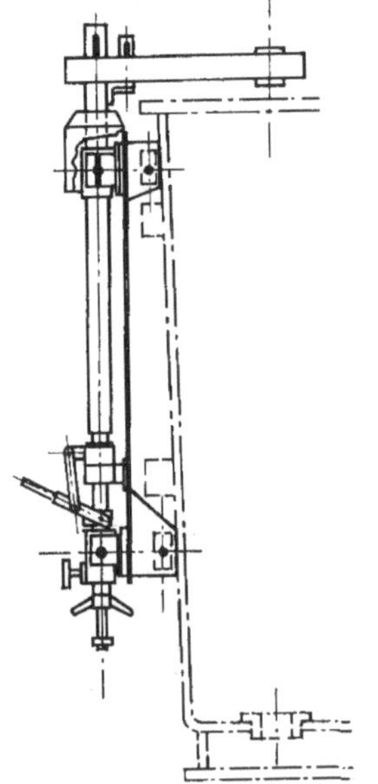

Abb. 92. Stopfenvorrichtung
für Stahlgießpfanne
(s. Tab. 131, S. 189).

Tabelle 131. Stopfenvorrichtungen für Stahlgießpfannen

Merkmal:

Relativ einfache schwere Hebel- und Verschlußvorrichtung in Schweißkonstruktion zum Anbau an Stahlgießpfannen.
Schutzanstrich.
Siehe Abb. 92, S. 188.

Baugewicht t	entsprechend der Pfannenkapazität t	Gesamtfertigung h/t	\multicolumn{8}{c}{Mittelwerte der anteiligen Fertigung in h/t in den einzelnen Fertigungsbereichen}	% tol. in der Fertigung +/−	Brutto Elektrodenbedarf % v. Baugew.
			VA	VB	VS	ZK	SS	MB	ZM	OS		
0,26	5	400	15,0	20,0	6,0	30,0	35,0	240,0	50,0	4,0		
0,32	10	360	13,0	19,0	5,7	27,0	33,5	210,0	48,0	3,8		
0,36	15	340	12,0	18,5	5,3	25,5	32,0	197,0	46,0	3,7		2,4
0,40	20	325	11,2	18,0	5,2	24,0	31,0	188,0	44,0	3,6		
0,45	25	310	10,5	17,5	5,0	22,5	30,0	178,0	43,0	3,5		
0,50	30	300	10,0	17,2	4,8	21,5	29,0	172,0	42,0	3,5		2,2
0,54	35	290	9,5	17,0	4,6	20,5	28,0	167,0	40,0	3,4		
0,58	40	280	9,0	16,8	4,4	19,5	27,0	162,0	38,0	3,3	10	2,0
0,62	45	270	8,5	16,5	4,3	18,5	26,0	157,0	36,0	3,2		
0,65	50	260	8,0	16,3	4,2	17,5	25,0	151,0	35,0	3,0		1,8
0,72	60	250	7,5	16,0	4,1	16,5	24,0	145,0	34,0	2,9		
0,78	70	240	7,0	15,7	4,0	15,5	23,0	139,0	33,0	2,8		1,6
0,87	80	225	6,5	15,0	3,8	14,5	22,0	129,5	31,0	2,7		
1,0	100	210	5,5	14,3	3,6	13,0	21,0	121,5	28,5	2,6		1,4
1,15	125	195	5,0	13,5	3,5	11,5	20,0	114,0	25,0	2,5		
												1,3
1,3	150	185	4,5	13,0	3,1	10,2	19,5	109,0	23,3	2,4		
1,4	175	175	4,3	12,5	3,0	9,6	18,8	102,5	22,0	2,3	8	
1,5	200	170	4,1	12,0	2,8	9,2	18,2	100,0	21,5	2,2		1,2
1,65	250/300	165	3,8	12,0	2,6	8,6	18,0	98,0	20,0	2,0	5	

Fertigungsfaktoren bei mehreren Stopfenvorrichtungen:

<table>
<tr><th>Stückzahl</th><th colspan="8">in den einzelnen Fertigungsbereichen</th><th>im Mittel</th></tr>
<tr><td>2</td><td>0,75</td><td>0,95</td><td>0,95</td><td></td><td></td><td></td><td></td><td></td><td>0,95</td></tr>
<tr><td>4</td><td>0,6</td><td rowspan="2">0,9</td><td rowspan="2">0,9</td><td rowspan="2">0,95</td><td rowspan="2">0,95</td><td rowspan="2">0,95</td><td rowspan="2">0,95</td><td rowspan="2">0,95</td><td>0,925</td></tr>
<tr><td>6</td><td>0,5</td><td>0,9</td></tr>
<tr><td>8</td><td>0,45</td><td rowspan="2">0.8</td><td rowspan="2">0,8</td><td rowspan="2">0,9</td><td rowspan="2">0,9</td><td rowspan="2">0,9</td><td rowspan="2">0,9</td><td rowspan="2">0.9</td><td>0,875</td></tr>
<tr><td>10</td><td>0,4</td><td>0,85</td></tr>
</table>

Tabelle 132. Pfannengehänge (Paar)

Merkmal:

Einfache, aber besonders kräftige Doppel-Grobblechkonstruktion mit eingesetztem Block und Achsbolzen zur Pfannenzapfen- bzw. Kranhakenaufnahme.
Schutzanstrich.
Siehe Abb. 93.

Baugewicht t	entsprechend der Pfannenkapazität t	Gesamtfertigung h/t	Mittelwerte der anteiligen Fertigung in h/t in den einzelnen Fertigungsbereichen								% tol. in der Fertigung +⎮−	Brutto Elektrodenbedarf % v. Baugew.
			VA	VB	VS	ZK	SS	MB	ZM	OS		
0,45	5	285,0	9,0	18,8	3,5	17,2		180,0	53,0	3,5		
0,6	10	225,0	8,0	15,0	3,0	13,6		141,0	41,5	2,9		
0,75	15	185.0	7,2	12,7	2,5	11,2		115,0	34,0	2,4		
0,9	20	155,0	6,6	10,7	2,2	9,4		96,0	28,0	2,1		
1,05	25	135,0	6,25	9,3	1,95	8,2		83,0	24,5	1,8	12	
1,2	30	120,0	5,8	8,4	1,8	7,3		73,8	21,4	1,7		
1,35	35	110,0	5,5	7,8	1,7	6,6		67,4	19,4	1,6		
1,5	40	103,0	5,25	7,5	1,6	6,25		63,0	17,9	1,5		
1,65	45	99,0	5,05	7,2	1,5	5,9		60,9	17,0	1,45		
1,8	50	95,0	4,85	6,95	1,4	5,5		58,6	16,3	1,4		
2,1	60	87,0	4,6	6,6	1,35	4,9		53,3	14,9	1,35		
2,5	70	80,0	4,3	6,4	1,3	4,3		48,6	13,8	1,3		
2,8	80	75,0	4,1	6,2	1,25	4,0		45,5	12,7	1,25	10	
3,5	100	68,0	3,65	5,8	1,15	3,5		41,8	11,4	1,1		
4,5	125	61.0	3,3	5,4	1,1	3,0		37,0	10,2	1,0		
5,8	150	56,0	3,05	5,0	0,9	2,5	0,7	33,5	9,5	0,85	8	0,01
6,8	175	52,5	2,9	4,65	0,75	2,25	0,6	32,0	8,6	0,75		
8,0	200	50,0	2,75	4,3	0,65	2,1	0,5	31,0	8,0	0,7	6	
11,0	250	44.0	2,6	3,8	0,5	1,8	0,4	28,0	6,3	0,6		
13,5	300	40.0	2,4	3,2	0,4	1,6	0,35	26,0	5,5	0,55	5	0,05

Fertigungsfaktoren bei mehreren Gehängen:

Anzahl	in den einzelnen Fertigungsbereichen								im Mittel
2 Paar	0,75	0,95	0,95						0,95
4 Paar	0,65	0,9	0,9	0,95	0,95	0,95	0,95		0,925
6 Paar	0,55								0,9
8 Paar	0,5	0,8	0,8	0,9	0,9	0,9	0,9		0,875
10 Paar	0,45								0,85

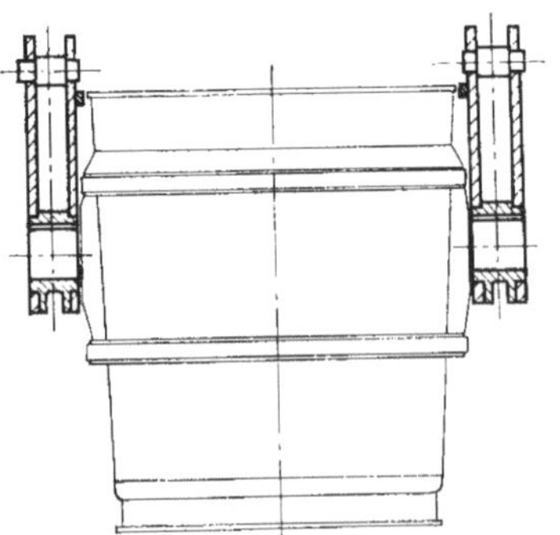
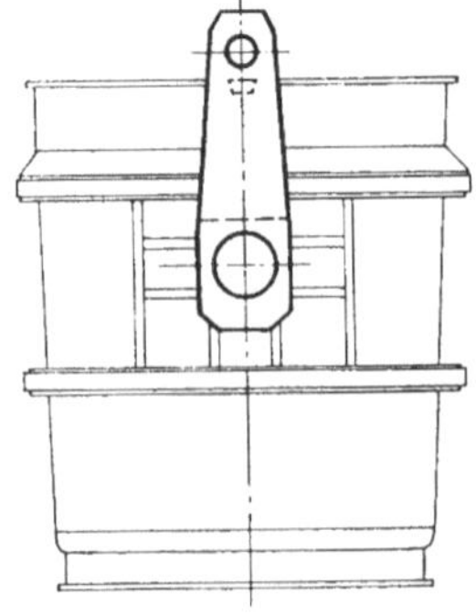

Abb. 93. Pfannengehänge (Paar).

Tabelle 133. Brockenwagen

Merkmal:

Transporter für Ausmauerungsbruch, Mündungsbären u. ä.
Kräftiges Wagengestell mit Lagerböcken zur Muldenaufnahme, 2achsiges starres Normalspur-Laufwerk ohne Fahrantrieb, starkwandige, abnehmbare, außen versteifte Mulde mit inneren Schleißblechen und seitlichen Trag- und Drehzapfen zum Kippen der Wanne.
Schutzanstrich.
Siehe Abb. 94.

| Baugewicht t | Richtwerte | | | Achszahl | Gesamtfertigung h/t | Mittelwerte der anteiligen Fertigung in h/t in den einzelnen Fertigungsbereichen | | | | | | | | | % tol. in der Fertigung + − | Brutto Elektrodenbedarf % v. Baugew. |
	Fassungsvermögen m³	% tol. in der Tragfähigkeit + −				VA	VB	VS	ZK	SS	MB	ZM	OS	SK		
26	6				78,0	5,6	9,2	1,75	13,5	28,5	9,0	8,0	1,35	1,1		4,0
32	8	10		2	71,0	5,1	8,9	1,5	12,8	25,7	7,7	7,1	1,2	1,0	5	3,6
38	10/12				66,5	4,8	8,7	1,4	12,3	23,8	6,9	6,5	1,1	1,0		3,4
45	12/15				63,0	4,5	8,5	1,3	12,0	22,5	6,2	6,0	1,0	1,0		3,3

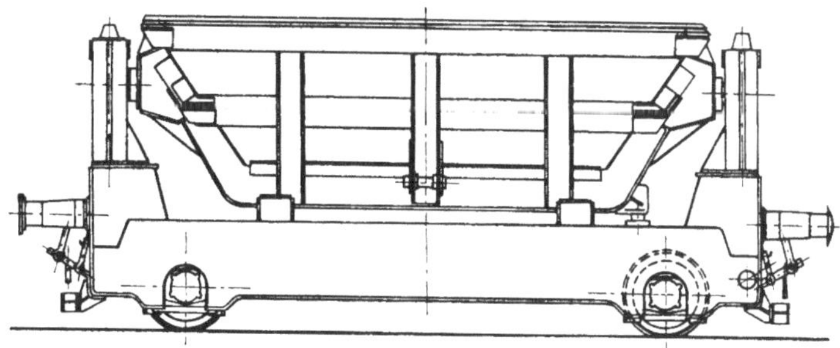

Abb. 94. Brockenwagen.

Tabelle 134. Kokillen-Gießwagen, drehbar

Merkmal:

Einfaches Wagengestell in schwerer kompakter Ausführung, wegen dynamischer, stoßweiser Belastung und Hitzeeinwirkung: besonders dicke Deckplatte, 2- bis 6achsiges Normal- bis Breitspur-Laufwerk in Drehgestellen ohne Fahrantrieb.
Schutzanstrich.
Siehe Abb. 95.

Baugewicht t	≧ Tragfähigkeit t	Gesamtfertigung h/t	Mittelwerte der anteiligen Fertigung in h/t in den einzelnen Fertigungsbereichen								% tol. in der Fertigung		Brutto Elektrodenbedarf % v. Baugew.
			VA	VB	VS	ZK	SS	MB	ZM	OS	+	−	
16	100	55	3,0	7,5	0,3	9,5	23,0	4,7	6,0	1,0			3,2
18	120	50	2,7	6,8	0,3	8,6	20,7	4,3	5,6	1,0			2,95
20	140	46	2,5	6,3	0,3	7,8	19,0	3,9	5,2	1,0	10		2,75
22	160	43	2,35	5,9	0,3	7,3	17,6	3,65	4,9	1,0		4	2,55
25	180	40	2,2	5,4	0,3	6,8	16,25	3,5	4,6	0,95			2,45
30	210	36	2,05	4,7	0,25	6,1	14,5	3,3	4,2	0,9			2,3
35	230	34	1,9	4,5	0,25	5,7	13,5	3,1	3,9	0,85			2,3

Fertigungsfaktoren bei mehreren Wagen:

Stückzahl	in den einzelnen Fertigungsbereichen								im Mittel
2	0,9	0,95	0,95	0,95	0,95	0,95	0,95	0,95	0,98
3 bis 6	0,8	0,95	0,9	0,95	0,95	0,95	0,95	0,95	0,95
7 bis 10	0,7	0,9	0,8	0,9	0,9	0,9	0,9	0,9	0,92
≧ 11	0,65	0,9	0,8	0,9	0,9	0,9	0,9	0,9	0,88

Abb. 95. Kokillenwagen, drehbar.

Tabelle 135. Kokillen-Gießwagen, starr

Merkmal:

Einfaches Wagengestell in mittelschwerer bis schwerer kompakter Ausführung, wegen dynamischer, stoßweiser Belastung und Hitzeeinwirkung: besonders dicke Deckplatte, 2- bis 5achsiges starres Normal- bis Breitspur-Laufwerk ohne Fahrantrieb. Schutzanstrich.
Siehe Abb. 96.

Baugewicht t	≷ Tragfähigkeit t	Gesamtfertigung h/t	Mittelwerte der anteiligen Fertigung in h/t in den einzelnen Fertigungsbereichen								% tol. in der Fertigung		Brutto Elektroden- bedarf % v. Baugew.
			VA	VB	VS	ZK	SS	MB	ZM	OS	+	−	
6	30	50,0	3,5	7,6	0,7	8,5	21,0	4,0	3,6	1,1			3,1
8	55	47,0	3,0	7,1	0,55	8,3	20,6	3,4	3,05	1,0			3,0
10	75	44,0	2,7	6,6	0,45	8,0	19,8	2,9	2,6	0,95			2,9
12	95	42,0	2,5	6,2	0,4	7,7	19,3	2,65	2,35	0,9			2,8
14	110	40,0	2,35	5,8	0,35	7,45	18,7	2,4	2,1	0,85			2,75
16	130	38,0	2,2	5,55	0,3	7,1	18,0	2,15	1,9	0,8	8		2,7
18	150	36,5	2,1	5,3	0,3	6,8	17,5	2,0	1,75	0,75		4	2,65
20	165	35,0	2,0	5,1	0,3	6,6	16,75	1,85	1,65	0,75			2,6
25	195	32,0	1,9	4,55	0,3	6,0	15,3	1,7	1,5	0,75			2,45
30	220	30,0	1,8	4,3	0,25	5,65	14,3	1,6	1,4	0,7			2,35
40	250	27,5	1,6	4,0	0,2	5,2	13,0	1,5	1,3	0,7			2,25

Fertigungsfaktoren bei mehreren Wagen:

Stückzahl	in den einzelnen Fertigungsbereichen:								im Mittel:
2	0,9		0,95						0,98
3 bis 6	0,8	0,95	0,9	0,95	0,95	0,95	0,95	0,95	0,95
7 bis 10	0,7		0,8						0,92
≧ 11	0,65	0,9		0,9	0,9	0,9	0,9	0,9	0,88

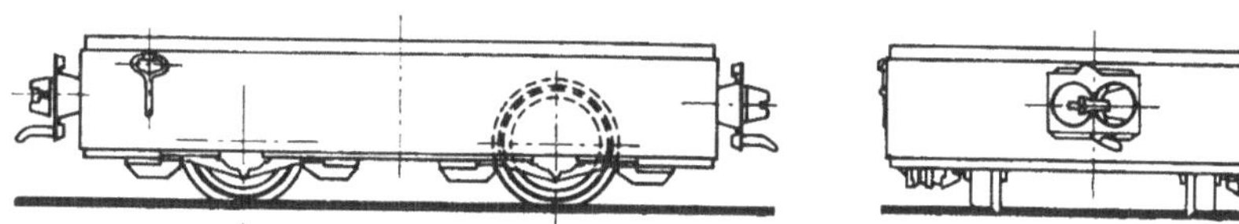

Abb. 96. Kokillenwagen, starr.

Tabelle 136.　Pfannen-Transportwagen

Merkmal:

Einsatz als Entnahme-, Übergabe-, Übersetz- oder Pfannenwagen
Besonders kräftiges, hochstegiges Wagengestell mit Lagerböcken zur Pfannenaufnahme,
4-Einzelrad-Breitspur-Laufwerk mit elektromechanischem Fahrantrieb über gefederte
Radlenker.
Schutzanstrich.
Baugewichte ohne Pfanne.
Siehe Abb. 97 bis 99, S. 195.

Baugewicht t	Tragfähigkeit t	Gesamtfertigung h/t	Mittelwerte der anteiligen Fertigung in h/t in den einzelnen Fertigungsbereichen								% tol. in der Fertigung		Brutto Elektrodenbedarf % v. Baugew.
			VA	VB	ZK	SS	MB	ZM	OS	SK	+	−	
15	50	88	6,8	9,5	12,0	22,3	17,5	16,4	2,8	0,7			3,2
20	75	78	5,5	8,2	9,8	21.5	15,3	14,5	2,5	0,7			3,1
25	100	73	4,7	7,5	8,6	20,9	14,6	13,8	2,3	0,6			3,0
30	120	69	4,2	6,9	7,8	20,3	14,0	13,1	2,2	0,5	15		2,9
35	140	66	3,8	6,4	7,1	19,8	13,5	12,8	2,1	0,5		5	2,8
40	160	64	3,6	6.2	6,7	19,5	13,1	12.5	1,9	0,5			2,75
50	200	62	3,4	5.8	6,2	19,3	12,8	12,2	1,8	0,5			2,7
60	250	60	3,2	5,5	5,6	19,0	12,5	12,0	1.7	0,5			2,65

Bemerkung:

betr. Stahlentnahmewagen mit Wiegeeinrichtung:
Baugewichtsfaktor zur Tragfähigkeit
entsprechend der Gewichtssteigerung 1,35 − 1,25
Fertigungsfaktor analog　　　　　　　　　1,4　− 1,3

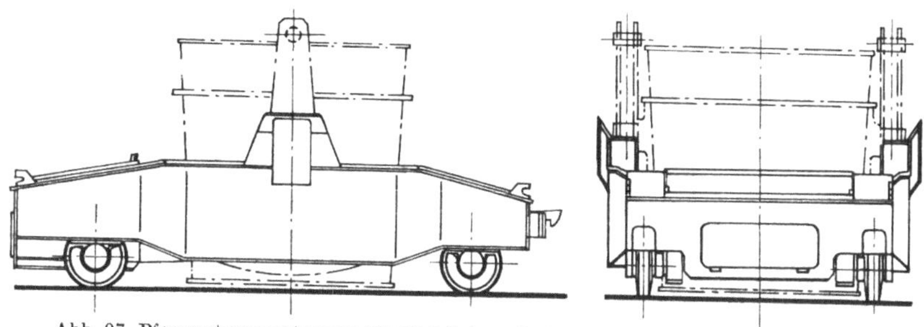

Abb. 97. Pfannentransportwagen (Stahlgieß- bzw. Roheisenpfanne) (s. Tab. 136, S. 194).

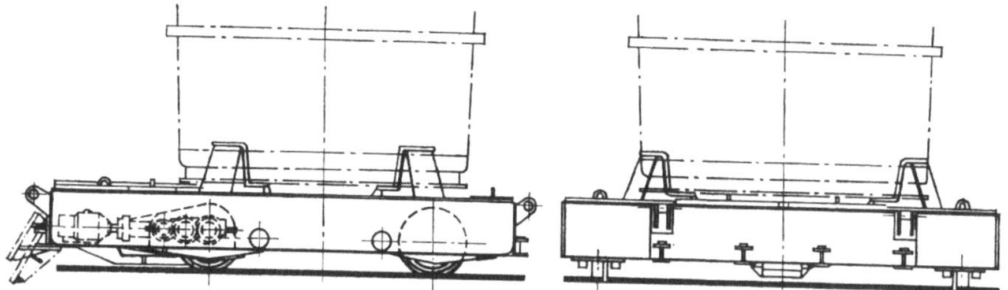

Abb. 98. Pfannen-Übersetzwagen (Gießpfanne) (s. Tab. 136, S. 194).

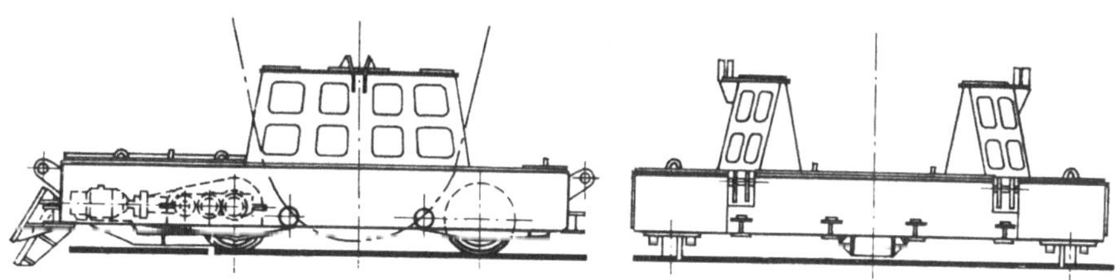

Abb. 99. Pfannen-Übersetzwagen (Schlackenpfanne) (s. Tab. 136, S. 194).

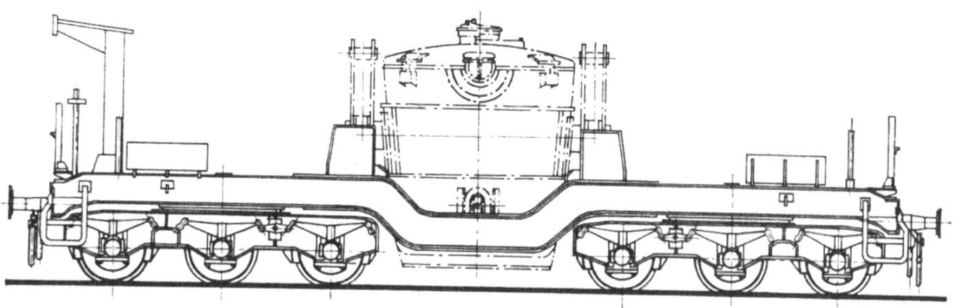

Abb. 100. Roheisentransportwagen mit gekröpfter Trägerbrücke (A) (s. Tab. 137, S. 196).

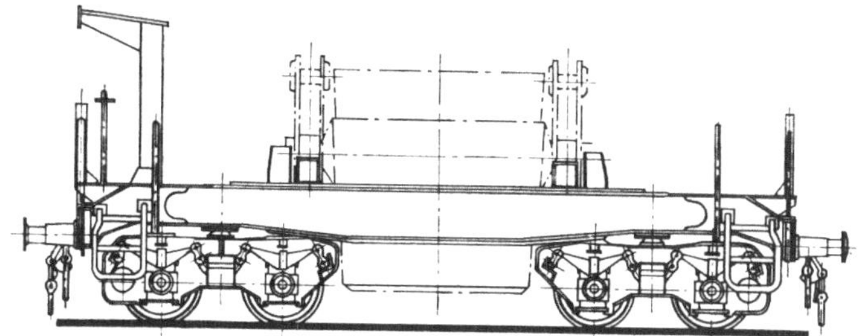

13*   Abb. 101. Roheisentransportwagen mit gerader Trägerbrücke (B) (s. Tab. 137, S. 196).

Tabelle 137. Roheisentransportwagen

Merkmal:

Schienentransporter für flüssiges Roheisen
Wagengestell in gekröpfter oder gerader Ausführung mit Lagerböcken zur Pfannenaufnahme, 2- bis 8achsiges Normalspur-Laufwerk in Drehgestellen ohne bzw. mit Fahrantrieb.
Schutzanstrich.
Baugewichte ohne Roheisenpfanne.

Roheisentransportwagen mit gekröpfter Trägerbrücke, ohne Fahrantrieb (Type A): s. Abb. 100, S. 195.
Roheisentransportwagen mit gerader Trägerbrücke, ohne Fahrantrieb (Type B): s. Abb. 101, S. 195.

Tabellenwerte gelten für Wagen mit gekröpfter Trägerbrücke, ohne Fahrantrieb (Type A).

Bei Änderung siehe untenstehende Bemerkungen.

Baugewicht t	Tragfähigkeit t	% tol. in der Tragfähigkeit − +	Achszahl	Gesamtfertigung h/t	Mittelwerte der anteiligen Fertigung in h/t in den einzelnen Fertigungsbereichen									% tol. in der Fertigung + −	Brutto Elektrodenbedarf % v. Baugew.
					VA	VB	VS	ZK	SS	MB	ZM	OS	SK		
8	⋯ 25		2	110,0	7,0	11,9	2,5	15,8	25,0	16,8	25,5	3,0	2,5	8	4,0
10	⋯ 28			105,0	6,35	11,65	2,5	15,3	24,6	15,7	24,0	2,7	2,2		3,8
12	⋯ 30	10	2/4	100,0	5,8	11,4	2,5	14,8	24,3	14,7	22,0	2,5	2,0		3,5
15	⋯ 35		4	93,0	5,1	10,9	2,3	14,1	23,7	13,1	19,8	2,3	1,7		3,3
20	⋯ 45			85,0	4,4	10,6	2,0	13,1	23,2	11,2	17,1	2,0	1,4		3,1
25	⋯ 60	12	4/6	78,5	3,85	10,2	1,8	12,3	22,5	9,7	15,1	1,8	1,25		2,9
30	⋯ 80		6	74,0	3,5	9,9	1,7	11,7	22,2	8,55	13,6	1,7	1,15		2,75
35	⋯ 100	15		70,5	3,15	9,7	1,6	11,3	21,7	7,7	12,7	1,6	1,05		2,65
40	⋯ 150		6/8	68,0	3,0	9,5	1,5	11,0	21,5	7,0	12,0	1,5	1,0	5	2,5

Bemerkung betr. Fertigung:
Roheisentransportwagen mit gerader Trägerbrücke, ohne Fahrantrieb (Type B): Fertigungsfaktor 0,95,

Roheisentransportwagen (Type A und B), jedoch mit elektromechanischem Fahrantrieb: Fertigungsfaktor 1,10−1,05.

Tabelle 138. Schlackenpfannen-Übersetzwagen

Merkmal:

Spezialtransporter für Querverkehr
Wuchtige massive Schweißkonstruktion, Wagengestell mit Pfannenschutzschild und Gegengewichts-
aufnahme, Pfannentragarm, starr oder mit Hubwerk, mehrachsiges kombiniertes Breitspur-Laufwerk
mit elektromechanischem Fahrantrieb, gegebenenfalls Hubwerk für Kragarm.
Schutzanstrich.
Baugewichte ohne Pfanne und ohne Gegengewicht.
Siehe Abb. 102.

| Baugewicht t | Richtwerte | | | Gesamtfertigung h/t | Mittelwerte der anteiligen Fertigung in h/t in den einzelnen Fertigungsbereichen | | | | | | | | | % tol. in der Fertigung + − | Brutto Elektroden-bedarf % v. Baugew. |
	Tragfähigkeit m³	% tol. in der Tragfähigkeit + −	Achszahl		VA	VB	VS	ZK	SS	MB	ZM	OS	SK		
22	9,0		2	95	5,0	9,5	1,2	12,5	24,0	23,0	16,5	2,0	1,3		3,15
27	10,5			87	4,4	9,1	1,1	11,9	22,3	20,7	14,5	1,85	1,15		2,8
32	12,0	10		81	4,0	8,9	1,0	11,5	21,0	18,9	12,9	1,75	1,05	5	2,55
37	13,5			77	3,8	8,75	0,95	10,9	20,4	17,8	11,8	1,65	0,95		2,4
42	15,0		4	74	3,6	8,6	0,9	10,5	20,0	17,0	11,0	1,55	0,85		2,3

Bemerkung:

Bei Wagen mit Hubwerk für den Kragarm sind, bei gleicher Tragfähigkeit in m³ wie Tabelle,
entsprechend

für das Baugewicht   Faktor 1,9−1,8
für die Fertigung   Faktor 1,2−1,15

anzuwenden.

Beispiel: Wagen mit Hubwerk für 15 m³-Pfanne.
Baugewicht 42 t · 1,8 = ∼75 t
Fertigung 74 h/t · 1,15 = ≈85 h/t.

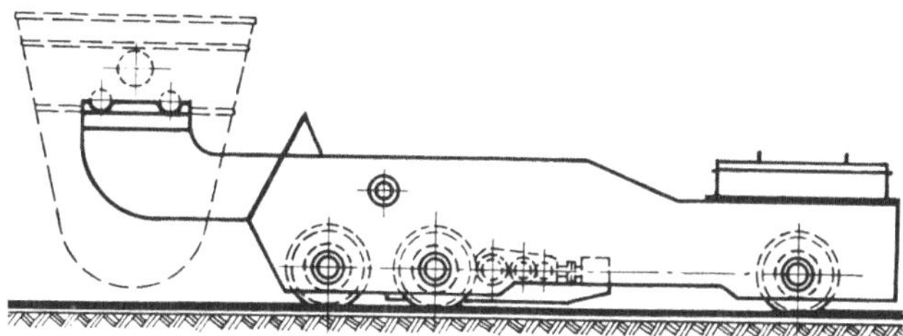

Abb. 102. Schlackenpfannen-Übersetzwagen.

Tabelle 139. Schlackentransportwagen (A)
Konverter-Beschickungswagen (B)

Merkmal:

Schienentransporter für Schlacke und flüssiges Roheisen
Kräftiges Wagengestell als gekröpfte Brücke mit Lagerböcken zur Tragring- bzw. Pfannenaufnahme.
2- bis 6achsiges Normalspur-Laufwerk in Drehgestellen ohne Fahrantrieb, Pfannentragring zur Aufnahme des Schlackenkübels und mechanische Kippvorrichtung bei Type A, mechanische Verschiebe- und Kippvorrichtung für die Roheisenpfanne bei Type B.
Schutzanstrich.
Baugewichte ohne Schlackekübel bzw. Roheisenpfanne.

Schlackentransportwagen, ohne Fahrantrieb (Type A):
s. Abb. 103.
Konverterbeschickungswagen, ohne Fahrantrieb (Type B):
s. Abb. 104.

Tabellenwerte gelten für beide Wagentypen ohne Fahrantrieb.

Bei Änderung: siehe untenstehende Bemerkung.

Baugewicht t	Richtwerte Tragfähigkeit A m³	Richtwerte Tragfähigkeit B t	% tol. in der Tragfähigkeit +/-	Achszahl	Gesamtfertigung h/t	VA	VB	VS	ZK	SS	MB	ZM	OS	SK	% tol. in der Fertigung +/-	Brutto Elektrodenbedarf % v. Baugew.
22	6,5	17,5			100	5,0	10,0	2,0	13,0	25,5	24,0	17,0	2,0	1,5		3,3
25	7,5	20,0		2	95	4,5	9,8	1,9	12,6	24,7	22,7	15,5	1,9	1,4		3,15
30	9,0	24,0			89	4,1	9,7	1,7	12,0	23,5	21,0	13,9	1,8	1,3		2,9
35	10,5	28,0	10		84	3,8	9,5	1,6	11,5	22,5	19,6	12,6	1.7	1,2	5	2,7
40	12,0	32,0		4	80	3,65	9,25	1,5	11,1	21,5	18,5	11,8	1,6	1,1		2,5
45	13,5	36,0			77	3,55	9,1	1,5	10,75	20,5	17,7	11,3	1.55	1,05		2,35
50	15,0	40,0		4/6	75	3,5	9,0	1,5	10,5	20,0	17.0	11,0	1,5	1,0		2.25

Bemerkung:

betrifft Fertigung:
Schlackentransportwagen Type A, sowie Konverterbeschickungswagen Type B, mit elektromechanischem Fahrantrieb: Fertigungsfaktor 1,10—1,05.

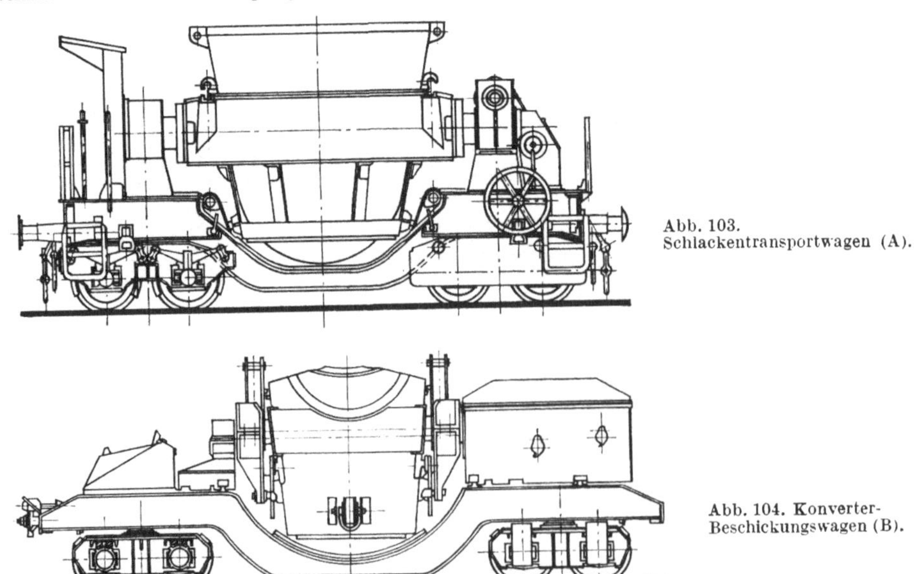

Abb. 103.
Schlackentransportwagen (A).

Abb. 104. Konverter-
Beschickungswagen (B).

Tabelle 140. Stahlgießwagen, Stahlentnahmewagen

Merkmal:

Besonders wuchtige, schwergewichtige Schweißkonstruktion, Unterwagen mit Breitspur-Laufwerk und elektromechanischem Fahrantrieb, rundum schwenkbarer Oberwagen mit elektromechanischem Schwenkwerk, elektromechanisches oder hydraulisches Pfannenhub- und Pfannenkippwerk, Führer- und Maschinenhaus mit mechanischer Gesamtinstallation.
Schutzanstrich
Baugewichte ohne Stahlgießpfanne.
Siehe Abb. 105.

Baugewicht t	≈ Pfannenkapazität t	Gesamtfertigung h/t	Mittelwerte der anteiligen Fertigung in h/t in den einzelnen Fertigungsbereichen									% tol. in der Fertigung +|	Brutto Elektrodenbedarf % v. Baugew.
			VA	VB	VS	ZK	SS	MB	ZM	OS	SK		
120	30/35	110	7,3	9,7	1,6	17,9	25,2	24,8	20,4	2,1	1,0	10	
130	35/40	105	7,0	9,5	1,5	17,0	24,0	23,5	19,5	2,0	1,0	8	2,6
140	40/50	100	6,6	9,2	1,4	16,4	22,5	22,2	18,8	1,9	1,0	6	
150	45/60	96	6,4	8,9	1,3	15,9	21,7	21,0	18,0	1,8	1,0	5	2,5
160	50/70	93	6,2	8,7	1,25	15,6	21,0	20,0	17,5	1,75	1,0	4	
175	60/80	90	6,0	8,6	1,2	15,3	20,0	19,2	17,0	1,7	1,0	3	2,4

Bemerkung:

Die Gesamtfertigung beinhaltet den kompletten Wagenaufbau mit Funktionsprüfung beim Hersteller einschließlich notwendiger Demontagen zum Versand.

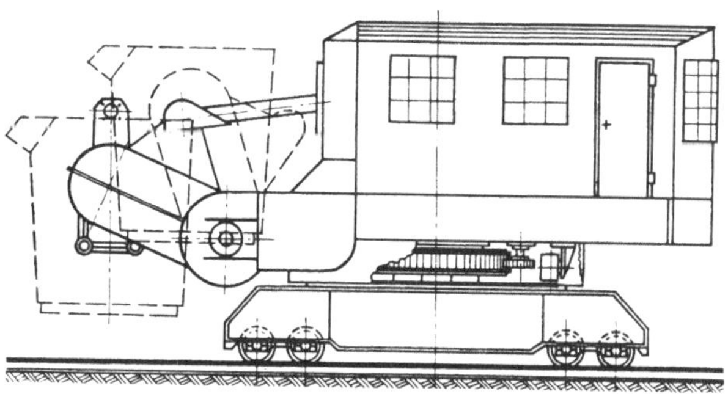

Abb. 105. Stahlgießwagen.

Tabelle 141. Torpedo-Pfannen-Mischerwagen

Merkmal:

Schienentransporter für Roheisen
6- bis 16achsiges Normalspur-Laufwerk in Drehgestellen ohne Fahrantrieb, 2 Wagenbrücken
mit Lagergrundplatten und Zapfenlagerung, torpedoförmiges Mischergefäß mit Trag- bzw.
Drehzapfen, mechanisches Kippwerk.
Schutzanstrich.
Baugewicht ohne Pfannenausmauerung.
Siehe Abb. 106.

Baugewicht t	Richtwerte ≈ Pfannen-Kapazität t	Achszahl	Gesamtfertigung h/t	Mittelwerte der anteiligen Fertigung in h/t in den einzelnen Fertigungsbereichen									% tol. in der Fertigung + / −	Brutto Elektroden-bedarf % v. Baugew.
				VA	VB	VS	ZK	SS	MB	ZM	OS	SK		
48	60	6	100	4,0	8,5	1,0	16,0	20,0	24,0	22,5	1,5	2,5	6	2,6
52	80		96	3,9	8,2	1,0	15,2	19,0	23,3	21,65	1,45	2,3		2,5
58	100	8	92	3,85	8,0	1,0	14,4	18,05	22,5	20,7	1,4	2,1		2,4
67	125		88	3,75	7,8	1,0	13,7	17,3	21,6	19,7	1,3	1,85		2,3
77	150	10	84	3,7	7,6	1,0	13,15	16,6	20,5	18,55	1,2	1,7		2,2
88	175		80	3,65	7,45	1,0	12,55	16,0	19,4	17,3	1,15	1,5		2,15
100	200	12	76	3,6	7,3	1,0	12,1	15,5	18,1	16,0	1,1	1,3		2,1
120	225	14	70	3,55	7,15	1,0	11,4	14,8	16,0	13,9	1,05	1,15		2,05
140	250	16	65	3,5	7,0	1,0	11,0	14,5	14,0	12,0	1,0	1,0	3	2,0

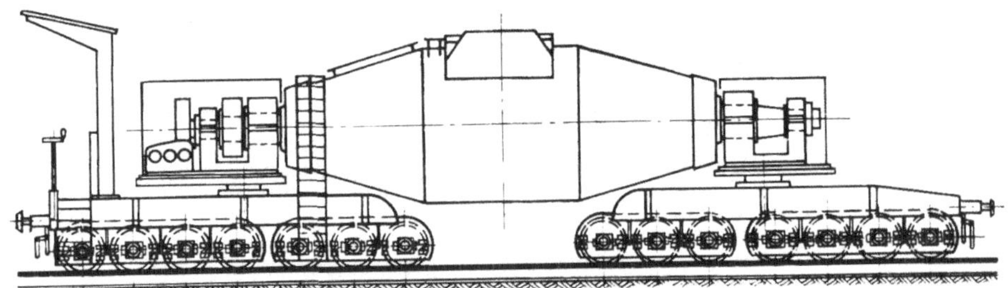

Abb. 106. Torpedo Pfannen-Mischerwagen.

Tabelle 142. Warmblock-Transportwagen

Merkmal:

Schienentransporter für heiße Blöcke

Ausführung mit verfahrbaren Isolierhauben (Langwegtransporter) — Type A —:
s. Abb. 107.

Kräftige Wagenbrücke mit massiver isolierter Blockwanne, 2 verschiebbaren isolierten Wannenhauben, 4- bis 6achsiges Normalspur-Laufwerk in Drehgestellen ohne Fahrantrieb, Schutzanstrich.

Baugewicht ohne Wannenausmauerung bzw. Haubenisolierung.

Offene Warmblock-Transportwagen (Kurzwegtransporter) ohne Isolierhauben — Type B —:
s. Abb. 108 und untenstehende Bemerkung.

Baugewicht t	Wagen-Kapazität t	% tol. in Baugewicht und Wagen-Kapazität + —	Gesamtfertigung h/t	Mittelwerte der anteiligen Fertigung in h/t in den einzelnen Fertigungsbereichen								% tol. in der Fertigung + —	Brutto Elektrodenbedarf % v. Baugew.
				VA	VB	VS	ZK	SS	MB	ZM	OS		
27	30		95,0	6,0	15,0	2,0	19,0	30,0	9,0	11,5	2,5	10	4,5
30	40		90,0	5,5	14,0	1,8	18,4	28,5	8,4	10,9	2,5	9	4,35
35	50		86,5	5,1	12,8	1,65	17,5	28,1	8,3	10,6	2,45	8	4,3
40	60	10	84,0	5,0	12,4	1,5	17,1	27,2	8,1	10,3	2,4	7	4,25
45	70		82,0	4,9	12,1	1,45	16,7	26,5	8,0	10,0	2,35	6	4,2
55	80		80,0	4,8	11,8	1,3	16,2	26,0	7,9	9,7	2,3	5	4,1
75	100		77,0	4,75	11,5	1,25	15,5	25,0	7,75	9,25	2,0	4	4,0

Bemerkung:

betrifft offene Warmblock-Transportwagen ohne Isolierhauben — Type B —:

Baugewicht bei etwa gleicher Wagenkapazität wie Type A   Gewichtsfaktor 0,8—0,85

Gesamtfertigung bei etwa gleicher Wagenkapazität wie Type A   Fertigungsfaktor 0,95

Beispiel: Offener 100 t Warmblock-Transportwagen ohne Isolierhauben
Baugewicht 75 t · 0,85 = 64 t
Gesamtfertigung 64 t · 77 h · 0,95 = 4700 h

Die Vorgabe entspricht etwa 80% der Stundensumme der Wagentype A bei gleicher Wagenkapazität. Das gilt im Schnitt für alle Größen.

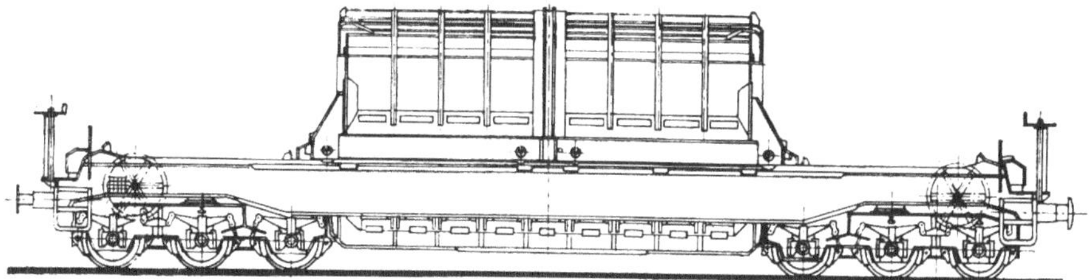

Abb. 107. Warmblock-Transportwagen (A).

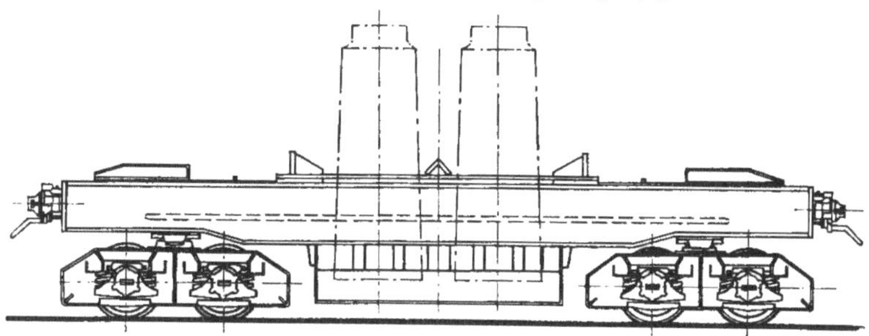

Abb. 108. Warmblock-Transportwagen (B).

Tabelle 143.   Chargier- oder Schrottmulden, Schurren

Merkmal:

Wegen hoher verschleißender Beanspruchung relativ dickwandige Konstruktionen.
im Mittel etwa 25 mm, in der Regel mit verstärktem Bodenblech.
Fassungsvermögen 3—25 m³ je nach Ausmaßen und Schrottgut.
Schrottgewicht etwa 1,5—2 t/m³.
äußerer Schutzanstrich
Siehe Abb. 109.

Baugewicht t	Gesamtfertigung h/t	Mittelwerte der anteiligen Fertigung in h/t in den einzelnen Fertigungsbereichen							% tol. in der Fertigung	Brutto Elektrodenbedarf	
		VA	VB	VS	ZK	SS	MB/ZM	OS		% v. Baugew.	% tol. in der Summe
3	45	3,6	7,7	2,0	9,2	18,5	2,0	2,0		2,6	15
4	42	3,3	7,3	1,8	8,5	17,6	1,7	1,8	15	2,4	
5	40	3,0	7,0	1,6	8,1	17,1	1,5	1,7		2,3	14
6	38	2,7	6,7	1,5	7,6	16,6	1,3	1,6		2,2	
8	35	2,3	6,2	1,2	7,0	15,9	1,0	1,4	12	2,1	12
10	32	1,9	5,7	1,0	6,4	15,0	0,8	1,2		2,0	
12	30	1,7	5,3	0,9	5,9	14,5	0,7	1,0		1,95	10
15	28	1,5	4,8	0,75	5,35	14,1	0,6	0,9	10	1,9	
20	25	1,2	4,0	0,6	4,6	13,5	0,5	0,6		1,8	8

Bemerkung:

Leichtgewichtige Konstruktionen, zum Beispiel für Aluminium-Schrott, s = 10 bis
15 mm, Fertigungsfaktor 1,75—1,5.
Die Fertigungsbereiche MB/ZM sind wegen des relativ geringen Zeitanteils des Fertigungsbereiches ZM. im Mittel ≈10%, zusammengelegt.

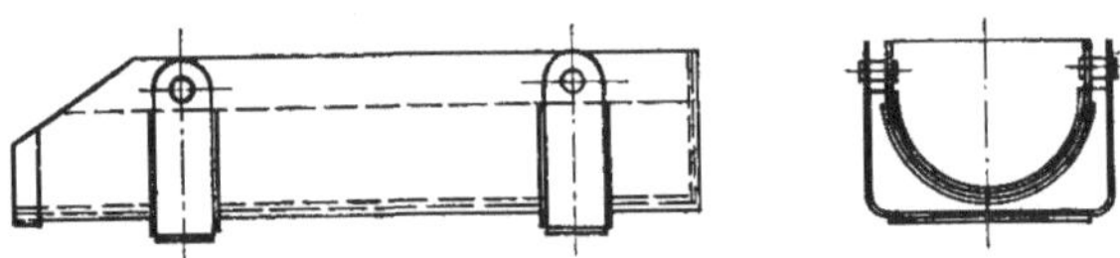

Abb. 109. Chargier- oder Schrottmulden, Schurren.

7.Montage-Vorkalkulation/Montage-Richtwerte

Mit Rücksicht auf ihre räumliche Größen, Spezifische- und Baugewichte, sowie aber auch und vornehmlich aus transporttechnischen Gründen, werden Anlagen wie:

Großraum-Lagerbehälter. Hochbehälter **Tab. 55,** S. 94
Niederdruck-Gasbehälter **Tab. 62,** S. 106
Hochdruck-Kugelbehälter **Tab. 63 bis 66,** S. 108 bis 114
Lagertanke **Tab. 70,** S. 118

in den Werkstätten der Stahl- und Apparatebauanstalten nicht komplett gefertigt, sondern nur, wie die Tabellen zeigen, „teil-vorgefertigt". Darunter ist zu verstehen, daß das gesamte Blechmaterial montagefertig angearbeitet, An- und Einbauteile dagegen, wie Stutzen, Mannlöcher, Stützgerüste, Bühnen, Podeste, Treppen, Leitern u. a., ein- bzw. anbaufertig in transportgerechten Größen in der Werkstatt vorgefertigt werden.

Vakuum-Trockenschränke **Tab. 85 und 86,** S. 138 und 139

werden bis zu einer bestimmten Größenordnung und unter Berücksichtigung Standort und Transportmöglichkeiten einteilig, größere Schränke dagegen je nach den Verhältnissen mehrteilig zur Endmontage ausgeliefert.

Dabei können die Teilschnitte sowohl horizontal als auch vertikal zur Schrankachse liegen, wobei die Horizontalen in der Regel fertigungstechnisch wirtschaftlicher sind.

Konverterkamine **Tab. 128,** S. 185

sind zur Auslieferung in transportgünstige Größen geteilt, im allgemeinen dreiteilig, d. h. in Unter-, Mittel- und Oberteil. Wasserbehälter und Zyklone werden komplett, das übrige Zubehor wie Wasserleitungen, Stützgerüste, Bühnen, Podeste, Treppen u. a. anbaufertig in montagegerechten Größen vorgefertigt und ausgeliefert.

Kaldo-Konverter, LD-Konverter **Tab. 124 bis 125,** S. 181 bis 182
Roheisenmischer **Tab. 129,** S. 186.

Bei diesen Aggregaten, werden. abgesehen von kleineren Anlagen, die Gefäße und u. U. auch Trag- und Kippringe mehrteilig, alle anderen Bauteile wie Grundrahmen, Ständer, Unterbauten, Roll- und Laufsegmente, Bühnen, mechanische Antriebe, Dreh- und Kippwerke u. a. mehr, in den Werkstätten vollständig und für sich abgeschlossen gefertigt und teilweise und nach Bedarf einer Probemontage unterzogen. Die Tabellen der hier besprochenen Anlagen beinhalten also nicht die abschließende Gesamtmontage auf der Baustelle am Aufstellungsort.

Werkstattfertigung und Baustellenmontage sind zwei in ihrer Struktur völlig verschiedene Bereiche, die über den Begriff h/t unmittelbar zu koppeln schwierig und nicht angeraten erscheint.

Um aber neben der Kenntnis über den werkstattseitigen Fertigungsaufwand eine annähernde Vorstellung über den zusätzlichen Montageaufwand zu vermitteln, wurde die abschließende Tab. 144, „Montage-Richtwerte" angegliedert. Die Werte sind als Richtwerte unter normalen Baustellenbedingungen und heute üblichen Einrichtungen zu verstehen und beinhalten neben der reinen Bauzeit der Anlage auch das Ein- und Abrüsten der Baustelle.

Bei der jeweils angebrachten Ermittlung und Feststellung von Toleranzen zu diesen Werten, d. h. Berücksichtigung der von einem normalen Montagevorgang abweichenden Bedingungen, die jede Baustelle mehr oder weniger mit sich bringt, sind bei Anwendung der Tabelle u. a. zu beachten:

Grundstückslage, Bodenbeschaffenheit, Platzkapazität der Baustelle.
Transportwege (Straße, Wasser- oder Bahnanschluß, Luftfracht).
Bei Werkhallen: offene oder geschlossene Bauwerke, deren Lage und Größe, eventuelle Krankapazität und Benutzungsmöglichkeit.
Strom-, Wasser-, Luft-Anschlüsse und Benutzungsrechte.
Bauzeit unter Berücksichtigung der Jahreszeiten und gegebenenfalls atmosphärische Bedingungen u. a. mehr.

Neben der Beachtung der tabellarischen Bemerkungen empfiehlt sich vor Anwendung der Tabellenwerte Rücksprache und Abstimmung mit dem zuständigen Montageingenieur oder Richtmeister.

Tabelle 144. Montage-Richtwerte

Merkmal:
Siehe Text-Erläuterungen S. 203 und untenstehende Bemerkungen.

Baugewicht t	Mittelwerte in h/t für						
	Großraum-Lagerbehälter Lagertanke	Niederdruck Gasbehälter	Hochdruck-Kugelbehälter	Vakuum-Trocken-schränke	Konverter-Kamine	Kaldo-Konverter LD—Konverter	Roheisen-mischer
10	65	85					
25	63	83	75	40			
50	60	79	71	36	55		
75	57	76	68	33	51		
100	54	73	65	31	48	50	65
150	50	68	60	25	43	45	60
200	47	64	56	22	39	42	55
300	43	59	52		34	38	50
400	40	56	49		30	35	47
500	37	54	47			33	44
600	35	52	45			31	
800		49	42			29	
1000		46	40			28	
1500		44	38				
2000		42	36				

Bemerkung:

Bei der Behältermontage ist soweit wie möglich die maschinelle Schweißung berücksichtigt. Die Werte erhöhen sich um etwa 50% bei Handschweißung.

Vakuum-Trockenschränke sind sehr variabel. Berücksichtigt wurde Schalenbauweise. Zu beachten ist die Anzahl der Bauteile (ein oder zwei Türen, Türverschlüsse).

Die Werte für Konverterkamine steigen mit dem Anteil der Zyklone bzw. Leitungen und bei zusätzlicher Längsteilung u. U. bis zu 75%.

Bei Roheisenmischern gilt für das Gefäß Schalenbauweise. Bei konventioneller Bauweise (Einzelteile) ist Kostensteigerung bis zu 25% zu berücksichtigen.

Berichtigungen

Seite 93, Zeile 10 v. unten **lies: Tab. 58,** S. 101 (nicht S. 99)

Seite 108, Zeile 5 v. oben **lies:** Stützgerüst (nicht Stützgerät)